高等教育"十三五"规划教材

海洋地理信息系统

（上册）

柳　林　王怀洪　魏国忠　李万武　**主编**

中国矿业大学出版社

·徐州·

内 容 提 要

本套书是作者在多年教学和科研实践中总结海洋地理信息系统的理论、方法、技术与应用的基础上编写完成的，全书共 10 章内容，分上下两册。

本书为海洋地理信息系统上册，共 5 章，主要介绍了海洋地理信息数据基础、海洋地理数据从获取到处理集成，从管理到发布共享等内容。第 1 章为绪论，主要介绍了海洋地理信息系统的概念、特点、发展现状、研究内容、功能、意义与应用领域，最后阐述了海洋地理信息系统的发展前景；第 2 章为海洋 GIS 数据，主要介绍了海洋地理空间及数据表达、海洋数据的类型和特点、海洋数据模型和数据结构、海洋数据质量和安全、海洋元数据等内容；第 3 章为海洋数据的获取，介绍了海洋数据的尺度和基准、海洋数据的获取手段和方法、海洋数据格式、海洋数据质量评定等内容；第 4 章为海洋 GIS 数据处理与集成，分别介绍了海洋数据处理方法、海洋数据编辑和变换、海洋数据重构和提取、海洋数据集成等技术内容；5 章为海洋数据管理与共享，分别介绍了海洋数据管理、海洋数据组织与存储、海洋数据索引与查询、海洋数据共享与发布等方法和技术。

海洋地理信息系统下册为 6～10 章，主要介绍了海洋地理信息系统的空间分析与建模方法，海洋信息可视化的理论与方法，并结合案例介绍了海洋地理信息的软件工程，最后给出作者研发的海洋地理信息教学资源平台。

本套书全面介绍了海洋地理信息系统所涉及的理论、方法、技术与应用，知识体系完整、逻辑严谨、内容丰富、实用性强。本书可供海洋测绘、地理信息科学、资源环境、遥感等相关学科和专业的教师、本科生、研究生及科研人员等阅读参考。

图书在版编目（CIP）数据

海洋地理信息系统. 上册 / 柳林等主编. —徐州：
中国矿业大学出版社，2018.8（2021.4 重印）
ISBN 978 - 7 - 5646 - 3912 - 9

Ⅰ. ①海… Ⅱ. ①柳… Ⅲ. ①海洋地理学－地理信息系统 Ⅳ. ①P72

中国版本图书馆 CIP 数据核字（2018）第 037510 号

书　　名	海洋地理信息系统（上册）
主　　编	柳　林　　王怀洪　　魏国忠　　李万武
责任编辑	潘俊成
出版发行	中国矿业大学出版社有限责任公司
	（江苏省徐州市解放南路　邮编 221008）
营销热线	（0516）83885105　　83884995
出版服务	（0516）83995789　　83884920
网　　址	http://www.cumtp.com　E-mail：cumtpvip@cumtp.com
印　　刷	江苏凤凰数码印务有限公司
开　　本	787 mm×1092 mm　1/16　印张 18.5　字数 474 千字
版次印次	2018 年 8 月第 1 版　　2021 年 4 月第 2 次印刷
定　　价	33.00 元

（图书出现印装质量问题，本社负责调换）

本书编写委员会

主　编：柳　林　王怀洪　魏国忠　李万武

副主编：郭　慧　张　省　韩　勇　李海鹰　阮　波

参编人员：吴孟泉　王春芝　刘丰德　王　星　赵玉梅
　　　　　　崔育倩　梁会议　程　鹏　宋传广　满苗苗
　　　　　　任　龙　刘　晓　颜　亮　酒心愿　邹　健
　　　　　　董水峰　王小鹏　刘沼辉　刁迎军　何　庆
　　　　　　李显坤　魏国芳　岳秀珍　高文建

前　言

　　近年来,由于海洋资源开发、海洋环境保护、海洋信息管理等的需要,促使海洋地理信息系统迅速兴起;国家蓝色经济的发展策略更是加速了海洋地理信息系统的发展。海洋地理信息系统是融合了计算机技术、测绘技术、海洋地理、信息技术、数据库、图形图像处理、海图制图等技术,以海洋空间数据及其属性为基础,记录、模拟、预测海洋现象的演变过程和相互关系,集管理、分析、可视化功能于一体的面向海洋领域的地理信息系统。海洋地理信息系统是GIS在海洋领域的拓展和应用,是海洋科学的有机组成部分,是"数字地球"之"数字海洋"建设必不可少的组成。其将GIS的理论、方法和技术应用于海洋数据的管理、处理和分析中,采用空间思维来处理海洋学的相关问题,符合技术发展趋势,具有重要意义。

　　笔者从事海洋地理信息系统教学、科研、软件研发与工程应用多年,积累了较为丰富的海洋地理信息系统相关知识储备。2011起主讲海洋测绘专业本科生的"海洋地理信息系统"课程,但苦于没有一本合适的教材。目前,海洋地理信息系统方面的书都属于专著,强调科研成果展现,缺乏整体海洋地理信息系统知识体系的全面介绍,不够通俗易懂,作为课程讲授的教材不甚适合。因此,编写一本海洋地理信息系统教材的想法由来已久。这次终于可以将海洋地理信息系统的理论体系和知识结构进行梳理,整理出完整的知识体系和清晰的逻辑结构,加上之前所研发的海洋地理信息系统应用案例,编撰成教材。此教材既包括GIS方面的基础理论知识,又包括海洋GIS的专业知识,可以作为没有GIS基础知识背景的学生学习"海洋地理信息系统"课程使用。对于海洋测绘、海洋信息管理、资源环境、海洋遥感等相关专业老师、学生与科研人员,无疑可以起到很好的参考及引导作用。

　　全书知识结构完整,包括了从海洋数据获取、处理到管理与共享,从海洋数据模型到数据结构,从海洋地理信息的空间分析到专业建模,从海图制图到海洋信息可视化等全部内容,不仅如此,还结合笔者研发的海洋软件系统案例介绍了海洋地理信息软件工程的相关内容,最后展示了海洋地理信息系统教学资源平台,作为海洋地理信息系统的教学资源网站,以辅助海洋地理信息系统教学工作。全书共10章,分为上下册。上册为1～5章,主要介绍了海洋地理信息数据基础、海洋地理数据从获取到处理集成,从管理到发布共享等内容。第1章为绪论,主要介绍了海洋GIS的概念、特点、发展现状、研究内容、功能、意义、应用领域与发展前景;第2章为海洋GIS数据,介绍了海洋数据的类型和特点、海洋数据模型和数据结构、海洋元数据等内容;第3章为海洋数据的获取,介绍了海洋数据的获取手段和方法、海洋数据格式、海洋数据质量评定等内容;第4章为海洋GIS数据处理与集成,介绍了海洋数据处理、编辑和变换、重构和提取、海洋数据集成等内容;第5章为海洋数据管理与共享,介绍了海洋数据组织管理、查询索引、共享与发布等方法和技术。下册为6～10章,主要介绍了海洋GIS的空间分析与建模方法,海洋信息可视化的理论与方法,海洋地理信息的软件工程,并展示了笔者研发的海洋地理信息教学资源平台。

　　本书可谓是作者多年海洋地理信息系统领域教学经验与科研工作的结晶。本书的编写得到山东省研究生导师指导能力提升项目、青岛经济技术开发区重点科技计划项目(2013—1—27)的资助,特此鸣谢! 本书编写过程中参阅了部分文章和著作,以参考文献的形式列于文后,除此之外,还参阅了网络上的部分资源,一并致谢!

　　本书由山东科技大学柳林负责总体设计、定稿,并主笔第1章、第2章和第4章的编写;山东省煤田地质规划勘察研究院王怀洪、山东科技大学李万武、山东省国土测绘院魏国忠负责第3、5章的编写。山东科技大学郭慧、山东省国土测绘院张省、中国海洋大学韩勇、龙口市竞技体育学校李海鹰、辽宁猎鹰航空科技有限公司阮波参与了部分章节的编写。参与编写的还有鲁东大学吴孟泉、王春芝、赵玉梅、宋传广,青岛福瀛勘测技术有限公司刘丰德、天津大学王星、青岛大学崔育倩、平度市国土资源局梁会议、北京悦图遥感科技发展有限公司董水峰、泰华智慧产业集团股份有限公司王小鹏、清华大学任龙、龙口市教研室刁迎军、山东正元航空遥感技术有限公司何庆,济南市大地勘测基础检测中心魏国芳,青岛卓尔软件开发有限公司岳秀珍,莘县水务局高文建,以及山东科技大学的程鹏、满苗苗、刘晓、颜亮、酒心愿、邹健、刘沼辉、李显坤等。

　　尽管本书在编写的过程中反复斟酌,数易其稿,但由于知识更新速度及编者水平所限,书中难免有错误和不妥之处,敬请批评指正。批评和建议请致信 liulin2009@126.com。也欢迎同行和高校学子致信,共同探讨海洋地理信息系统的相关问题。

柳林

2018 年 6 月

目　　录

第 1 章 绪 论

1.1 海洋地理信息系统概述

海洋是地球生命的发源地,对自然界和人类文明社会的进步有着巨大的影响,人类社会发展的历史进程一直与海洋息息相关。海洋约占地球表面积的 71%,拥有丰富的生物资源、矿产资源、动力资源等人类发展所需的重要资源,它是全球生命支持系统的一个基本组成部分和实现可持续发展的宝贵财富。随着社会快速发展,环境的恶劣破坏和陆地资源的加速消耗,出现了人口膨胀,能源、粮食和水等资源的危机问题,陆地不堪重负,人们将目光转向了海洋这个自然资源宝库,使得海洋上升为国际竞争和开发的重点领域,成为人类获取生存与发展的第二空间。

近十年来,由于航空航天遥感器、自动浮标以及多波束回声仪等海洋相关技术的发展,使得海洋数据量急剧增加。面对海量数据存储、管理、维护、访问、快速分析与显示制图的挑战,地理信息系统作为对空间位置相关的数据进行采集、存储、管理、分析、显示和应用的支撑技术,日益显示出在海洋空间信息处理方面的重要性。面对海洋的时空动态特性对地理信息系统(Geographic Information System,GIS)提出的新挑战,海洋地理信息系统(Marine Geographic Information System,以下称为海洋 GIS)应运而生。

海洋 GIS 是在海洋测绘、海洋水文、海洋气象、海洋生物、海洋地质等学科的研究成果的基础上建立起来的面向海洋的地理信息系统。它融合了计算机技术、信息技术、数据库、图形图像处理、海图制图等技术,以海洋空间数据及其属性为基础,记录事物之间的关系和演变过程,集显示和分析功能于一体。海洋中的各类信息比较大,时效性要求比较高,因此,应针对不同问题,建立所需的海洋数据库,通过系统集成技术,将各个子系统有机地结合成大系统,实现信息处理与图像处理相结合的分析和决策支持。可以说海洋 GIS 是海洋科学的有机组成部分,是"数字地球"之"数字海洋"建设必不可少的组成部分。所以海洋 GIS 将GIS 的方法和技术应用于海洋数据的管理和处理中,采用空间思维来处理海洋学的相关问题,符合技术发展趋势,具有重要意义。

1.1.1 海洋 GIS 的概念

1.1.1.1 地理信息系统概念

地理信息系统(GIS),这一术语最早是 1963 年由 R. F. Tomlinson(图 1-1)提出的,是以土地利用作为发端。GIS 属于交叉学科,侧重点不同其概念也不同,很多学者从不同侧面给出 GIS 的定义。最简单的概念认为 GIS 是全方位分析和操作地理数据的数字系统。陈述彭先生认为:"GIS 是用于采集、存储、管理、处理、检索、分析和表达地理空间数据的计算机系统,是分析和处理海量地理数据的通用技术。"龚健雅院士认为:"地理信息系统是一种特定而又十分重要的空间信息系统,它是以采集、存储、管理、分析和描述整个或部分地球表面(包括大气层在内)与空间和地理分布有关的数据的计算机空间信息系统。"汤国安教授认为:"它是一种特定的十分重要的空间信息系统,是在计算机硬、软件系统支持下,对整个或部分地球表层(包括大气层)空间中的有关地理分布数据进行采集、存储、管理、运算、分析、显示和描述的技术系统。"美国学者 Maribeth Price 提出:"在实践术语中,GIS 是一套计算机工具,允许人们操作与地球特定位置紧密关联的数据,其功能与用途的复杂度远不止于制图,实际上是采用地图数据进行工作的一种数据库,是由硬件和软件构成的集合体。"美国学者 Kang-tsung Chang 简洁地定义了 GIS:"地理信息系统是用于采集、存储、查询、分析和显示地理空间数据的计算机系统。"吴信才先生认为:"地理信息系统是在计算机软、硬件支持下,以采集、存储、管理、检索、分析和描述空间物体的地理分布数据及与之相关的属性,并回答用户问题等为主要任务的技术系统。"华一新给出的概念:"地理信息系统是综合处理和分析地理空间数据的技术,是采集、存储、管理、分析和描述各种与地理分布有关的数据的信息系统。"吴秀芹给出的概念为:"地理信息系统是在计算机硬件、软件系统支持下,对研究现实世界(资源与环境)的现状和变迁的各类空间数据以及描述这些空间数据特性的属性进行采集、存储、管理、运算、分析、显示和描述的技术系统。"马驰给出的概念为:"地理信息系统是在计算机软件、硬件技术的支持下,对整个或部分地球表层的地理分布数据进行采集、存储、管理、分析以及再现,以提供对规划、管理、决策和研究所需信息的空间信息系统。"

图 1-1　加拿大测量学家 R. F. Tomlinson

　　在此,从 GIS 应用角度给出较全面的概念:GIS 是以地理空间数据库为基础,在计算机软硬件的支持下,对与空间相关的数据进行采集、处理、存储、管理、操作、空间分析、显示和输出,并采用专业地理模型提供地理信息和知识,为复杂的规划、管理和决策服务而建立起来的计算机技术系统。

　　此外,对"GIS"中"S"的不同解析,地理信息系统也产生不同的析义,如下所示:

S→System　　GIS→Geographical Information System,地理信息系统

S→Science　　GIS→Geographical Information Science,地理信息科学

S→Service　　GIS→Geographical Information Service,地理信息服务

　　三种 GIS 的解析同时反映了 GIS 发展的不同阶段。GIS 最初是从地理信息系统开始,

即由应用需求而产生的专业应用系统;随着应用的深入急需 GIS 相关的理论作为应用支撑,于是专家学者们开始思考 GIS 的相关理论问题,地理信息科学应运而生,2013 年 GIS 本科专业也由地理信息系统正式更名为地理信息科学;随着信息化时代的到来,GIS 应由政府、科研机构等"官方"飞入"寻常百姓家",GIS 逐渐转向以位置服务为代表的空间信息服务领域,于是 GIS 便成为地理信息服务。

德国《地理信息系统》杂志封面如图 1-2 所示,据此 GIS 为 Globe、Image、Satellite,可以解析为全球、影像分析与卫星。

图 1-2 GIS 新释义

1.1.1.2 海洋 GIS 概念

海洋 GIS 是传统 GIS 向海洋应用领域的扩展,但由于海洋的动态性和时空过程性的特点,使其和一般的 GIS 应用领域不同,所以逐渐成为一门独立的科学。最初的海洋 GIS,是从海洋应用系统角度给出的,是对海洋观测数据和信息进行管理、处理及可视化的平台。从科学或学科的角度给出海洋 GIS 的概念:海洋 GIS 是为海洋工作者提供适合海洋学相关分析和研究的工具和平台,以处理海量数据,提取有价值的信息,并通过对海洋信息的分析、综合、归纳、演绎及科学抽象等方法,研究海洋系统的结构和功能,揭示并再认识海洋现象的各种规律的科学。

海洋 GIS 把海洋客观世界抽象为模型化的过程数据,用户可以按照应用的目的观测这个现实世界模型的各个方面,取得自然过程分析和预测的信息,用于管理和决策,这是海洋 GIS 的作用和意义。

不同学者从不同方面给出海洋 GIS 的概念,这些概念从某一方面反映了海洋 GIS 的特点,具有一定的意义。赵玉新认为:"海洋 GIS 是以海洋数据为研究对象,以 GIS 技术为主要支撑,能够集成、存储、管理、分析、显示和输出海洋信息,并为海洋研究和海洋应用提供决策服务的综合信息系统。"王芳等认为:"海洋 GIS 是以海底、水体、海表面、大气及海岸带人类活动为研究对象,通过开发利用地理信息系统的空间海洋数据处理、GIS 和制图系统集成、三维数据结构、海洋数据模拟和动态显示等功能,为各种来源的数据提供协调坐标、存储和集成信息等工具,其在海洋科学上的人机交互式使用可大大提高海洋数据的使用率和工作效率,并改善海洋数据的管理方式的集成系统。"南京大学蔡明理认为:"海洋 GIS 实际上是一种以计算机为主体,对海洋数据与资料进行输入、存储、分类、查询、分析处理、运用模拟、输出的服务性与应用性相结合的信息系统。"中科院王红梅给出的概念:"海洋 GIS 是一个集成系统的概念,需要集成 GIS、数据库和结合实际应用的数字模型,对空间海洋信息进行输入、查询、分析、表达和管理等,给用户提供一个友好的人机交互环境,大大提高了工作效率。"

GIS 是海岸带资源和环境综合管理的强有力的技术手段,但它应用于海洋必须在数据结构、系统组成、软件功能等方面进行一系列改造,使之适应海洋的特点,经改造而适用于海洋的 GIS,被称为海洋 GIS。海洋 GIS 是在计算机硬件条件和软件系统的支持下,以海底、海面、水体、海岸带及大气的自然环境与人类活动为研究对象,对各种来源的空间数据进行处理、存储、集成、显示和管理,进而作为平台为用户提供综合制图、可视化表达、空间分析、模拟预测及决策辅助等服务。

在此给出海洋 GIS 较全面的概念:海洋 GIS 着重突出海洋的动态性和时空过程性,对海洋相关多源、异构、海量、动态时空数据进行采集、处理、存储、管理、操作、空间分析、动态显示、时空建模、再现与预测,以提供海洋地理数据、信息和知识等,为海洋管理、规划和决策提供服务的计算机系统,是为海洋工作者提供适合海洋学相关分析、研究、模型构建、算法实现等的空间思维方法、实现工具和平台。

1.1.2 海洋 GIS 的特点

1.1.2.1 GIS 的特点

① 具有空间性,能采集、管理、分析和输出多种地理空间信息。

② 由于 GIS 对空间地理数据管理的支持,可以基于地理对象的位置和形态特征,使用空间数据分析技术,从空间数据中提取和传输空间信息,最终可以完成人类难以完成的任务。

③ GIS 的重要特征是计算机系统的支持,可以精确、快速、综合地对复杂的地理系统进行空间定位和过程分析。

在此总结出 GIS 作为对位置相关要素、相互关系和空间分布的分析系统,其特点如下:

(1) 空间位置特征

GIS 区别于其他管理信息系统(Management Information System,MIS)的主要特征是处理具有空间位置特征的数据,所以 GIS 具有空间位置特征,为地理要素、空间数据提供统一的空间定位框架,包括绝对定位框架和相对定位框架。这是采用空间思维方式处理空间问题的基础,是空间分析和空间决策的基础。

(2) 时间序列特征

时间和空间是密不可分的,GIS 不仅具有管理静态地理空间信息的特征,还具有管理动态位置信息的功能,所以其自身必须具有时间序列性。GIS 的时间序列性特征表现在对具有时间序列的地理数据的管理方法、分析模型,以及底层的动态数据模型、更高层次的地理信息动态展示等方面。

(3) 多维结构特征

GIS 正逐渐由传统二维 GIS 向三维和动态 GIS 转变,所以进行三维数据处理、三维场景展示等正成为 GIS 的新特征。GIS 的多维结构特征还表现在其可以处理和集成具有多维结构特征的空间数据,例如对三维激光扫描数据的处理和基于此的三维建模,对实景影像的处理、全景图的制作、三维实景导航的实现等,对多维结构的属性数据的处理和建模等。

（4）标准化特征

标准化是 GIS 的标配,是最基本的特征。从底层的数据模型、数据结构,到功能体系和系统架构等都应该是标准化的。标准化是解决 GIS 的信息孤岛,实现 GIS 互操作的必经之路,也是为未来大数据时代 GIS 的共享和互联奠定基础。要彰显 GIS 的标准化特征,必须加强和推进 GIS 相关标准的完善和制定。

（5）智能性特征

智能性特征是新时代对 GIS 的新要求。随着大数据技术的发展,基于大数据的数据探索性分析和数据挖掘技术的发展,信息系统的智能服务已经逐步并且必将取代传统信息服务。所以 GIS 不仅仅要基于原有的技术和空间分析方法提供传统的地理信息服务,更要将物联网、数据分析、云计算等先进技术融合进来,以便挖掘地理数据所隐藏的信息和知识,从而提供满足不同需求、提高用户体验度的灵性服务。

1.1.2.2　海洋 GIS 的特点

海洋 GIS 作为特定的 GIS 具有上述 GIS 的五大特点。除此之外,因为海洋 GIS 有描述和再现海洋现象的特点,所以海洋 GIS 还具有如下特点。

（1）强大的多维数据处理能力

海洋数据是典型的多维数据,包括海底地形地貌、水体物理和化学性质、海洋生态环境、气—水结合面等研究对象,是三维甚至是四维的数据。尤其是处于海、陆、气交接带的海岸带,对人类的生存和发展意义非常重要,是环境异常敏感脆弱的复合生态系统带,也是海洋研究的热点区域。通过收集数据,对多维数据进行处理并将研究对象以立体、直观的形式表现出来,是海洋研究发展的必然趋势。所以,海洋 GIS 必须具有强大的多维数据处理能力才能更好地发挥其作用。

（2）多源数据的同化和集成能力

沿海台站、海上浮标和调查船等实测数据,海洋渔业生产的实际记录数据,航天、航空观测的海洋遥感影像数据,采用单波速和多波速观测的海洋声呐数据等等,陆、天、海一体化观测网提供了大范围的、同步的、连续的实时海量海洋观测数据。这些海洋相关数据的观测方式不同、空间分辨率不等、时间粒度不同、格式和结构多变、来源多样、精度差异大,属于典型的多源数据。海洋 GIS 作为这些多源数据管理和分析的工具,必须具有超强的多源数据同化和集成能力。

（3）时空过程再现的特征

传统的静态 GIS 是对地理空间"状态"的描述,时态 GIS 将时间维引入到 GIS 中,实现对动态现象的描述。海洋现象无时无刻不在发生变化,尤其是海洋的动力学特征,如潮汐、海流、海浪、海啸等,其特征不仅是动态的,而且和时空过程密切相关。已有的时态地理信息系统（Temporal Geographic Information System,TGIS）并不能很好地描述海洋的现象特征,所以海洋 GIS 必须具有海洋现象时空过程再现的特征,这需要在现有 TGIS 基础上研究新的海洋时空数据模型和海洋动态信息可视化方法等。

（4）多功能性和模型化等特征

海洋现象的多样性和复杂性,要求海洋 GIS 具有比传统 GIS 更强的智能化程度和多功能性。要想将 GIS 空间分析方法及数据操作工具应用到海洋领域中,海洋现象的模型化是关键,只有通过海洋领域的专业模型才能实现海洋 GIS 的实用化。在进行海洋项目优化、海洋方案决策及管理效果预测等方面,也要应用分析、评价、预测、决策等多种海洋相关模型。

1.2 海洋 GIS 的发展状况

1.2.1 国外海洋 GIS 发展状况

海洋 GIS 的研究和应用,最早可以追溯到 20 世纪 60 年代初,以美国国家海洋测量局的航海图自动化制图为发端。之后,GIS 技术、遥感技术、计算机技术等现代高新技术不断发展,为海洋 GIS 的继续发展提供了技术支持,人们越来越认识到建立合理的海洋数据体系、管理体系及综合分析体系的可行性、必要性和重要性。

1990 年,海洋学家和动态图形专家合作发表了第一篇海洋 GIS 论文,该文肯定了 GIS 在管理和显示海洋数据的重要意义,并富有远见地讨论了海洋数据的三维建模、可视化和定量分析。从此,海洋 GIS 研究进入了快速发展时期。美国、加拿大和欧洲的海洋学家和地理学家相继取得了一系列海洋 GIS 在各个领域应用的开拓性成果:1992 年,美国全球变化计划在美国国家基金的支持下,设立 RIDGE 调查计划(Ridge Interdisciplinary Global Experiments Program),利用多种仪器获取大量洋中脊地区的地质、物理、化学和生物过程数据,包括热液的喷射流和渗冒羽流的温度和化学成分;水下火山的微地貌;洋底地震的量级和深度;热液喷射口动物多样性等数据。在船上使用 GIS 实现数据的整理与存档,可以方便地访问和检索多种传感器所获数据,并对这些数据的叠加分析建立各要素之间关系。还可以利用 GIS 缓冲功能来设计航线,判断和划定声呐的探测范围,确定测点等。美国 Rhode Island 大学的海洋制图发展中心进行了 RIDGE 数据的制图。Hatcher 在此基础上首次提出并实现了比较系统和专业的海洋格网系统,并以 GRASS(Geographic Resources Analysis Support System)软件为支持,对 Narragansett Bay 的地质数据用海洋和海岸数据进行处理与制图,取得了良好的结果。受 RIDGE 计划资助,第一篇海洋 GIS 的博士论文也于 1994 年问世,其作者获得了自然地理和海洋地质联合博士学位。

在此阶段,各种处理海洋空间信息的分析软件纷纷面世,比如 NOAA(National Oceanic and Atmospheric Administration)的实时 TAO 浮标显示软件,EPIC(Executive-Process/Interactive Control)等。1993 年以 CO-ROM 发行了全球海洋影像和数据集。数据集与 ArcView 一起发售,显示了 GIS 对海洋观测资料的空间显示与分析功能。ESRI 公司于 1991 年开始关注海洋 GIS 的应用。Universal System 有限公司则与加拿大水文服务署以及 New Brunswick 大学的海洋制图组合作,于 1992 年推出了 CARIS 海洋信息系统的前身 CARIS GIS 软件包及其配套的水文信息处理系统,系统可处理和可视化大量回声测深数据,并可制作高质量航海图。Intergraph 公司也于 1993 年以电子图信息系统 ECDIS 介入了航海制图市场。与此同时,各国纷纷利用 GIS 来处理、分析和规划各自海域,许多区域性管理组织和研究组织也开始采用 GIS 作为协同工作的平台。比如 SEAGIS 项目由挪威、德国、荷兰和英国组成,目的是给北海区的海岸带管理和规划提供一个收集、分析和分发数据的通用平台。1997 年,欧洲环境署为了对欧洲海域进行评价并提高评价的方法和工具,实施了 EU-MARIS 项目,建立了支持欧洲海域评估的地理信息系统原型,用于描述环境状况及其随时间的变化,以及其影响因子等等。

另外,研究论文从普通会议文集的发表到知名杂志的发表是海洋 GIS 研究的一个转折,许多高质量的海洋 GIS 论文、技术报告不断在各种会议文集上出现。Li 和 Sarena (1993)在 Marine Geodesy 杂志上发表论文阐述了 GIS 在陆地和海洋应用中的某些重要差别,并介绍了服务于夏威夷 Big IsLand 专属经济区开发和发展的集成系统;Mason 等 (1994)在 I. J. GIS 上发表论文,将遥感数据和海洋场实验调查数据结合起来解释中尺度(约 20 km)海洋特征,并预测气候变化;Wright 等(1995)发表了 RIDGE 的部分成果,利用 GIS 进行数据处理、分析和制图,由此讨论东太平洋洋中脊的地质解释;1995 年由 Marine geodesy 杂志刊出海洋 GIS 研究专辑,该专辑为水深数据提出新的概念模型,用基于超图的数据结构来存储和管理水深数据,介绍了 GIS 用于海洋倾废和环境影响监测,提出海洋 GIS 与空间仿真集成的数据结构等;1996 年 FAO 出版了《海洋渔业 GIS》专著,回顾了 GIS 在海洋渔业中的应用,并指出了海洋渔业 GIS 需要突破的关键问题,如三维环境的操作、时空变化、模糊环境和统计制图等;1999 年《海洋与海岸地理信息系统》专著出版,通过 Internet 对 20 多位作者所做的章节进行协调统稿,该书对海洋数据的表达、分析与可视化等方面进行了深入研究。

1.2.2　国内海洋 GIS 发展状况

20 世纪 90 年代初,陈述彭院士就极力倡导海岸与海洋 GIS 的研究与开发,并提出了"以海岸链为基线的全球数据库"的构想。资源与环境信息系统国家重点实验室自 80 年代中期以来就开展 GIS 和遥感支持下的黄河三角洲的可持续发展研究;90 年代中期,又开展了海岸带空间应用系统预研究。在"九五"期间,国家"863 计划"在海洋领域的海洋监测主题中设立了"海洋渔业遥感信息服务系统技术和示范试验"专题,该专题下设三个课题"海洋渔业服务遥感信息处理技术"、"海洋渔业服务地理信息系统技术"、"海洋渔业资源评估与遥感信息服务集成技术",并以东海渔区为研究示范区,选取了东海三种经济鱼类——带鱼、马面鲀、鲳鱼为示范研究鱼种,开发了具有自主知识产权可业务化运行的海洋渔业遥感、地理信息系统技术应用服务系统。其中,中国科学院地理所主持研究"海洋渔业服务地理信息系统技术"课题,该课题组开发了具有海洋渔业应用特色的桌面 GIS 系统,并进行了一系列的研究。由此,GIS 的潜能已被海洋与海岸带领域所重视,人们开始将其作为平台工具构建信息服务系统,同时也发现传统地理信息理论方法与技术在海洋与海岸带中应用存在先天不足,并展开了相关的关键技术研究。

随后,包括中国科学院资源与环境信息系统国家重点实验室、中国海洋大学、国家海洋信息中心在内的涉海科研机构投入大量的研究力量从事与海洋 GIS 相关的研究工作,撰写了《海洋渔业地理信息系统研究与应用》(邵全琴,2001)、《海洋地理信息系统——原理、技术与应用》(苏奋振等,2005)、《海岸带及近海科学数据集成与共享研究》(杜云艳等,2006)等一批学术著作,并在国内外发表了一系列的学术论文。同时在应用系统建设方面也取得一些成果。2002 年,苏奋振等研发了中国第一个具有自主知识产权的海洋地理信息系统软件 MaXplorer(Marine GIS Explorer);2004 年中国海洋大学陈戈等研发了海洋大气地理信息系统平台软件 MAGIS(Marine and Atmospheric Geographical Information System),主要功能是把卫星遥感技术和 GIS 技术相结合应用于海洋大气研究;2007 年发布了该系统升级版本(李海涛,2007)。同期,哈尔滨工程大学、船舶系统工程部等单位先后自主研制了国产化电子海图应用系统(Electronic Chart System,ECS),并大量推广到船舶导航技术领域中,为提升我国航海自动化水平做出了巨大贡献。进入 21 世纪,随着"数字海洋"战略的提出,海洋 GIS 已经成为地学、海洋学和信息学科优先发展的交叉领域,我国海洋 GIS 研究进入一个充满生机的黄金时期。

1.3　海洋 GIS 的研究内容

1.3.1　海洋时空数据模型

空间数据模型是地理信息系统的基础,是关于现实世界中空间实体及其相互间联系的概念,它为描述空间数据的组织和设计空间数据库模式提供了基本方法。空间数据模型是在实体概念的基础上发展起来的,它包含两个基本内容,即实体和它们之间的相关关系。所以其可以被定义为一组由相关关系联系在一起的实体集。

空间数据模型按照层次可划分为三类:概念数据模型、逻辑数据模型和物理数据模型。概念数据模型是关于实体及实体间联系的抽象概念集。逻辑数据模型用来表达概念数据模型中数据实体(或记录)及其关系。物理数据模型用来描述数据在计算机中的物理组织、存储路径和数据库结构。

海洋时空数据模型是海洋 GIS 的根本问题,由于海洋现象的模糊性、时空过程性等特点,使得传统 GIS 的矢量数据模型和栅格数据模型难以表达海洋现象的动态性,所以研究构建适合海洋现象及其特征表达的时空数据模型是海洋 GIS 的首要研究内容。

已有的时空数据模型包括:
① 时空立方体(Space-time Cube);
② 时空快照序列(Sequent Snapshots);
③ 基态修正模型(Base State with Amendments);
④ 时空复合模型(Space-time Composite);
⑤ 时空三域模型(Spatial Temporal Domain);
⑥ 基于特征的时空模型(Feature-based Spatio-temporal Data Model)。

以上时空数据模型的缺陷包括:由陆地 GIS 发展而来,都是在陆地 GIS 时空数据模型的基础上进行了简单的扩充,对复杂海洋现象的描述与表达能力尚有欠缺;模型的时间性不强,只能记录某个或某几个时刻的状态,时间上不连续,基本上局限于 TGIS 的研究范畴;模型的空间连续性存在问题,适合陆地数据边界突变和清晰的特点,不能满足海洋环境数据连续、渐变、边界模糊的特殊要求。

ESRI 在 2005 年提出了海洋数据模型试行版——Marine Data Model Beta,如图 1-3 所示,试图对海洋现象的动态特征进行描述与分析。周成虎等 2013 年提出面向海洋要素的场模型——海洋场的格网模型,对海洋场进行等角格网化和等面积格网化,并采用空间格网的多级化和格网空间的自适应优化其模型。还提出面向海洋测量和海洋现象的特征对象模型,在 GIS 矢量模型的基础上,根据海洋现象的特点,对点、线、面、体给出不同的定义和表达方法。

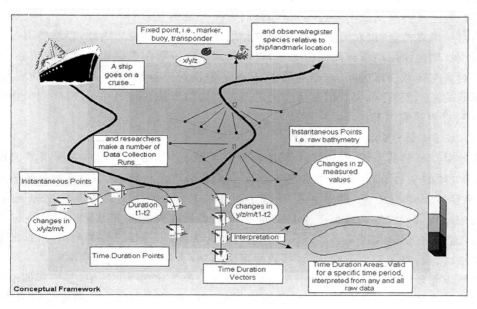

图 1-3　ESRI 提出的海洋数据模型

面向对象的方法由于其封闭了现实对象的复杂性,并和面向对象的编程语言相契合,将成为海洋数据模型研究的主要方向。在前人面向对象的数据模型研究成果的基础上,开展面向对象的海洋数据模型研究有望取得实际进展。

1.3.2　海洋数据集成处理

由于海洋现象的动态多变性、海洋数据获取手段的多样性、海洋数据的异构性等,海洋数据的处理方法不能完全采用传统 GIS 的数据处理方法,所以海洋数据的集成处理方法是海洋 GIS 的主要研究内容之一。海洋数据集成处理方法的研究主要集中在以下几个方面。

（1）海洋数据插值

在 GIS 中,最常用的数据插值方法包括:最近邻法(Nearest Neighbor)、算术平均值(Arithmetic Mean)、距离反比法(Inverse Distance)、高次曲面插值(Multiquadric)、趋势面插值(Polynomial)、最优插值(Optimal)、样条插值(Spline Surface)、径向基函数插值(Radial Basis Functions)、克里金插值(Kriging)。以上方法各有优缺点,需要根据应用目的及数据的性质选择不同的插值方法。

数据插值也是海洋学中常用的数据处理手段。不同于传统陆地 GIS 中的数据插值一般用于空间插值,海洋 GIS 中数据插值不仅包括空间数据插值,还包括时间域数据插值。由于气象观测站,海洋测站分布稀疏,数据获取周期长、代价大,数据插值处理成为解决海洋数据稀缺的重要手段。即使对于海洋航空遥感而言,其虽可以快速获取大面积海洋数据,但由于海洋环境和现象的动态变化,所获取的数据对于整个时空域而言也是"稀疏"的,所以数据插值对于海洋 GIS 是必要和必需的。海洋 GIS 中较为常见的插值方法包括:牛顿内插法、拉格朗日插值法、局部多项式法、克里金插值法、线性插值三角网法等。

另外,海洋中有些环境要素的采样和分析需要昂贵的仪器和设备,因此大范围、高频率地检测此类环境要素从成本上是不可行的,而海洋环境的复杂性又需要大量的数据来保证分析结果的可靠性,所以对监测数据的充分利用就显得尤为重要。因此,李崎提出在海洋环境数据预处理中使用高维空间插值方法,以便从原始监测数据中提取出更多的信息,该方法实现了对研究区域任意时间、地点的插值,解决了数据的完备性问题,有着广阔的应用前景。针对不同的海洋场数据,探索研究适合的时空数据插值方法,在今后一段时间内也将成为海洋 GIS 的重要研究内容。

(2)基于本体论的海洋数据集成

随着海洋科学的发展,获取了大量的海洋科学数据,然而由于海洋数据采集的设备不同、信息处理的平台不同、数据存储的格式不同、数据标准不一致,这些海洋数据成为异构数据,其兼容性弱、可比性差、利用率低,造成了海洋数据的浪费。正是为了解决这一问题,多源异构海洋数据集成处理成为海洋 GIS 的一项重要研究内容。多源异构海洋数据集成处理的目的就是在逻辑和语义上对海洋数据进行融合和统一,提供统一的数据接口,屏蔽底层数据来源、结构、格式等的不同,使这些数据可以共享,为各种海洋应用服务。

在基于元数据的数据集成、基于统一标准格式的数据共享等方法中,基于本体论的海洋数据集成是比较有前景的方法。本体作为共享概念模型明确的形式化的规范说明,可以捕获相关领域的知识,提供对该领域知识的共同理解,确定该领域内共同认可的词汇,并从不同层次的形式化模式给出这些词汇或术语以及词汇间相互关系的明确定义。本体论用于表达数据源的语义,识别和建立概念间的语义关联,达成语义一致,解决语义异构问题,从而方便地在不同机构之间进行数据共享和协作。本体论包括四层含义:概念模型、明确、形式化、共享。基于本体论的数据集成方法主要包括单一本体集成方法、多本体方法和混合方法。

基于本体论的海洋数据集成方法从一开始就被应用到海洋数据集成中,相关学者对此做过一定研究并取得一定成绩。进一步基于本体论,从海洋现象和特征的语义角度开展海洋数据集成的研究仍然是海洋 GIS 面临的科学问题。

1.3.3　海洋特征提取与表达

传统陆地 GIS 中的实体可以用明确易见的特征来描述,但海洋现象的特征要复杂得多,原因包括以下几个方面。

① 海洋现象的不确定性。在海洋自然环境中,除海底外,并没有绝对的点、线、面,海洋现象的概念和划分都是不确定的,例如海洋水团的界定到目前也没有确定,各个学者给出不同的概念和划分方法,实际应用需求的目的和研究尺度不同,水团的划分方法也不能完全相同。

② 海洋现象边界的模糊性。目前几乎所有海洋现象的边界都具有模糊性,这首先因为海洋现象界定具有模糊性,其次因为海洋水体的边界往往是渐变的,最后海洋现象的边界处于动态变化的。例如海流的流核处于动态变化之中,所以其边界是模糊的。对于海洋管理边界,其模糊性不仅来源于自然因素,还来源于人为因素,需依赖于共同组织、双方的协定和权威机构的裁定等。

③ 海洋特征的动态变化。海洋现象的特征及相对应的指标也是无时无刻不在发生变

化,例如其海岸线一直处于变动中,很少有静态特性可用于制图,海洋锋面特征也是处于动态变化之中,不同时刻提取的特征也不会完全相同,有时会差别很大。海浪也是无时无刻都处于动态变化之中,所以其指标例如浪高等也是随时间而变化的。

④ 海洋特征表达的多尺度。由于海洋的浩瀚,从全球到具体港湾其表达尺度之间的差异很大;同时由于应用目的的不同,所需要的海洋特征尺度也具有很大的差异性,这决定所提取的指标体系不同、提取和表达的方法也不同。例如,对全球大水团的提取指标、提取方法等有别于具体海湾中微观水团。

⑤ 时空要素相互影响。海洋环境中时空要素的相互影响,要远远大于传统陆地 GIS 中要素的相互影响。传统 GIS 中的要素之间的相互关系,用单指标或多指标数学模型来处理可以达到比较理想的效果。但海洋世界是动态变化的、不完全的、不精确的、充满矛盾的复杂的信息世界,要素之间的关系有时不是一个确定的函数或几个量就可以描述的。

综上所述,海洋特征由于其不确定性、模糊性、动态变化性、多尺度性及复杂的相互影响,采用传统陆地 GIS 的特征提取和表达方法,难以达到理想的效果。所以我们应当引入新技术新理论,从多学科的融合交叉中寻求解决方法。陆地表面提供了一个符合牛顿框架的刚性二维系统,属于欧拉模型,可以用点线面刻画在时间上相对静态的数据或那些相对刚性的对象,如植被、道路、地形和建筑等。而海洋缺乏刚性框架,表达特征的流动性需要以对象为中心的拉格朗日模型,所以面向对象的方法比较适合处理海洋数据内在的动态和多维特性,可以考虑借鉴面向对象的方法构建新的处理方法。另外,可以从构建合理的指标体系、采用自适应多尺度表达等方面研究海洋 GIS 中特征界定、提取和表达方法。

解决海洋特征的模糊性和不确定性问题目前采用的方法是在 GIS 中使用模糊数学的方法对现实对象进行表达和操作。其优点在于将传统的绝对判别(是/否)用连续的、变化的隶属度来做判定,更接近于现实世界,在 GIS 中能提高表达真实世界的精确性和科学性,而在 GIS 分析推理过程中可以更多地加入人的思想、知识理论等,许多学者认为模糊集会成为一个对不确定性问题处理的标准方式,将替代布尔逻辑成为下一代 GIS 的逻辑基础。虽然已经有学者在研究和应用中使用了模糊集理论,但仍需要做进一步的研究。粗集理论在表达不确定性问题上有独特的优点,但未见在海洋 GIS 中使用,今后可以将粗集理论引入到海洋 GIS 中,研究采用粗集理论解决模糊边界、类别表达和不确定逻辑推理等问题的方法。

1.3.4　海洋三维可视化方法

海洋可视化一直是海洋 GIS 领域的主要研究内容之一。海洋 GIS 的二维可视化可以借鉴传统陆地 GIS 二维可视化方法。对于要素值的可视化可以采用统计图表可视化方法,例如可以用直方图将渐进的值进行分阶显示等。海洋三维可视化是研究的重点,当前的传统陆地 GIS 三维可视化方法主要有三种。

(1) 基于图形建模的三维可视化

基于图形的三维可视化是指基于已有的地形或地物特征数据,首先利用计算机建立它们的三维几何模型,然后在给定观察点和观察方向后进行着色、消隐、光照、纹理映射及投影等一系列制作,最终产生虚拟场景。该类方法的实现,离不开三维空间数据的获取、表示和管理、三维模型快速重建、三维虚拟场景实时绘制与快速漫游等关键技术的支撑。其建模复杂、计算量大，对硬件设施的要求较高，而且难以实现复杂对象的三维表示。

（2）基于图像的三维可视化

基于图像的三维可视化是由立体正射影像、核线影像或者全景序列影像构建人造立体视觉和立体量测环境，包括可量测虚拟现实、可量测实景影像和三维全景图像三种表现形式，这三种三维可视化方法各有优缺点。基于图形的三维可视化能够为用户提供多维、多视角、全方位的地物目标浏览、测量和分析环境，因而适用于应急模式下的空间辅助决策，但该类方法存在前期数据采集量大、处理算法复杂、成本高、周期长等问题。基于图像的方法直接由图像数据本身构造地球空间信息的三维可视化环境，不需要预先对地物目标进行几何纹理等特征数据的采集和处理，在某种程度上更适应于快速三维可视化和三维浏览的应用需求。

① 可量测虚拟现实是通过数字正射影像和数字立体匹配片分别以正射投影和辅助投影的方式对摄影区域进行无缝覆盖，恢复摄影时地形表面所有的地形和地物信息，实现对大范围立体模型的无缝漫游，这样既构成虚拟现实系统，又可以量测物体的三维信息，于是就构成了可量测虚拟现实系统。可量测虚拟现实系统突破了传统立体测图以单个模型为单位而不能形成跨越模型的无缝立体的局限，通过数据库的方式对数字正射影像、数字立体匹配片、像片参数和数字高程模型进行管理，形成无缝立体影像数据库，进而提供给用户一个可量测的无缝空间立体模型。

② 实景影像三维可视化是指在一体化集成融合管理的时空序列上，具有像片绝对方位元素的航空、航天、地面立体影像，无须做任何加工处理即可通过软件服务与已有的数据资源、信息系统乃至互联网集成，提供直接、直观的三维实景可视化服务，如图 1-4 所示。

图 1-4　基于 DMI 的青藏铁路三维可视化

③ 三维数字全景可视化是通过专业相机捕捉整个场景的图像信息，然后使用软件进行图像拼接和播放，即将平面图像及计算机图变为 360°全景拼接影像，从而呈现给用户一个模拟的真实三维空间，如图 1-5 所示。

使用鼠标点按画面并上下左右转动，自由选择视角。

图 1-5 柳园景点的三维全景可视化

（3）基于 LiDAR 扫描数据的三维建模

基于 LiDAR 扫描数据的三维建模是通过采集的高精度激光雷达扫描数据来获得高精度数字高程模型（Digital Elevation Model，DEM）和建筑物几何数据，最后完成三维建模。基于 Lidar 扫描数据，可以快速地获取高精度的地表三维坐标信息，制作的三维模型精度高、适用范围广、外业工作量少、省时省力，能够满足快速化、高精度、可分析、高度虚拟现实的要求，但其数据量大，信息数据的存储、快速传输及浏览等都比较困难。

在以上三维可视化方法的基础上，研究适合海洋环境展示和海洋现象表达的三维可视化方法，关键是从底层构建适合海洋环境和现象表达的三维数据模型。同时，需要研究如何表达不同的海洋对象，例如，如何表达"黄海"、"东海"、"长江入海处"等语义模糊的海洋实体对象。在可视化的基础上，加强可视分析方法的研究，通过可视分析发现海洋环境的发展趋势和海洋现象的发展变化规律。

如果用任务要素来划分 GIS 工作，可以分成 7 个要素：时间、水平面、垂直面、对象、过程、对象动态、过程动态。对于陆上 GIS 经常性的考虑有时间、水平面、对象，而海洋 GIS 还必须考虑垂直面、过程、对象动态、过程动态，这是因为海洋环境的变化包括时间上的变化和空间上的变化，其动力和影响因素很多，比如混沌性质的风、潮汐异常等。而水中的物体比如鱼、船等也是运动的，与水是相对独立又有关联。运动有路线的变化、速度的变化和时间的变化等。可以说，GIS 在海洋应用面临着较为全面和典型的时空问题。

1.3.5 动态可视化与交互分析

通过动态可视化与交互分析获取蕴含在海洋环境中的物理、生物与化学特性和规律，是海洋 GIS 研究内容之一。动态可视化与交互分析不仅符合海洋现象和特征的动态变化的属性，而且也是大数据时代数据处理、知识发现的重要手段。海洋现象相对于陆地目标而言更加强调其时空过程性，存在大量的时间序列数据，因此需要时间序列数据的相关处理方法。例如绘制过程曲线，需要在不同时空尺度进行转换或推移，或者自动从数据库中提取数据，实时绘制可无级缩放的过程曲线。传统陆地 GIS 并不具备或者说不具备完善的时间序列数据处理能力，因此动态可视化与交互分析是 GIS 由传统陆地 GIS 向海洋 GIS 转变的关键问题，也是海洋 GIS 当前研究的热点。

从信息学角度看，可视化是利用计算机将数据转换成可交互的图形化的过程。就其本质而言，可视化主要包括显示和交互两部分，所以动态可视化和交互分析是相互联系密不可分的。可视化中交互的方法包括选择、探索、布局、可视化编码、抽象和具体、过滤、链接等。可视化交互空间包括屏幕空间、数据值空间、数据结构空间、可视化参数空间、数据/物体空间、可视化结构空间。通用的可视化交互模型包括以下几种。

（1）概括＋细节模型

当数据规模很大、绘制细节不能全部同时在屏幕上显示，或者无法绘制整个数据集时，需要调整所绘制的数据细节以满足可视化的要求。采用概括＋细节模型，先显示概貌，进而用户与视图进行交互（例如探索或者过滤），最后可视化用户所关注内容的细节。适用于多种可视化和图形系统，其原理是没有一个清晰的概貌，用户可能无法从海量数据中定位其所关注的目标，用户交互是搜寻目标的过程，绘制的细节是目标可视化的结果。GIS 中的 LOD(Levels of Detail)技术就是此模型的应用。

（2）聚焦＋上下文模型

聚焦＋上下文是针对在一个视图中无法显示全部数据这一问题所提出的有效的交互模型。聚焦指为用户感兴趣的内容展示更多细节；上下文指适度展示用户关注点之外的其他数据，使用户理解聚焦数据和周围数据的关系。

（3）对偶界面模型

类似于数学中的对偶概念，对偶界面指对于同一数据同时采用两种不同方式的可视化，并且允许用户同时在两个视窗内进行可视化交互操作和交互结果的关联。对偶界面通常比单一界面交互的效果好，原因在于对偶界面利用了同一数据两种截然不同的性质，采用两种性质作为约束条件通常比基于一种性质的约束能更好地对数据进行选择。对偶界面的具体设计需要符合数据的特性。

动态可视化是海洋 GIS 的重要研究内容之一，其作用表现在以下几方面。

① 海洋空间过程的再现。采用动态可视化方法可以展示海洋现象发生、发展、消亡的整个过程，动态再现比静态显示更有利于海洋现象的研究和分析，更利于了解海洋现象的本质和过程。

② 海洋目标实时监测和追踪。海洋目标如船只、海洋生物本身就是运动的，要对其进行监测和追踪，也必须采用动态可视化的方法。例如通过卫星监测和追踪浮标的漂流轨迹，通过处理监测数据进行动态可视化表达，增加了监测效果的真实性和直观性。

③ 海洋现象动态模拟和预测。根据观察者视点位置的变化对海洋现象发生、发展过程进行动态模拟，以展示其时空变化过程、预测其发展变化趋势。例如，可以根据特定参数，如海底地震的等级、海浪、风力等对海啸过程进行模拟和预测，有利于提前了解海啸灾害的状况，准备相应预案。

④ 海洋规律的探索分析和挖掘。海洋数据可视化本身就是发现海洋规律的方法之一，通过可视化再现或模拟海洋现象产生、发展和变化的过程，是在 GIS 空间思维的基础上更进一步，相比于以前的统计数字思维和传统 GIS 的静态空间思维，更利于发现海洋相关现象的规律和知识。通过增加可视化过程的交互功能，可以充分发挥人的主观作用和先验知识，利用交互工具发挥人类的智能，从有利于知识发现的角度和方向进行可视化进一步引

导，最终达到海洋知识的深度挖掘。

海洋的动态可视化与交互分析将在现有动态可视化和交互方法的基础上进行研究。基于动态地图，根据海洋现象的特点研究新的视觉变量表现方法、新的视觉编码方法等；基于球面渲染环境的多维动态可视化方法、基于三维球体的海洋可视化方法研究实现海洋动态可视化的方法；在多维海洋数据的集成可视化中，根据可视化交互原理增强交互分析能力，把交互手段作为衡量可视化功能的重要标准，将用户交互作为海洋数据探索性分析手段。

1.3.6　海洋数据及服务标准

1.3.6.1　海洋数据标准

目前通用的地理数据标准（包括空间基准）主要包括以下几个方面：

（1）统一的地理坐标系统

通过投影转换等方式使不同来源的地理信息数据在统一的地理坐标系统上反映出它们的空间位置关系特征。统一的地理坐标系统是各类地理信息收集、存储、检索、相互配准及进行综合分析评价的基础。目前我国规定的统一平面坐标系主要包括：1954 年北京坐标系、1980 西安坐标系、2000 国家大地坐标系。中国水准原点和高程基准是推算国家统一高程控制网中所有水准高程的起算依据，它包括一个水准基面和一个永久性水准原点。1987 年 5 月，国务院废除其他城市的水准零点，正式批准青岛观象山的"水准原点"为我国测量高度的唯一标准，其位置为（东经 120°19′08″，北纬 36°04′10″），其高程为 72.260 4 m。

（2）统一的分类编码

GIS 数据必须有明确的分类体系和分类编码。只有将 GIS 数据按科学的规律进行分类和编码，使其有序地存入计算机，才能对它们进行存储、管理等。我国与 GIS 分类编码相关的标准包括《世界各国和地区名称代码》、《基础地理信息分类与代码》、《国土基础信息数据分类与代码》、《水文数据 GIS 分类编码标准》等。

（3）通用的数据交换格式标准

数据交换格式标准是规定数据交换时采用的数据记录格式，主要用于不同系统之间的数据交换。目前在计算机和工作站上用于数据交换的图形文件标准主要有：ESRI 的 EOO 格式、AutoCAD 系统的 DXF（Data Exchange File）文件、美国标准 IGES（Initial Graphics Exchange Specification）及国际标准 STEP（Standar for the Exchange of Product model data）。SDTS 是美国国家空间数据协会制定的统一的空间数据格式规范，包括几何坐标、投影、拓扑关系、属性数据、数据字典，也包括栅格和矢量等不同空间数据格式的转换标准。

（4）统一的数据采集技术规程

数据采集作业规程中对设备要求、作业步骤、质量控制、数据记录格式、数据库管理及产品验收都应作详细规定。例如河北省在国家电网 GIS 平台建设过程中制定了《河北省电网GIS 数据采集技术方案》，该方案对数据采集内容和数据精度等都提出了具体要求和规范。

（5）统一的数据质量标准

GIS 数据质量标准是生产、使用和评价数据的依据，数据质量是数据整体性能的综合体现，对数据生产者和用户来说都是一个非常重要的参考因子。它可以使数据生产者正确描述他们的数据集，符合生产规范的程度也是用户决定数据集是否符合他们应用目的的依据。其内容包括：执行规范及作业细则；数据情况说明；位置精度或精度评定；属性精度；时间精度;逻辑一致性;数据完整性;表达形式的合理性等。国内外相关部门出台了一系列数据质量方面的标准,如德国标准化学会制定了《地理信息质量原则》、国际标准化组织制定了《地理信息质量评定程序》、中国电子技术标准化研究所制定了《车载导航电子地图数据质量规范》等。

（6）统一的元数据标准

元数据(Metadata)是描述数据的数据,如数据的内容、质量、状况和其他有关特征的背景信息。国内外相关部门出台了一系列元数据方面的标准,如美国联邦地球空间数据委员会制定的《地理空间数据集元数据内容标准》、加拿大数据委员会(Government Electronic Data Processing Standards Committee,CGSB)制定的《地球空间数据集描述》、中国国家基础地理信息中心制定的《国家基础地理信息系统元数据标准》、中国科学院制定的《科学数据库元数据标注》等。

根据应用目标的不同,专业用户对不同数据的定义、组织、质量要求等千差万别,数据标准是研究与应用的重要问题。对于海洋 GIS 而言,由于数据的多源异构性、格式多样性、尺度差异大等特点,海洋相关数据标准对数据定义、质量控制和数据交换尤为重要。目前,国际上涉及海洋领域的标准有 100 多项,这些标准不仅限于海洋数据标准,还涉及海洋的方方面面。例如,中国海洋调查船代码(GB 12461—90)、世界海洋名称代码(GB/T 12462—1990)、中国海图图式(GB 12319—1998)、海洋数据应用记录格式(GB 12460—2006)、船舶及海洋工程腐蚀与防护术语(GB 12466—90)、海洋调查规范(GB/T 12763—2007)等等。

按各自需求定义数据格式或标准有灵活性但缺点也很明显:数据往往不能相互融合和转换,数据质量损失、误差传递或结果具有不确定性,数据无法正确应用。建立和应用相关海洋数据标准是解决问题的关键。针对海洋信息多维、多源、多尺度、内容复杂、数据类型和表达方式多样的特征,我国海洋相关部门自"九五"开始有组织地开展了海洋信息标准化和格式化方面的研究,已经制订了一些海洋数据相关标准和规范,主要包括:

① 信息采集规范:海洋监测规范、海洋工程地形测量规范、海洋数据应用记录格式、卫星遥感图像产品质量控制规范等。

② 分类代码:海洋经济统计分类与代码、海洋生物分类代码、1:500、1:1 000、1:2 000地形图要素分类与代码、专题地图信息分类与代码等。

③ 通用标准:海洋科学文献分类法、海洋学综合术语、海洋信息共享标准、海洋信息元数据标准、海洋资料管理规定、海洋资料质量控制标准等。

可以看出,海洋数据相关标准和海洋 GIS 的应用需求还存在很大的差距,而且随着研究的深入和技术的进步,海洋数据量以及国家或机构之间的海洋数据交换量将会持续迅速增长,所以,今后应该加强和推进海洋数据相关的标准制定工作。

1.3.6.2 海洋服务标准

海洋信息服务和数据共享主要依赖于网络环境来实现,用户通过资格认证和类别认证后,通过计算机网络系统可以访问共享数据库中与其权限相对应的各类海洋科学数据和信息产品。网络环境下,海洋信息服务和数据共享的标准涉及海洋信息共享用户的分类、分级与权限、海洋信息的密级及其共享条件、海洋信息传输与接口规范、海洋信息数据空间交换标准、海洋信息系统软件设计规范、海洋信息服务的安全与保密、海洋信息网络发布格式和标准等内容。目前我国制定的海洋信息服务和应用相关标准主要有:海洋信息分类与代码

（HY/T 075—2005）、中国海图图式（GB 12319—1998）、中国航海图编绘规范（GB 12320—1998）、海洋高技术产业分类（HY/T 130—2010）、海洋信息化常用术语（HY/T 131—2010）、海洋行业标准体系表（HY/T 019—1992）、电子海图显示标准（IHO S57）（IHO,International Hydrographic Organization,国际海道测量组织）、海洋及相关产业分类（GB/T 20794—2006）、地理信息公共平台基本规定（GB/T 30318—2013）等。

另外，随着云计算技术的发展，根据用户需求搭建统一的、稳定的、可扩展的、可兼容的海洋地理空间信息云服务平台，随时、随地、按需为各类型用户提供内容丰富、形式多样、可扩展的海洋地理空间信息云服务，使海洋地理空间信息管理能够采用云计算的模式形成集信息采集、整合、共享、协同、挖掘与利用于一体的海洋地理空间信息管理体系，全面提高海洋地理空间信息发布、管理以及利用的效率，为海洋权益维护、海洋战略实施和海洋资源开发利用提供可靠数据支持和技术保障。这都需要构建海洋信息云服务相关的标准和规范。

1.4 海洋 GIS 的功能和意义

1.4.1 海洋 GIS 的功能

海洋 GIS 的基本功能包含 GIS 的常规功能，但处理的数据对象是与海洋相关的。海洋 GIS 的功能是围绕海洋现象的"位置"、"条件"、"分布"、"变化趋势"、"模式"和"模型"展开的，主要包括以下几个方面。

1.4.1.1 海洋数据采集和编辑

海洋数据采集和编辑是海洋 GIS 最基本的功能，包括海洋数据的采集、录入、完整性检验、一致性检验、数据修正和编辑等。海洋 GIS 中数据的采集和测绘遥感的数据获取有所不同，主要是对测绘和遥感获取的数据进行预处理，使其符合 GIS 的要求，为构建 GIS 空间数据库做好准备。海洋数据的采集和编辑不仅包括海洋现象相关的空间数据的采集，还包括海洋现象相关属性数据、海洋调查数据、社会经济数据等的采集。

1.4.1.2 海洋数据处理和变换

海洋数据处理和变换是海洋 GIS 的基本功能之一，包括海洋图形数据的编辑、图幅数据边沿匹配处理、坐标变换与投影变换、数据格式化、空间数据的转换、数据概化、数据压缩、空间数据的更新处理等。海洋数据的处理和变换涉及数据数学状态的变换（例如投影变换、辐射纠正等）、几何形态转换和集合角度的提取（例如布尔提取、窗口变换等），其中空间数据的更新处理要结合动态数据模型和时空数据库进行。

1.4.1.3 海洋数据存储、组织和管理

海洋数据存储、组织和管理也是海洋 GIS 的基本功能之一，包括数据建库、数据编码、索引建立等。海洋数据编码根据海洋数据的类型不同而采用不同的方法，海洋场数据一般采用栅格数据编码方法，如四叉树、块码等；海洋要素数据一般采用矢量数据编码方法，如链码、拓扑结构编码等。近几年海洋场数据趋向于采用非结构网格进行表达，此种表达方式可以更好地反映海洋现象的特征。

1.4.1.4 海洋数据查询、统计和量算

海洋数据查询、统计和量算是海洋 GIS 的基本功能之一，是海洋 GIS 进行高层次分析

的基础。海洋数据空间查询,是指按照给定的条件,从空间数据库中检索满足条件的数据,以回答用户的问题。

海洋数据空间查询属于咨询式分析,查询过程中不产生新的数据,包括以下几种查询类别:

(1)几何参数查询

几何参数查询包括点的位置坐标,两点间的距离,一个或一段线目标的长度,一个面目标的周长或面积等。

(2)空间定位查询

空间定位查询是给定一个点或一个几何图形,检索该图形范围内的空间对象及其属性,包括按点查询和开窗查询。

(3)空间关系查询

① 相邻分析检索。包括点—点查询,如 A 与 B 是否相通;线—线查询,如与某干流 A 相连的所有支流;面—面查询,如查询与面状地物相邻的多边形等。

② 相关分析检索。不同要素类型之间的关系的检索分析,通过检索拓扑关系来实现,包括点—线查询,如查询与某阀门相关的海底石油管道;点—面查询,如查询某片海域的岛屿;线—面查询,如查询我国海岸线的总长度。

③ 包含关系查询。查询某个面状地物所包含的空间对象,包括同层包含,如查询某省的下属地区;不同层包含,如查询某省的湖泊分布等。

④ 穿越查询。采用空间运算的方法进行查询,根据线目标的空间坐标,计算哪些面或线与之相交,如海上丝绸之路穿越了某些城市。

⑤ 落入查询。查询一个空间对象落入哪个空间对象之内。

(4)属性查询

属性查询是给定一个属性值,找出对应的属性记录或图形,可以通过 SQL 查询,或加入空间关系的扩展 SQL 查询来实现。

(5)其他查询方法

如可视化空间查询和超文本查询等。

海洋数据几何量算,包括点状地物量算,如海上目标点的坐标量算;线状地物的长度、曲率和方向的量算,如某段海岸线的曲率的量算;面状地物的面积、周长、形状和曲率等的量算,如某海岛表面积的量算等。

1.4.1.5 海洋空间分析

空间分析是 GIS 的核心功能和本质特征,是对地理信息特别是隐含信息的提取、表现和传输的特有功能,是 GIS 区别于其他信息系统的显著标志。空间分析赖以进行的基础是地理空间数据库,空间分析运用的手段包括各种几何逻辑运算、数理统计分析、代数运算等数学手段。空间分析方法包括空间统计学、图论、拓扑学、计算几何等。空间分析技术包括空间图形数据的拓扑运算、非空间属性数据运算、空间和非空间数据的联合运算。按照作用的数据的性质不同,空间分析分为基于空间图形数据的分析运算、基于非空间属性的数据运算和空间与非空间数据的联合运算。

海洋 GIS 的空间分析不仅包括静态的空间分析,还包括动态的时空过程分析。海洋空间分析包括海洋空间缓冲区分析、海洋空间叠加分析、海洋空间网络分析、海底地形分析、海洋场数据的空间插值、海洋数据的空间变换、海洋物理指标的多元统计分析等。

空间分析的经典案例是利用地图进行霍乱病源的发现,即利用霍乱病患者的居住地与饮用水井之间的空间位置关系,揭示了霍乱病的发病根源,这是空间分析思维方式的典型应用。世界上任何物体都具有空间特性,我们日常生活中的大部分信息都与地理空间位置有关,采用空间分析的思维方式不仅符合物体的空间特性,而且相比于数字统计等方式更利于发现空间相关的规律。

（1）海洋空间缓冲区分析

空间缓冲区,是地理空间目标的一种影响范围或服务范围,是指根据分析对象的点、线、面实体,自动建立它们周围一定距离的带状区,用以识别这些实体或主体对邻近对象的辐射范围或影响度,以便为某项分析或决策提供依据。缓冲区的作用是用来限定所需处理的专题数据的空间范围,一般认为缓冲区以内的信息均是与构成缓冲区的核心实体相关的,而缓冲区以外的数据与分析无关。例如,海洋专属经济区实际就是领域基线半径为 200 海里的单侧缓冲区。

（2）空间叠加分析

空间叠加分析是指在统一空间参照系统条件下,将同一地区两个或两个以上地理对象图层进行叠加,以产生空间区域的多重属性特征（新的空间图形或空间位置上的新属性）,或建立地理对象之间的空间对应关系。通过空间叠加分析,能够发现多层数据间的相互差异、联系和变化等特征。根据分析目的的不同,可将空间叠加分为合成叠加和统计叠加两类。合成叠加是将同一地区、同一比例尺的两个或多个多边形要素的数据文件进行叠加,根据两组多边形边界的交点来建立具有多重属性的多边形。统计叠加是将多边形数据层叠加,进行多边形范围内属性特征的统计分析。

（3）空间网络分析

网络是一个由点、线的二元关系构成的系统,通常用来描述某种资源或物质在空间上的运动。GIS 中的网络分析是依据网络的拓扑关系（线性实体之间、线性实体与结点之间、结点与结点之间的连接或连通关系）,通过考察网络元素的空间及属性数据,以数学理论模型为基础,对网络的性能特征进行多方面研究的一种分析计算。网络分析的主要用途有选择最佳路径、最佳布局、资源中心选址、资源分配等。

（4）海底地形分析

海底地形分析是数字地面模型分析在海洋 GIS 中的应用。数字地面模型（Digital Terrain Model,DTM）是以数字的形式按一定的结构组织在一起,表示实际地形特征的空间分布模型,实质上是对地面形态和属性信息的数字表达。有时所指的地形特征点仅指地面点的高程,就将这种数字地形描述称为 DEM。

（5）海洋场数据空间插值

空间插值是将离散点的测量数据转换为连续的数据曲面,是通过选取采样点的测量值,使用适当的数学模型对区域所有位置进行预测,从而形成测量值表面,以便与其他空间现象的分布模式进行比较,它包括空间内插和外推两种算法。海洋场数据空间插值是对海洋表面具有连续分布特征的可移动地理要素或因素进行插值分析,在海洋盐度分布、海洋环境数据预处理等方面具有重要的作用。

（6）海洋数据的空间变换

海洋数据的空间变换是利用一套控制点和变换方程,将海洋数字地图或图像从一种坐标系转换成另一种坐标系的过程。空间变换类型主要包括齐次坐标变换、比例变换、平移变换、镜像变换、旋转变换等。

(7) 海洋物理特征的多元统计分析

多元统计分析是从经典统计学发展起来的一个分支,是一种综合分析方法,它能够在多个对象和多个指标互相关联的情况下分析它们的统计规律。常用的多元统计分析方法主要包括:多元回归分析、聚类分析、判别分析、主成分分析、因子分析、对应分析、典型相关分析等。对海洋物理特征进行多元统计分析,以便找出海洋要素之间的内在联系和规律,常用在海事研究等领域。

1.4.1.6 海洋 GIS 可视化

海洋 GIS 可视化包括海洋数据的显示、海洋分析结果的输出、海洋特征的可视化和海图制图。海洋 GIS 可视化是海洋 GIS 数据处理和空间分析的最终结果和表达形式,同时,海洋 GIS 可视化也是海洋特征提取、交互式操作、探索性分析的载体和依托。

海图制图是设计、编绘、制印海图的各项工作之总称,包括海图设计、编辑准备、原图编绘、出版准备和印刷出版等阶段,各阶段的内容与一般的地图编制大致相同。海图制图和一般地图制图不同之处在于:

① 数学基础不同,海图制图采用墨卡托投影,我国基本比例尺地图除 1:100 万外都采用高斯—克吕格投影。

② 起算基准不同,海图制图采用深度基准面,陆地地图采用大地水准面作为高程基准。

③ 表现内容不同,海图制图主要呈现水深,为航海或海洋工程服务,陆地地形图主要表现的内容是高程。

④ 分幅方法不同,海图制图采用自由分幅方式,陆地地图采用矩形或经纬线分幅,有特定的分幅规则。

⑤ 图廓网格不同,海图制图一般采用经纬度作为图廓网格,而陆地地图采用平面直角坐标系。

⑥ 图式标准不同,海图制图采用《海图图式》,陆地地图采用《地形图图式》。

1.4.1.7 海洋 GIS 模型分析

模型分析是 GIS 和专业应用结合的桥梁,通过各种专业模型,才能将 GIS 工具应用到各专业领域。由于海洋 GIS 起步较晚,所以很多海洋领域的模型有待于建立。海洋 GIS 模型分析一般采用两种途径:一是采纳传统 GIS 模型,根据海洋 GIS 的特点进行改进以适应海洋 GIS 模型分析的需要;二是根据海洋现象的特点构建新的海洋 GIS 模型。例如进行海流的表达和分析,可以基于传统的场模型,采用欧拉方法构建海洋流场表达和分析模型;也可以跟踪水质点以描述其时空变化,基于拉格朗日方法构建全新的海洋流场表达和分析模型。由于海洋现象复杂多样,始终处于运动变化之中,很多海洋现象的表达和分析模型还刚刚起步,所以利用 GIS 的原理和工具,构建海洋现象的相关模型,从而进行海洋 GIS 的模型分析是海洋 GIS 的高层次功能。

概括起来海洋 GIS 的功能主要包括以下几方面。

(1) 海洋数据管理功能

海洋数据管理功能主要是包括有关海洋空间数据和非空间数据的搜集、存储、编辑、检索、查询、显示等。就某种意义而言,任何"管理"都是信息流的一种交流形式,海洋信息管理是多渠道、多层次、多形式信息流定向(单向)或双向或多向交流的形式。海洋 GIS 采用传统 GIS 已有的矢量数据模型和栅格数据模型,另外根据海洋现象的特点构建新的矢量场模型、非结构网格等数据模型,对海洋多源异构数据进行管理,为海洋相关可视化、模型分析、辅助决策提供数据支撑。

（2）海洋分析评价功能

改进传统 GIS 模型或建立新的模型,进行海洋特征的提取、表达和分析,为海洋现象的研究、再现、开发利用奠定理论基础。对各种应用开发项目,如港口建设、围海造地、海上油气开采、海水养殖等,采用海洋 GIS 进行综合分析评价,提供多种可行方案,供管理部门决策参考;在海洋突发事件中,如海洋溢油、绿潮等自然灾害,利用海洋 GIS 可以进行应急方案评价、损失评估等工作,以减少损失。

（3）海洋管理决策功能

当前,沿海地区出现经济多元化发展趋势,管理方式也从单一的经济目标管理向社会、资源、环境、文化等多目标管理模式转变。海洋 GIS 通过一般决策模型、多目标决策模型、模糊决策模型等不同的决策模型,为分析自然和社会各种因素海洋综合管理提供多目标辅助决策支持。因为海洋 GIS 首先是 GIS,是计算机信息系统,所以海洋 GIS 也为海洋管理实现信息化、数字化、标准化、可视化提供了一种技术手段。采用海洋 GIS 进行海洋综合管理和海洋辅助决策,减少了管理决策的盲目性和片面性,提高了管理效率,节约了管理成本。

（4）海洋模拟预测功能

海洋 GIS 的模拟预测功能主要体现在以下几个方面。采用特定模型和指标体系,对海洋现象,如海流、海浪、水团、海洋锋、海洋波动等,进行数字化模拟,再现海洋现象及海洋场景,为海洋学研究和其他应用奠定基础。在发生自然灾害或海难时,根据指标参数进行灾害或海难的模拟和预测,以便进行有效的预防和救助。例如在胶州湾绿潮灾害中,可以采用事先基于海洋 GIS 构建的绿潮模拟和预测模型,输入胶州湾绿潮爆发区现场的风速、风向、海流的流向和流速等参数,模拟出绿潮下一步的漂浮状况,预测一段时间如 10 d 后绿潮的覆盖范围、灾害的发展趋势和动向等,以便采取有效的打捞或防范措施。最后,可以根据海洋资源开发现状、地区海洋经济发展趋势和潜力等各种综合因素,运用不同的预测模型,模拟显示特定海区的发展前景,为中长期规划和宏观调控提供参考依据。

（5）海洋探索挖掘功能

随着大数据时代的到来,数据探索性分析和数据挖掘越来越受到重视。海洋"陆、海、空"一体化观测网必将使海洋领域进入大数据时代。海洋 GIS 作为管理海量海洋数据的工具和平台,也必将在现有数据管理和空间分析功能的基础上,构建新的探索性数据分析和海洋数据挖掘的功能,这是数据时代海洋 GIS 发展的必然趋势。这是一项艰巨的任务,可以考虑从两方面着手实现:一是在传统的基于概率论和数理统计的地统计分析方法的基础上,结合新的智能出行、模式识别、数据挖掘等方法来实现;二是在 GIS 原有空间分析和可视化等方法的基础上,构建新的交互式可视分析环境和工具来实现。

1.4.2　海洋 GIS 的意义

海洋 GIS 是 GIS 技术结合海洋科学特点形成的海洋领域强有力的工具和工作平台,随着 GIS 技术的迅速发展及其在各领域的广泛应用,海洋 GIS 也必将在海洋领域的研究、管理、应用和决策等各层面中起到重要的作用。

① 海洋 GIS 作为一个基础工具,为管理和处理分析海量的海洋观测与分析数据提供一个先进的科学技术平台。

② 海洋 GIS 的使用能够极大改善现有的海洋数据管理方式,提高海洋数据的使用效率和工作效率,为海洋科学领域的深化研究提供有力的技术支持。

③ 海洋 GIS 作为一种辅助决策工具,具有强大的空间分析和模拟预测功能,为我国海岸带综合管理制订中长期发展规划、行业规划、土地利用规划、功能区划、海域划界、海洋产业建设和其他海事活动等奠定了科学基础,提供了技术方案。

④ 海洋 GIS 技术可与许多具体海洋学科相结合,从而带动学科理论方法技术的研究发展。

"智慧地球"和"物联网"的提出和发展将 GIS 的应用提升到了新的高度。随着"数字海洋"的建设,集成海洋数据、遥感数据和数学模型的海洋 GIS 发展迅速。大力推进海洋GIS 的研究进展,深入开展其在海洋各领域的实际应用,具有巨大的经济、社会价值和战略意义。

1.5 海洋 GIS 的应用领域

1.5.1 海岸带开发和管理

海岸带是地球上陆地和海洋相互作用最为活跃的地带,更是全球的政治、经济、文化中心,是人类与海洋联系最紧密的地区。这一地带的气候变化、生态平衡、土地利用、海业生产等深深地影响着人类的生存发展。因此,海洋 GIS 是海岸带综合管理必不可少的手段,尤其在海岸带功能区划、海域划界、海域资源有偿使用等信息管理中。通过遥感与地理信息系统技术集成,结合海岸带综合管理所需的元数据(Metadata)技术和网络地理信息系统技术,充分利用多源卫星资料和已有的实地调查资料构建海岸带信息系统,它是具有较高技术含量同时又具有巨大管理效益的研究项目。它将帮助研究者从海岸带环境场及其动态变化规律的角度来进行海岸带动态变化研究,进而开展陆海相互作用的研究;并可利用海洋 GIS决策管理、分析评价和模拟预测等多项功能,为各国海岸带综合管理制订中长期发展规划、行业规划、土地利用规划、功能区划、海域划界等奠定了科学基础。

1.5.2 海洋渔业管理

海洋 GIS 在渔业生物资源中的开发利用比较早,并且在海洋渔业领域所起到的重要作用日益受到重视。海洋 GIS 在数据库、可视化和制图、空间渔业管理、渔业海洋学和生态系统等方面的应用,使海洋 GIS 技术在海洋渔业领域具有重要的作用和意义。通过海洋 GIS对各种渔业资源的种类、数量、分布,渔业水域的划分以及养殖区的分布,渔船状况等因子的数据采集、处理、存储、分析,可以全面、直观地掌握渔业资源的管理现状,提高工作效率。研究鱼类的分布对于建立鱼类种群的迁移模型和管理海洋渔业资源非常重要,海洋 GIS 可用于检测环境分布模式及其变化,标识不同的地理种群并描述其主要分布,也可用于提高采样方案的科学性、选择最佳捕捞地、划定海洋保护区等。水产养殖点的选取对于水产养殖的成功与否非常关键,海洋 GIS 可在养殖前对其进行科学的评估。海洋 GIS 还可以用来探讨人类对渔业的影响,比如渔业捕捞与努力量分析,渔业管理者对哪里捕捞强度大,捕获量是多少,捕获量与努力量关系等。同时,利用遥感信息可以推理获得影响海洋物理、化学和生物过程的一些参数,如海表温度、叶绿素浓度、初级生产力水平的变化、海洋锋面边界的位置以及水团的运动等,通过对这些环境因素的分析,可以实时、快速地推测、判断和预测渔场,不断更新海洋 GIS 渔场变动的数据。由此可见,海洋 GIS 和遥感技术的发展为海洋渔业资源的研究提供了新的手段和内容,使海洋渔业从传统模式过渡到科学化、现代化和智能化的模式,通过集成遥感、数据库管理系统、专题分析模型和专家系统,为海洋渔业开发了 GIS 平台。

1.5.3　海洋环境监测、评价与预报

在海洋环境保护、海洋资源利用、海上航行管理和生产安全服务中,利用 GIS 等现代信息技术可以建立海洋环境和灾害信息库,实时动态地监测、监控海况,评价环境质量与预报海情变化趋势等,为海洋研究和防灾决策服务。

我国是一个海洋大国,天然海域达 485 万 km^2,海岸线长达 18 000 km,拥有丰富的海洋及海岸带资源,有 12 个省(市、自治区)处于沿海地带,全国 50% 的大城市、40% 的中小城市也在这个地带,国民经济总产值的 60% 来自沿海地区。因此,建立海洋环境立体监测体系是我国一项战略目标。

在“九五”国家高技术发展计划(863 计划)支持下建立的海洋环境立体监测体系主要包括近海环境自动监测技术、高频地波雷达海洋环境监测技术、海洋环境遥感监测应用技术、系统集成技术以及示范试验等。海洋环境立体监测体系的建立,使我国的海洋监测技术水平逐步走向世界前列。1998 年,国家海洋局海洋环境保护研究所赵玲等人在大连海域内采用 GIS 技术,通过开发和利用海域资源综合信息,解决了资源与环境的合理利用与保护方面的问题,对海域环境质量进行了评价。国家海洋环境监测中心赵冬至等人基于 GIS 技术编制了海洋环境质量评价图,通过制图工作,可表现海洋环境质量在空间上的分布规律、变化趋势,为海洋环境保护提供依据。

跨入 21 世纪,我国海洋 GIS 在海洋环境监测评价方面有了新的研究进展。裴相斌等将动力模型与 GIS 结合起来研究渤海湾的污染扩散。2004 年,上海建立了我国首个海洋环境立体监测系统,在同年监测东海区春夏之交特大赤潮区爆发中发挥了重要作用。2006 年我国启动了国家海域动态监视检测系统项目。2007 年国家海洋局“数字海洋”专项全面开展,任务之一是建立海域管理信息系统。

1.5.4　海洋地质

近年来,全球变化研究已经成为热门话题,其中海洋地质的研究占有突出重要的地位。海洋地质调查新资料的获取建立在大量观测资料基础上,这些观测资料必须具有全球性、实时性、动态性,遥感数据特别是卫星遥感数据满足了这种需要。同时,海量的海洋地质数据处理、海底地形地貌模拟、海洋地质资料科学管理与共享等需要海洋 GIS 技术的支持。例如,海底地形地貌资料人机交互解释系统,是国家“863 计划”某专题的子课题“海底地形地

貌资料的人机交互解释技术"开发的一套 GIS 应用系统,实现了海底地形地貌数据的管理、重要地形参数的快速检索、地貌的分类、海底表层沉积物和潜在地质灾害因素的初步识别和图形、数据的自动输入、输出技术的集成,为我国大陆架和专属经济区的勘测和划定提供高新技术支撑,为海域划界、维护海洋权益和资源提供重要的科学依据。随着遥感与海洋 GIS 的日益结合,它们在海洋地质研究中的前景更加广阔。

1.5.5 海洋油气

海洋油气的开发和勘探涉及很多学科领域的知识,要进行海洋油气的勘探必须分析大量的各种各样的数据,这就需要有合适的管理和分析工具。国内这方面的工作主要由中科院遥感应用研究所在进行。在"渤海海洋油气遥感探测机理研究"重点项目(1996～2000年)中,以遥感数据信息为基础,建立海洋数据库,结合研究目标开发应用模型(海洋油气评价模型),加强信息综合分析功能,实现其成果的可视化显示,提高海洋数据的应用潜能,取得了较好的成果。在海洋"863 计划"相关专题中,中科院遥感应用研究所的研究人员正把该项研究应用在南海海域。同时,中国科学院遥感应用研究所在"863 计划"海洋探查与资源开发技术专题中,已经开发了面向海洋油气资源综合预测的海洋 GIS。

1.5.6 海洋综合管理

基于海洋 GIS 的海域海籍综合管理系统,采用组件式 GIS 技术,基于 C/S 模式,实现海域地理信息、权属数据、海洋资源数据的多图层数据融合管理,完成不规则椭球图斑面积的复杂计算,提供多种灵活的数据查询方式,以及直观的遥感影像卷帘分析对比功能,并且支持自动生成统计数据的柱状图、饼状图及各种统计报表。系统能够实现对海洋地籍数据的全面、统一的整理和建库,利用 GIS 技术,结合海籍业务管理进行系统开发,并建立海籍数据库的核查和更新机制,为长期有效地管理和维护海籍业务,不断完善海域管理的体制机制,严格执行项目用海预审、审批制度和围填海计划,为健全海域使用权市场机制提供可靠的技术手段。

除了以上介绍的研究应用领域外,海洋 GIS 技术还可应用到海洋考古、海洋生物多样性、海洋军事等领域。在部分海洋领域,海洋 GIS 已达到实用化,大大提高了海洋数据的使用率和人们的工作效率,日益受到海洋工作者的重视。

1.6 海洋 GIS 的发展前景

人类已进入信息时代和智慧时代,传统测绘技术、以云计算为代表的信息处理技术、物联网技术、大数据技术、智能系统技术等推进了海洋 GIS 的发展。随着国家"蓝色经济"建设的推进,海洋 GIS 的专业作用和社会影响不断扩大,正确认识并掌握其发展方向和应用前景对于海洋科技工作者具有重要的意义。海洋 GIS 作为计算机系统,其本身应该是开放式、数据共享、软件重用、跨平台运行、易于集成、界面友好、用户体验度高。海洋 GIS 作为海洋领域数据管理、时空分析、特征提取、可视化和动态分析的工具、平台和技术,呈现出如下的发展方向和应用前景。

1.6.1　海洋 GIS 的发展方向

1.6.1.1　多源异构海洋数据集成技术

随着各高新技术的蓬勃发展,给海洋领域的研究带来各种新的数据源。这些时间不同、记录格式不同及收集标准不同的数据难以综合利用。集成海洋数据、遥感数据和数字模型的海洋 GIS,无疑大大提高了海洋领域的工作效率。从海洋 GIS 在各个海洋领域的应用可以看出,海洋 GIS 在处理海洋数据上具有强大功能。因为海洋 GIS 在海洋领域的应用都与该领域具体学科有关,海洋 GIS 充分考虑到了海洋数据的动态性,顾及到完整地表达和分析海洋动态现象的特征与变化规律,使之具备对海洋动态过程的管理、处理和分析能力。例如海洋地理信息系统 Maxplore,它以过程处理为核心,提升了海洋 GIS 对时空信息处理的能力,充分利用多维信息可视化和组件化技术,开发了三层体系结构的大吞吐量开放式GIS,改变了传统 GIS 主要以静态方式完成对地理空间"状态"的描述、操作和分析功能。海洋 GIS 是对传统 GIS 的发展和应用于海洋研究的适宜性修正,使海洋 GIS 成为现代海洋研究的重要科技手段和应用平台。

1.6.1.2　海洋 GIS 的应用模型

随着海洋 GIS 的成长与发展,以 GIS 平台软件为基础的应用已经大面积地展开,并形成了较为成熟的海洋 GIS 应用模型。例如,邵全琴等提出了海洋渔业数据建模的扩展 E—R方法;方朝阳等开发了用于极端海面风速预测和可视化预测结果的海洋 GIS,阐述了全球极端海面风速预测的意义和海洋 GIS 在预测过程中的重要性及必要性,给出全球极端海面风速预测的统计模型。国家海洋局东海分局开展了"海洋灾害应急信息系统研究",该项目采用本体的概念建模方式,研制海洋灾害应急领域本体模型,初步建立一个基于 GIS 的上海海洋灾害查询与海洋灾害预警产品发布系统,使用户能方便地在地图上查询海洋灾害案例位置、海洋灾害案例过程等。

1.6.1.3　海洋虚拟现实和增强现实技术

虚拟现实技术是一种可以创建和体验虚拟世界的计算机仿真系统,它利用计算机生成一种模拟环境使用户沉浸到该环境中,是一种多源信息融合的三维动态视景和实体行为的仿真系统。虚拟现实是当代信息技术高速发展、各种技术综合集成的产物,是一种有效地模拟人在自然环境中视、听、动等行为的高级人机交互技术。通过海洋 GIS 与虚拟技术的有机结合、对海洋世界进行虚拟,将有利于海洋空间分析、资源开采、海上工程建设等活动的进行,使海洋世界可视化。

增强现实(Augmented Reality,AR),是一种实时地计算摄影机影像的位置及角度并加上相应图像的技术,这种技术的目标是在屏幕上把虚拟世界套在现实世界并进行互动。它是一种将真实世界信息和虚拟世界信息"无缝"集成的新技术,是把原本在现实世界的一定时间空间范围内很难体验到的实体信息(视觉信息、声音、味道、触觉等),通过电脑等科学技术,模拟仿真后再叠加,将虚拟的信息应用到真实世界,被人类感官所感知,从而达到超越现实的感官体验。AR 系统具有三个突出的特点:① 真实世界和虚拟世界的信息集成;② 具有实时交互性;③ 在三维尺度空间中增添定位虚拟物体。将 AR 技术应用到海洋领域,通过多媒体、三维建模、实时视频显示及控制、多传感器融合、实时跟踪及注册、场景融合等新技术与新手段,不仅展现真实海洋世界的信息,而且将虚拟的海洋信息同时显示出来,两种信息相互补充、叠加,可以呈现浩瀚海洋的多层面场景。

1.6.1.4　海洋辅助决策技术

信息的及时反馈是制定决策的前提,为满足决策支持的需要,海洋 GIS 将准确、及时、快速地把海洋信息反映给决策者。海洋 GIS 在两个方面具有快速反应能力:① 信息处理方面——由于海洋信息系统的数据是多来源、多精度、多格式的,因此,需要及时对来自不同渠道的数据进行整理,转化成系统存储形式,实现对系统数据的迅速更新。② 信息综合方面——以图形或图像的方式将海洋变化反映出来,表现出对外界变化的快速反应能力。因此,政府决策和预灾防灾的快速反应系统是海洋 GIS 的主要发展趋势之一。同时,随着人工智能、神经网络与 GIS 的结合,使海洋 GIS 具有知识处理和进行启发式推理的能力,能够完成复杂的空间分析,在海洋开发与管理及研究中发挥作用。

1.6.1.5　海洋环境可视分析技术

三维可视化或虚拟海洋环境将海洋环境作为对象,使用可视化手段从复杂、抽象的海洋环境数据中提取出海洋现象的变化规律与趋势,再通过系统交互分析和数据挖掘等方法研究海洋现象和规律,从而监测和预测海洋生态环境的变化。利用海洋 GIS 服务技术,根据面向服务体系架构思想,建立海洋环境多维动态可视化服务框架,为海洋环境信息的可视化分析提供技术支持。

1.6.2　海洋 GIS 的应用前景

1.6.2.1　通过海洋 GIS 进行海洋相关领域集成

海洋相关的研究领域包括海洋生物学、海洋化学、海洋地质学、海洋环境学、气象学等,其研究内容、获取的数据和研究结果需要进行集成处理,才能促进整个海洋相关研究的长远发展。海洋 GIS 作为海洋数据的管理工具和海洋现象的空间分析平台,正好可以将海洋相关研究领域进行集成,对涉海各领域的数据和现象进行统一处理和综合分析。通过海洋 GIS 集成各涉海研究领域,不仅符合海洋现象的大尺度空间分布和长序列时间分布的特点,而且可以把海洋相关现象作为整体从系统论、信息论的角度去处理和分析,更容易得出科学、准确的结果。例如,利用海洋 GIS 把海洋站位监测数据和遥感图像数据结合起来,就能够较为精确地反映出海洋环境信息;通过建立海洋环境综合分析管理数据仓库,除了实现对海洋监测数据的管理之外,还可以加强具有针对性的数据分析和空间分析功能,为及时了解海洋环境的变化,提高对海洋灾害预测预报的准确性提供了强有力的手段。通过海洋 GIS 的三维信息可视化功能,可以集成海量、多源、多维、动态、多变的涉海各领域相关数据,建立高保真的动态三维空间虚拟环境,以支持各类数据场景类型和多种专业应用要求。

1.6.2.2　海洋 GIS 在海洋灾害中的应用越来越广泛

海洋 GIS 可以集成卫星遥感、浮标及船载快速监测等多源观测数据实时或准实时地监测赤潮灾害的范围、类型、强度、环境、生物和灾情各相关要素的状况与动态变化。通过多时相的监测数据监测赤潮的扩散过程,通过海洋赤潮自身发生演变规律结合海洋基础数据,提供赤潮灾害的决策信息,为相关部门赤潮灾害的预报、赤潮灾害损失估算、迅速防灾、抗灾、救灾、恢复生产提供科学依据。

1.6.2.3　海洋 GIS 在海洋救援中发挥更大的作用

发生海难或海上空难事故后,首先要设法找到落水者,这是有效实施海上营救的前提。

利用海洋 GIS 技术对发生事故海域的水文气象条件,如海流方向、速度、风力、风向等海洋环境要素,遥感数据,飞机的飞行高度、时速等进行综合分析,实现各种空间数据的自动提取与实时展现,以便达到迅速定位、确定周边情况、进行场景模拟、快速分析决策、智能制定救援方案等。

1.6.2.4　海洋 GIS 在海洋气象服务中起到关键性作用

海洋经济的发展越来越离不开海洋气象服务,以海洋 GIS 为支撑的海洋气象信息库的建立变得日益重要,它的出现不仅有助于人们直观理解和分析大气海洋环境特征的分布情况,克服目前我国海洋气象服务的种种困难,而且必将有助于揭示海区气象环境的变化规律,增强目前海洋气象灾害的监测能力,提高海洋天气预报的水平。开发基于海洋 GIS 的航海海洋气象服务系统,将地理气象图形信息与常规天气预报文字信息相结合,提高气象信息传输的准确性和及时性,是提高海上天气即时监测和减少海洋事故的重要手段。

第 2 章　海洋 GIS 数据

2.1　海洋地理空间及其数据表达

海洋 GIS 研究和应用的两个关键问题是"基本表达"问题和"数据缺乏"问题,其中"基本表达"问题是海洋 GIS 面临的最大问题。海洋时空过程的数据表达问题,首先是空间表达,其次是更为复杂的时空表达。

海洋地理空间表达具有重要的作用:

① 首先地理空间表达是认知的桥梁。不同的空间表达是人们对客观世界不同抽象描述的结果,所传递和表达的信息也不同。地理空间表达为海洋科学研究与海洋现实世界架设了桥梁,也促使人们从更加开阔的视野、更多的视角来研究和认识海洋现象和海洋实体的特征。

② 地理空间表达是科研的工具。地理空间表达绝不仅仅是现在人们所了解和掌握的方式,从宏观到微观,从不同角度、不同方位分析和认识特定海域的空间信息,已经成为地理空间信息学研究的重要内容。

2.1.1　海洋地理空间及特点

2.1.1.1　海洋地理空间的界定

海洋地理空间是海洋物质、能量、信息的数量及海洋行为在地理范畴中的广延性存在形式,特指海洋相关形态、结构、过程、关系、功能的分布方式和分布格局,同时在"暂时"时间的延续(抽象意义上的静止态),及所表达出的"断片图景"。海洋地理空间是海洋 GIS 研究的空间框架。依据海洋地理学的界定,海洋地理空间的范围包括海岸与海底,涉及水圈、大气圈、生物圈和岩石圈,是指地球表面一定时期内被海水淹没部分的空间结构、组成、动态和演变规律。按照海洋学的研究范畴界定,海洋地理空间是指占地球表面 71% 的海洋,包括海水、溶解和悬浮于海水中的物质、生活于海洋中的生物、海底沉积和海底岩石圈,以及海面上的大气边界层和河口海岸带。

海洋地理空间的内容主要包括邻海基线、大陆架、海洋区域、海洋测探、海洋生物分布、海平面、海浪、海水质量、海床结构、气象条件、生物多样性等。具体研究内容包括以下几方面:

① 海洋地理空间的宏观分异规律与微观变化特征。

② 海洋地理实体在空间中的分布形态、分布方式和分布格局。

③ 海洋地理实体在空间中互相作用、互相影响的特点。

④ 海洋地理实体在空间中所表现的基本关系以及此种关系随距离的变化状况。

⑤ 海洋地理实体的空间效应特征。

⑥ 海洋地理实体的空间充填原理及规则。

⑦ 海洋地理实体的空间行为表现。

⑧ 海洋地理空间对于物质、能量和信息的再分配问题。

⑨ 海洋地理现象的空间特征与时间要素的耦合。

⑩ 海洋地理空间的优化及区位选择的经济价值。

2.1.1.2　海洋地理空间的特点

海洋不仅占有辽阔的面积,而且具有巨大的深度,是一个复杂的大系统,包含着一系列不同层次的子系统。例如深海、浅海、海湾、海峡、河口子系统;热带海洋、温带海洋和寒带海洋子系统;波动、潮汐、洋流、湍流系统;海洋二氧化碳系统以及形形色色的海洋生态系统。陆地 GIS 一般处理二维平面或曲面上的问题,而海洋水体的温度、盐度、密度等物理要素及其形成的梯度等都是三维分布且相互关联的,同时还与其他三维分布的生物和化学等要素密切相关。当我们试图表现它们的分布时,往往无法用现有二维的 GIS 表达这种真三维现象,因为二维 GIS 并不能表达水体内部现象。由于海洋不同于陆地,海表面上任意一个"点"(如观测站或任一流动物体,如船只、污染物等)的方位除包含 x 和 y 量之外,还应包含一个深度量 z——若此"点"在海底则是高度量。海面上一个"面"(如海上养殖场、海上油田等)方位的表达也是如此。此外,如海面油膜、赤潮或其他污染物等某一时间在 A 处,过段时间后随海水运动到 B 处,这类海上流动物体方位的表达除上述三个量外,还包含一个时变量;海岸线随时间的动态变化过程亦如此。目前商用 GIS 软件底层大都是按二维的空间拓扑结构开发的,不能有效地显示和分析海上物体三维或四维特性。

海洋地理空间具有动态性和三维结构特点,因此海洋 GIS 的研究内容应涉及"时空过程"和"三维空间",而不仅仅是陆地 GIS 二维和静态地理空间数据库。海洋地理空间多维动态时变性的特点决定海洋 GIS 所研究的内容和处理的数据有其独特的特性。所以海洋 GIS 面临的问题是如何在海洋地理空间数字框架中表达、分析和可视化高动态、多维、模糊边界的海洋信息。

2.1.1.3　海洋地理实体及空间关系

海洋地理实体是指存在于海洋地理空间中的海洋现象的实体,根据其几何坐标、空间位置以及相互关系,海洋地理实体可以抽象为简单实体和复杂实体。简单实体是一个结构单一、性质相同的几何形体元素,在空间结构中不可再分。复杂实体是相互独立的简单实体的集合,对外存在着一个封闭的边界。海洋简单实体、复杂实体和基本拓扑类型组成了海洋地理空间的概念模型。

（1）基本的几何类型

无论是简单实体还是复杂实体,都是由基本的几何类型构成的。几何坐标维度的划分对海洋地理空间实体划分十分重要。根据空间欧几里得定义,可将空间划分为三维,相应简单实体与复杂实体的空间几何形体也划分为零维、一维、二维和三维 4 类。具体来讲,要素模型可以划分为零维点、一维线、二维面以及三维体;场模型根据空间维度可以分为二维场和三维场。

（2）海洋地理实体的空间关系

空间关系根据 Egenhofer(1990)、Kainz(1991)等学者的划分,分为 3 个部分:拓扑关系、方向关系和度量关系。海洋现象的地理实体空间关系比较复杂。

海洋地理实体的拓扑关系反映了海洋环境空间中连续变化中的不变性，海洋现象的形状、大小会发生变化，但是相邻、包含、相连等关系不会发生改变，例如海表温度锋与海表温度场的关系。方向关系又称为方位关系、延伸关系，是指实体在空间上的前后左右关系、东西南北关系、在时间上的先后关系。尺度关系反映的是空间中的度量关系。海洋研究的尺度较大，因此方向关系与度量关系较为特殊。陆地 GIS 的几何量算与空间方位描述一般基于较小尺度，而海洋地理空间实体的度量关系和空间方位的描述基于较大尺度，而且其度量的尺度变化范围也较大，大到可以基于全球尺度。

2.1.2　海洋地理空间的时空表达

时间是自然界中无所不在的自然属性，所有信息都具有相应的时态属性。地理信息是指表征地理圈或地理环境固有要素或物质的数量、质量、分布特征、联系和规律的数字、文字、图像和图形等的总称。地理信息具有区域性、多维结构特性和动态变化的特性。地理数据是各种地理特征和现象间关系的符号化表示，包括空间位置（Space）、属性特征（Theme）及时态特征（Time）三部分。传统陆地 GIS 在表达事物时，将现实世界看成是一个现存的状态或静态的世界，把时间当作一个常量。时空表达是相对于空间静态表达而言，属于过程研究的范畴。通常海洋 GIS 中对于时间处理往往是忽略时间的连续变化，将时间分段或取某时刻代替时段，即假设时间为静态，以表达现象在二维或三维空间上的特征与属性。比如可以用不同时段的地图形成一张综合图，这种方法是将传统陆地 GIS 方法直接套用到海洋 GIS 中来，忽略时间属性的连续变化，其分析结果及其科学性值得讨论。

2.1.2.1　海洋地理实体的时间特性

（1）时间的形式化表示

海洋现象的时空动态性是其区别于陆地地理现象的一个关键特征。一般地，时间的表达主要有离散（Discrete）、密集（Dense）和连续（Continuous）3 种结构。离散的时间表示和自然数相似，每一个时刻之后都有一个后继者。密集的时间表示类似于有理数，在两个时刻中间都可插入一个时间点。连续的时间表示类似于实数。为了表达和应用方便，一般采用离散的时刻来表示时间。

（2）时间关系与操作

时间关系即时态，一般可以通过海洋地理空间实体变化过程来反映。时间是一维空间，只具有两个拓扑元素，因此海洋地理空间实体的时间关系较为简单，可以分为零维的时态结点（Temporal Node）和一维的时态边（Temporal Edge）。对时间的操作，包括集合操作、拓扑操作和几何尺度操作。

2.1.2.2　海洋地理实体的空间特性

（1）模糊性与不确定边界

海洋现象包含着大量的柔性信息，表现出模糊性、复杂性和不精确性。海洋环境中各种水体边界往往是渐变的、模糊的，与此相应的，要素分布也是一个渐变的过程。渐变发生在空间维上，也表现在时间维上，往往无法用人为划定的确切边界处理。而传统陆地 GIS 多是以"确定边界"来表达时空分布，应用于海洋将导致边界的不确定、不准确或损失信息，对结果的精度评价也存在困难，由此在"确定边界"上的表达、分析、建模、推导都存在着问题。

（2）三维立体空间性

海洋的平均深度约是 3 347 m，最深处是太平洋的马里亚纳海沟，达到 11 034 m。海洋表面、海底和不同深度的海洋中，其海洋现象和海洋物理、化学、生物特性差别明显，所以海洋地理空间及实体具有明显的三维立体特征。当前的 GIS 是以二维或 2.5 维（假三维）的表面模型为基础，而海洋领域需要同等地考虑三维，不仅仅是可视化，而且更多的是空间分析。在此需要强调的是可视化与分析的区别，前者关心数据以三维体的图解形式显示出来；后者是对数据的操纵和处理以获取更深层次信息，这些信息可以是可视的也可以是不可视的。

（3）时空动态性

海洋 GIS 研究目的之一是通过模型分析获取蕴含在海洋环境中的物理、生物和化学特性、规律以及不同尺度的关系。海洋相对于陆地而言，更加强调的是时空过程，存在大量的时间序列数据，具有明显的时空动态性。海洋 GIS 需要继承原有的分析方法，并在技术上使用户更易于操作，比如绘制过程曲线，需要在不同时空尺度进行转换或推移，或者自动从数据库中提取数据，实时绘制可无级缩放的过程曲线。目前传统陆地 GIS 并未发展处理时间序列数据的能力，这一缺陷的根源是对时间数据的概念的不完全理解，特别是对海洋时空环境的不完全理解。GIS 专家不得已将 GIS 与一些专门的时间序列分析程序相连，如傅立叶变换、功率谱、随机模拟等，但终究是相对割裂的。因此，时态 GIS 仍然是海洋 GIS 研究的热点。

（4）大尺度性

海洋的总面积约为 3.6 亿 km²，约占地球表面积的 71%，海洋中含有超过 1.35×10^9 km³ 的水，约占地球上总水量的 97%。海洋地理空间从广度和深度看都是一个“巨大”的空间，其范围的界定包括水体、海岸和海底，涉及水圈、大气圈、生物圈和岩石圈，所以海洋地理空间具有大尺度性特点。海洋地理空间及实体的大尺度性不仅由于其空间立体范围大，还来源于海洋实体和现象的复杂性。海洋实体和现象之间存在复杂的相互依存、相互影响的关系，其必然要从空间大尺度上才能完整地予以表达。另一方面海洋现象之间关系复杂，要表达一个完整的关系链必定要涉及大的时间跨度，所以海洋地理空间和实体在时间维度上也表现出大尺度性特征。例如厄尔尼诺现象，主要指太平洋东部和中部的热带海洋的海水温度异常地持续变暖，使整个世界气候模式发生变化，造成一些地区干旱而另一些地区又降雨量过多。其空间尺度涉及太平洋东部和中部，以至于全球，时间尺度一般在 5 个月以上，甚至持续 1 年。

2.1.2.3　海洋地理空间及实体的表达

借鉴传统陆地 GIS 的地理表达方法，在此基础上研究新的适合海洋地理空间及实体的时空表达方法。目前海洋地理空间及实体的表达主要从 3 个方面着手。

① 简化海洋地理空间，采用传统陆地 GIS 的方式。最常用的办法是忽略海洋空间垂直维的变化，对整个海洋空间深度上的数据进行求和或者求平均，此方法在不需要考虑垂直变化时是行之有效的，比如了解海洋生物种群区域性属性分布等。

② 采用多个二维集成来表达多维动态时空的方式。例如，在空间上将水体分成不同深度大面和不同断面进行二维 GIS 分布研究，将相关大面和断面集成可以达到三维分析结果；在时间上将连续的时间离散化，取得每一时刻的快照，集成特定时间段的快照可以得到

动态时空特征。

③ 从底层研究构建适合海洋地理空间及实体的新表达方式。例如,建立海洋时空模型,研究面向海洋要素的三维体模型、海洋时空场模型,研究海洋动态数据表达方法等新理论、新方法,进行海洋地理空间及实体的表达。

2.1.3 海洋时空数据表达方法

海洋时空数据表达方法的研究还有很多工作要做,其解决途径主要有两方面。一是沿用传统陆地 GIS 较为典型的时空模型,如时空立方体模型等。然而,这些模型在表达海洋 GIS 中均有不可弥补的缺点,因此需要根据海洋时空数据的特点对其进行修正。二是从海洋的实际情况出发,针对其研究对象的特征,运用新的信息技术和理论,构造新的数据模型。另外,随着空间信息探测技术的不断发展与应用,以及国际互联网的迅猛发展,海洋工作者目前可以获取的海洋资源信息量正以指数形式增长,如何以适当的方式管理、分析和处理海量海洋数据,也是当前急需解决的重要问题。目前海洋数据格式众多,缺乏一个统一的组织机制,为数据的共享与互操作带来困难,而集成的、一体化的数据组织是海洋数据共享的前提条件。

要想更好地管理、描述和表达海洋中复杂的数据和现象,必须针对海洋现象的特点,参考现有时空数据模型的优势,解决其不足,设计面向海洋的时空数据模型。很多学者为海洋时空数据的表达进行不懈探索。例如,仇天宇发掘了适用于海洋连续场的海洋 GIS 模型数据和概念模型,通过对海洋 GIS 的要求和设计原则的概括和总结,创新性地提出了海洋场模型理论的构思和基本内容。

2.2 海洋数据的类型和特点

2.2.1 海洋数据的类型

随着海洋科学技术的发展与进步,海洋数据采集技术也日新月异,所能获取的海洋数据类型也更加多样化。在这些海洋数据中,既包括传统的断面、船舶报、站点等海洋观测数据,也包括声学多普勒流速剖面仪(Acoustic Doppler Current Profilers,ADCP)、全球海洋实时观测网(Array for Realtime Geostrophic Oceanography,ARGO)、航天遥感器、多波束回声仪等先进设备所获取的数据。

相对于通过直接测量的方式获取海洋环境数据,航空和航天遥感越来越多地介入到数据获取中。这些先进手段对于海洋数据获取,无论从数量、质量、分辨率以及精度来讲都带来了革命性的变化。

要将类型纷繁复杂的海洋数据投入实际的应用当中,首要工作就是对其进行相应的分类。海洋数据的分类标准有很多种,每一种分类标准都针对特定目的,因此也就形成了不同的分类结果。

2.2.1.1 按照学科分类

按照学科分类,可以将海洋数据类型划分为海洋物理数据、海洋化学数据、海洋地质数据、海洋生物数据、海洋渔业数据、海洋气象数据等。

2.2.1.2　按照时空形态分类

按照海洋数据的时空形态来划分,可以划分为海洋要素数据和海洋场数据。

2.2.1.3　按照数据源分类

按照数据源可以将海洋数据划分为以下 6 类。

(1)海洋遥感数据

海洋遥感数据主要包括海洋航空飞机航拍数据;海洋卫星遥感数据,如 HY 卫星数据、SeaWiFS(Sea-Viewing Wide Field-of-View Sensor)数据、美国国家海洋和大气管理局(National Oceanic and Atmospheric Administration,NOAA)卫星数据、中分辨率成像光谱仪(Moderate Resolution Imaging Spectroradiometer,MODIS)数据以及其他可购买的卫星数据;星载和机载雷达数据;单(多)波束数据等。海洋遥感数据的特点是数据量巨大、成像周期短、获取数据的传感器多样等。

(2)站点数据

我国有多个海洋站,长期验潮站上百个,此外还有其他非日常观测站,在辽东湾海域内也有大量的海洋站点,由这些海洋站点获得了大量海洋站点观测数据。

(3)海上测量数据

海上测量数据主要包括各种大面和断面数据、浮标数据和船舶报数据。船舶海洋水文气象辅助测报(简称船舶测报)是全球天气监测网的重要组成部分,是联合国气象组织规定各海洋国家应尽的一项国际义务。船舶报包括海洋水文、气象要素的观测数据和处理资料,能反映出测报船只所在海域的水文气象基本状况。测报船舶发回的海上水文气象要素资料对实时天气和海况预报,对提高预报准确率起到重要作用,尤其是在对灾害性天气预报时,更显其特殊意义。

(4)海洋调查数据

规模较大的专项调查数据包括国家海洋局和日本科技厅合作的中日黑潮合作调查,中美海—气相互作用调查,大陆架及邻近海域勘查,南沙群岛及其邻近海区综合考察,中国海岸带、海涂、海岛资源综合调查(国家海洋局,1980)以及大陆架调查等相关数据。通过这些方式获得了大量的实测数据。

(5)基础地图数据

基础地图数据主要是由原国家测绘局完成的 1∶100 万、1∶50 万、1∶25 万、1∶5 万基础数据;地方 1∶1 万到 1∶5 000、各城市 1∶1 000 万到 1∶500 基础地理数据。

(6)海洋数值产品

这类数据主要是指从各种数据集中导出的数据,可以提供全球覆盖的盐度、温度和其他海洋变量等,如 Levitus1982 版、1994 版和 1998 版。Levitus 是美国国家海洋数据中心(National Oceanographic Data Center,NODC)海洋气候实验室生成的高质量的气候态海洋数据,利用客观分析技术对 1900~1992 年的多项实测参数(温度、盐度、氧气、磷酸盐、硝酸盐、硅酸盐等)进行了处理,是具有不同时间尺度(年均、月均、季节平均)的海洋主要参数再分析数据库。

2.2.1.4　按数据内容分类

总结各种海洋数据的类型,按照数据内容对海洋数据做如下分类。

① 海洋水文数据,包括海洋温度、盐度、密度、水深等数据。

② 海洋动力数据，包括潮汐、海流、波浪相关数据；海洋气象数据；季节性数据。

③ 海洋地貌数据，包括海岸线、高程、流域范围、水深；沉积物和泥沙、沿海土壤；海洋与海岸地质；含水层资料。

④ 海洋生物数据，包括鱼类；鸟类（候鸟迁徙路线、繁殖场、海岸鸟类、潜水鸟类）；哺乳动物（海洋哺乳动物、海岸哺乳动物）；海洋微生物；海洋无脊椎动物和植被等。

⑤ 海洋化学数据，包括海水氯度、盐度、溶解氧、pH 值、硅酸盐、磷酸盐、硝酸盐等要素的含量数据。

⑥ 海洋政界数据：包括管辖边界、行政边界、立法边界、地籍边界；领海、内海、大陆架、专属经济区、专属渔区；海洋划界等相关数据。

⑦ 海洋经济数据：海岸带及近海开发利用（包括商业捕捞、水产养殖、渔业加工、废物处理）；土地覆盖、建筑许可证、区域规划；突发事件、废物排放和废物处理；渔业和其他旅游业等相关数据。

2.2.2　海洋数据的体系结构

数字海洋平台数据体系包含 4 个层次，其结构层次如图 2-1 所示。

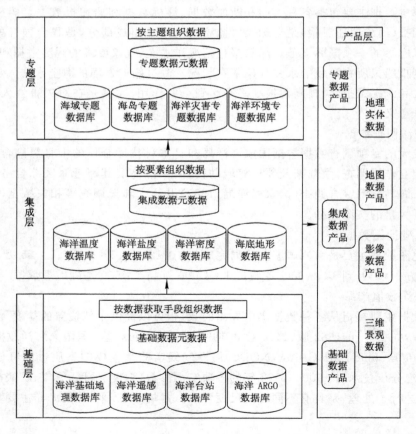

图 2-1　数字海洋平台数据体系

（1）基础数据层

基础数据层是按数据获取手段组织数据，包括海洋基础地理数据、海洋遥感数据、台站数据、BT(BitTorrent)数据、ARGO 数据等。采用不同的手段获取的海洋数据以及已有的海洋数据都具有不同格式，主要包括二进制文件、文本文件、影像数据、XML（Extensible Markup Language）数据等，这些数据经过坐标统一、标准化处理转换为基础数据层中的数据。基础数据层还包括基础数据元数据，用于描述基础层海洋数据的内容、结构和访问方式等。

（2）集成数据层

集成数据层是按要素类别组织数据，包括海洋温度数据、海洋盐度数据、海洋密度数据、海底地形数据和集成元数据等。集成层保存了经过清洗、转换等处理后的基础数据，为高层的数据分析和决策提供数据支持。元数据的使用能够在一定程度上消除数据资源之间的语义独立性和异构性，实现数据资源的整合和交换。

（3）专题数据层

专题数据层是按照应用主题组织数据，包括海域专题数据、海岛专题数据、海洋灾害专题数据、海洋环境专题数据以及专题数据元数据等。海洋专题数据库，是在海洋基础数据库和行业部门业务数据的基础上，按统一标准通过抽取、扩充和重组等加工过程和综合分析、融合处理等技术手段，面向实际应用需求建立的若干专题数据库。专题数据有两种来源，一种来源于海洋行业部门的业务数据，另一种来源于基础数据的二次处理。

（4）产品数据层

产品数据层是以上三个层次数据在服务和应用过程中生成的数据产品。产品数据以扩展图层的形式提供服务，包括地理实体数据、影像数据、地图数据、三维景观数据等。地理实体数据是在数字线划图数据的基础上经过面向对象的数据重组和模型重构形成的，可挂接社会经济和自然信息的数据。三维景观数据是在影像数据、数字高程模型数据集成的基础上，扩充政府、企业和公众的兴趣信息形成，以直观的形式满足政府部门、企事业单位和社会公众对地理信息的一般性需求。针对数据下载服务的产品，数据可以是以上各层的数据库数据或其子集数据，如基础层的基础地理数据、集成层的海底地形数据等，相对于数据下载服务而言，它们也属于数据产品。

2.2.3　海洋数据的特点

海洋是一个动态的、连续的、边界模糊的时空信息载体。获取海洋数据的方法众多，分别具有以下特点。

2.2.3.1　海洋数据的总体特点

海洋数据由于测量方式以及自身因素等方面的原因，使其具有不同于陆上数据的独特之处。

（1）海洋数据具有全局动态性特点

海洋无时无刻都处于动态变化之中，海洋数据也不可避免地具有动态性的特征。海洋数据的动态性特征表现最明显的是海洋现象的动态性。海洋现象的动态性不同于陆上的动态，陆上的动态一般不涉及全域的动态，往往是局部的，只是一小区域或其边界的变化，而且变化将持续较长一段时间。但是海洋现象每时每刻都是变化的，而且都是全局性的变化。

(2) 海洋数据具有模糊性特点

海洋数据的模糊性主要表现在概念和边界界定上。由于海洋是动态的,所以有些定义不像陆地上那么精确,由此从概念上就产生了模糊性。海洋中的边界往往是模糊的,如某一海区的温度变化,其区域边界是模糊的,若认为划分出变化区域的边界,似乎是精确的区域边界,实质上是损失了信息,确切地说是给出了不精确的描述。

(3) 海洋数据具有反映时空过程的特点

海洋数据的时空过程性主要体现在海洋现象表达方面。海洋现象都具有时空过程性,不但存在于一定的空间范围内,还在时间上具有一定的持续性,也就是具有过程性。在海洋现象中,上一个时态的特点与下一个时态的特点是不同的,有一些特征发生了变化。以涡旋为例,上一时刻与下一时刻其涡旋中心、涡旋边界、涡旋面积等都可能会发生变化,而每个要素的变化对于研究涡旋来讲都很重要。由此可以看出,海洋数据的时空过程性在海洋研究中占据着非常重要的地位。

(4) 海洋数据具有明显的时空粒度特征

海洋数据粒度不一,从许多海洋相关部门所获取的数据来看,数据的粗细差别很大,有些在时空上或属性上是高层次的,也就是概括的、大粒度的;有些在时空上或属性上是低层次的,也就是详细的、细粒度的。时间粒度是指记录数据的时间间隔,比如有以秒记录的数据,也有按天统计的数据。

2.2.3.2 不同类型海洋数据的特点

(1) 遥感数据的大面积、实时、同步、连续且密集性

国际海洋卫星遥感开始于 20 世纪 60 年代中期,当时美国利用 TIROS/NOAA(Television and Infrared Observation Satellite/National Oceanic and Atmospheric Administration)和 GOES(Geostationary Operational Environmental Satellite)系列气象卫星资料,进行了大范围乃至全球的气象和海洋监测。进入 70 年代末,美国先后发射了两颗海洋遥感专用卫星:海洋综合观测实验卫星 Seasat-A 以及海洋水色卫星 Nimbus-7。利用这些卫星,美国开展了海洋动力特性探测、水色探测等方面的研究工作。另外,欧空局于 1991 年 7 月发射了 MS-1 卫星,其性能适用于海冰监测;日本也在 1992 年 2 月发射了 JERS-1 卫星,其 SAR 数据适于海洋动力环境要素监测。

海洋遥感的探测内容主要包括三个方面:海洋动力与环境要素监测、海洋水色监测、海岸带及海岛绘制。海洋动力与环境要素监测的主要内容包括:海面风场、浪场、流场、潮汐、锋面、海冰形貌等;海洋水色探测通常指海水中叶绿素浓度、悬浮泥沙含量、污染物质、可溶有机物等要素的探测;海岸带及海岛遥感测绘包括海岸线及其演变、滩涂和岛礁地形地貌、沿岸工程环境、浅海水深和水下地形、地质构造、植被分布等。海洋卫星遥感与常规的海洋调查手段相比具有许多独特的优点:

① 它不受地理位置、天气和人为条件的限制,可以覆盖地理位置偏远、环境条件恶劣的海区及由于政治原因不能直接去进行常规调查的海区。卫星遥感是全天时的,其中微波遥感是全天候的。

② 卫星遥感能提供大面积的海面图像,每幅图像的覆盖面积达上千平方千米,对海洋资源普查、大面积测绘制图及污染监测都极为有利。

③ 卫星遥感能周期性地监视大洋环流、海面温度场的变化、鱼群的迁移、污染物的运

移等。

④ 卫星遥感获取的海洋信息量非常大。如美国海洋卫星虽然在轨有效运行时间只有105 d,但所获得的全球海面风向风速资料,相当于上一个世纪以来所有船舶观测资料的总和;卫星上的微波辐射总计对全球大洋作了 100 多万次海面温度测量,相当于过去 50 年来常规方法测量的总和。

⑤ 能同步观测风、流、污染、海气相互作用和能量收支情况。卫星海洋遥感为海洋现象的研究提供了一个崭新的数据集。这个数据集之大,超过百余年来自船舶与浮标数据的总和。这个数据集可满足各种区域海洋现象变化研究乃至全球变化研究的需求。

(2) 浮标和台站数据观测的连续性

尽管卫星遥感具有许多优点,但红外遥感和海色遥感存在云覆盖问题,并且所有遥感数据仅能获取海表面数据。作为对遥感数据的补充和校验,浮标和台站观测可在恶劣的环境条件和无人值守的情况下,获取连续的、长时间序列的和真实的现场观测数据,运用浮标和台站进行观测具有以下优势:

① 资料的真实性和系统性好。

② 可全天候获取各种现场资料,浮标与计算机联网,可以真实观测记录海洋全貌。

③ 应用卫星和计算机的作用配置,可随时查阅任何时候的任何数据。

④ 浮标的监测作用,除了海洋环境的观测项目外,还可以进行各种要素和任何层次的观测,并可及时传递到地面的有关研究部门,观测项目可以随意增删。

(3) 直接观测数据的真实性和离散性

直接观测数据是"海洋复杂现象的真实反映",在模式检验、海洋卫星遥感资料的校验应用方面起着"不可替代的作用"。也就是说,直接观测数据仍然是最根本的数据,其他数据和理论结果都要以它为最终参照物。直接观测数据的离散性包括两个方面:空间离散和时间离散。空间离散指观测是在某些特定空间位置上进行,如从 CTD(Common Technical Document)剖面仪获取的数据是一种典型的断面数据,在一个水平位置 (x, y) 上测量多个 z 值处的导电率、温度和深度;利用船只测量,则同一时间 t 会有一系列的采样点。某一位置的单个 CTD 数据集用途有限,通常需要多个连续航次的 CTD 数据集通过插值产生连续场才更有意义。时间离散是指在观测时间上的片段性,导致观测的时间序列长度和分辨率不足,因此,直接观测应在自然条件下进行长期的、周密计划的、连续的、系统而多层次的、有区域代表性的海洋科学考察。

2.3　海洋数据模型

数据模型是定义数据对象类型、对象关系、操作和规则以维护数据库完整性的模型(Codd,1980)。空间数据模型是 GIS 的基础,它不仅决定了系统数据管理的有效性,而且是系统灵活性的关键。空间数据模型的任务是针对所研究的空间现象或问题,描述 GIS 的空间数据组织,设计 GIS 空间数据库模式,包括定义空间实体及其相互间的关系,确定数据实体或目标及其关系,设计其在计算机中的物理组织、存储路径和数据库结构等。

目前,与 GIS 设计有关的空间数据模型主要有矢量模型、栅格模型、数字高程模型、面向对象模型、矢量和栅格的混合数据模型等。其中矢量模型、栅格模型、数字高程模型相当成熟(目前成熟的商业化 GIS 主要采用这三类模型),而其他模型,特别是混合模型则处于大力发展之中。

通过对海洋数据类型和特点进行分析,可以发现海洋数据具有时空多维性,为了更好地对其研究,就需要建立适合其特点的数据模型。时空数据模型可以有效地表达地理信息的空间三维和时态性,这方面的研究已经成为前沿领域和国际热点。近年来,国内外许多研究者都致力于对其进行研究,在很多方面进行了十分有益的探索。

2.3.1 基于陆地 GIS 的传统时空数据模型

现有的时空数据概念和逻辑模型可以归纳为以下几类:时空立方体(Space-time Cube)、时空快照序列(Sequent Snapshots)、基态修正模型(Base State with Amendments)、时空复合模型(Space-time Composite)、时空三域模型(Spatial Temporal Domain)以及基于特征的时空模型(Feature-based Spatio-temporal Data Model)等。

2.3.1.1 时空立方体

时空立方体也被称为三维立方体,是用一个立方体表示二维空间和一维时间的一种时空数据模型,如图 2-2 所示。该概念模型的思路简单明了,容易理解,但不能反映目标间的时空联结和时空拓扑关系;另外也没有提出新的时空逻辑和数学算法,目前仅停留在最基本的思想阶段。

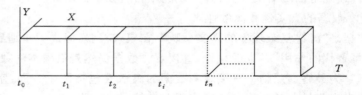

图 2-2 时空立方体模型

2.3.1.2 时空快照序列

时空快照模型是由一系列不同时间内的空间数据层所组成,该模型用一个时刻的空间数据层记录地理现象的状态,通过一系列不同时间内空间数据层的集合便可以反映地理现象的时空演化过程,如图 2-3 所示。这种模型起源于传统制图,并具有 Video 慢动作的特点,可以在传统的 GIS 中使用。

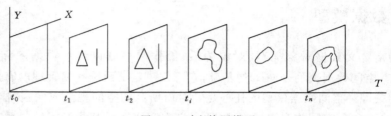

图 2-3 时空快照模型

该模型在某种意义上可以认为是时空立方体的时间离散化形式,因此继承了时空立方体的良好思想,并在一定程度上解决了数据集的时间属性问题,具有良好的应用前景。该模型虽然可以描述某一时刻目标的空间拓扑关系,但仅仅用模型却不能反映一个状态到另外一个状态变化的事件,也无法反映时空拓扑的时空关系,而且如果每一时刻都记录所有变化和没变化的内容,数据冗余度大。

2.3.1.3 基态修正模型

基态修正模型是在时间序列变化的基础上,记录基本状态和地理现象的空间变化,如图 2-4 所示。为了避免连续快照模型将每张未发生变化部分的快照特征重复进行记录,基态修正模型按事先设定的时间间隔采样,只存储某个时间的数据状态(称基态)和相对于基态的变化量。采用相对于基态的变化量来对基态进行修正,以得到"当前状态"的数据。基态修正的方法包括多种,可以采用基态加任一时刻和当前状态的变化量来进行修正,也可以采用基态加任意相邻两个状态之间的变化量来进行修正等,如图 2-5 所示。

基态修正模型同快照模型相比较,节省大量存储空间,减少了数据冗余量。Peuquest(1995)将基态修正模型应用于建立地籍管理、土地空间变化查询并设计了 TGIS 原型系统,但该模型较难处理给定时刻的时空对象间的空间关系。

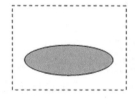

图 2-4 基态修正模型

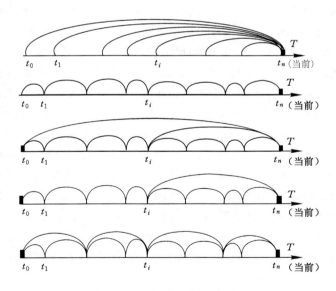

图 2-5 对基态的修正方式

2.3.1.4 时空复合模型

时空复合模型是时空一体化模型(Langran,1988),如图 2-6 所示,该模型是对不同时间段的地理现象叠加的结果,其实质上是对基于状态修正模型的发展。时空复合模型将时空组合成一个具体的时空集,把三维的时空体变为一个二维的空间,通过非空间属性来说明时间序列产生的时空组合。但是由于该模型把所有变化放在同一层上并建立拓扑关系,将空间目标分成许多小的弧段,并且必须为空间目标中每一个新的弧段分配标志码,分割了空间目标的完整性。

时空复合模型使得按照地理目标进行查询十分困难,在理解和时间上都存在比较多的困难,而最大的问题是时空复合模型不能使用现有的 GIS 实现,现有 GIS 在数据录入、显示和分析功能上都不支持将空间目标的多个版本放在同一数据层上,所以该模型很难实现。

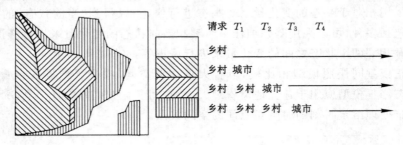

图 2-6　时空复合模型

2.3.1.5　时空三域模型

时空三域模型最早是由 Peuquet 于 1995 年提出来的,最近几年国内外一些学者都在深入探讨时空三域模型的建立问题。时空三域是指空间域、时间域和专题域。在一般的时空模型中,通常忽略了专题信息,因此时空三域集成后比简单的时空模型更能反映地理现象的时空体。时空三域模型作为一个概念模型是一个进步,但是,由于专题域所涉及的领域非常广泛,包括自然、社会、经济等诸多方面,因此专题具有一定的不确定性。在这一概念模型下,如果脱离实际情况,想实现进一步的物理结构的设计是不可能的。

在时空三域数据模型中,时间位置成为用于记录变化的组织基础,时间维上的时间顺序,表达了地理现象的时空过程,时空轴(Time-line)用事件表(Events List)表达。事件表记录了地理现象已知变化的顺序变化过程,每个时间位置与地理现象已发生变化(已被观测到发生变化)的一组位置或特征相关联。在给定的时间分辨率下,只记录发生变化的时刻,在时间的组织上可以看作是时间游程编码,类似于记录空间变化的栅格游程编码。事件表达了状态的变化,事件表存储了与时间有关的变化,而且仅仅是变化。除了灾难性事件引起的突然变化外,变化也可以是渐变的。对于逐渐变化,记录的变化事件可以是从上次记录以来的累积变化量或按照特定的领域规则,关键问题是如何决定连续变化的时间位置。在基于事件的方法中,与每个变化相关的时间按升序或降序排列、存储,可以是任意时间分辨率。时间三域模型将时空关系进一步提炼,并提出了一些方法,对实际应用有很大的指导意义。

2.3.1.6　基于特征的时空模型

基于特征的时空模型(M. J. Egenhofer,1999)是一种面向对象的技术,对空间对象以类和实例对象两个层次来表达,近年来已成为研究热点之一。在该模型中,类是指有共同特征的地理现象,如河流、道路、耕地等;对象则指具体的地理目标,如京沪高速、候机大楼等。

2.3.2　传统时空数据模型的优缺点

以上传统的时空数据模型是对静态数据模型的发展,适用于传统陆地 GIS,但其应用于海洋 GIS,仍存在如下缺陷:

① 传统时空数据模型由陆地 GIS 发展而来,不能满足海洋环境数据动态、连续、边界模糊等特点的特殊要求。

② 传统时空数据模型的时间性不强,只能记录某个或某几个时刻的状态,时间上不连续,基本上局限于 TGIS 的研究范畴。

③ 传统时空数据模型在空间连续性上存在问题,适合陆地数据边界突变和清晰的特点,不能满足海洋环境数据连续、渐变、边界模糊的特殊要求。

目前,多数海洋时空数据模型都是在陆地 GIS 时空数据模型的基础上进行了简单的扩充,对复杂海洋现象的描述与表达能力尚有欠缺。因此,设计面向海洋环境的时空数据模型,是海洋环境领域研究的重要内容之一。

2.3.3　面向海洋环境的时空数据模型

2.3.3.1　基于特征的时空过程数据模型

地理实体或现象在时空域具有动态变化特性,其空间、时间和属性是过程的统一体,传统的 GIS 时空数据模型在描述、表达、组织与分析这类数据时面临许多挑战。然而,基于特征的数据模型和以过程为对象的时空数据组织在动态数据的描述与表达的方面具有优势。

基于特征的时空模型是一种面向对象的技术,对空间对象以类和实例对象两个层次来表达。基于特征的时空数据模型的基本思想是把特征看作基本单元,采用面向对象技术设计特征的空间、时间和时空的属性、功能和关系及其实例间的关联,如图 2-7 所示。

苏奋振等人将过程作为属性、功能和关系在空间、时间和时空上的统一体提出了基于特征的海洋时空过程数据模型,该模型将海洋时空过程现象作为研究对象,进一步抽象为地理特征,采用面向对象技术对时空过程数据(点、线、面、体)进行描述、表达、组织与存储,并以统一建模语言或标准建模语言(Unified Modeling Language,UML)构建了特征对象逻辑关系。

基于特征的数据包括两大部分:一部分是海洋中实际观测的数据,它分为离散点观测数据和连续扫描观测数据。对于连续扫描的数据,可以用栅格进行组织;而航线或漂流浮标进行的“线”测量,可以认为是由系列点构成。另外一部分是从海洋现象等数据中提取出来的一些点、线、面、体的过程特征数据,这些现象或对象具有时间、空间、形态、属性动态的特征,这类数据模型是海洋 GIS 与常规 GIS 数据模型的根本区别。根据特征数据的形状将其分为点、线、面、体四类。

(1) 点对象(Marine Point)的组织与表达

在点特征中,可以将其分为两大类:一类是点观测数据;另一类是点过程数据。点观测数据主要指那些可离散成点的观测,可以进一步根据有无纵深和时间序列划分为以下四类观测点:

① 无纵深、无时间序列的测点(Fixed-point)。

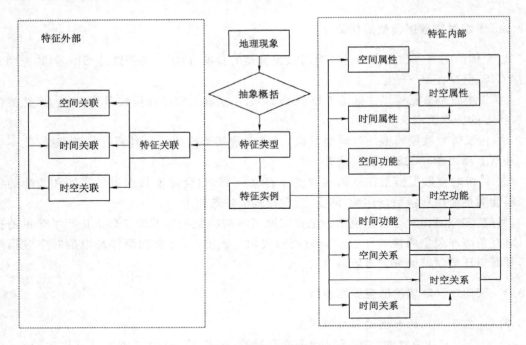

图 2-7 基于特征的时空数据模型框架

② 无纵深、有时间序列测点(Time Series Points)。

③ 有纵深、无时间序列测点(Instantaneous Point)。

④ 有纵深、有时间序列测点(Time Duration Points)。

海洋点过程数据(Derive Points),主要是指海洋现象中提取出来的一些特征点数据,如涡旋的中心点。对于这种海洋过程数据有时候可以用一些特征点来标识,这些点的数值和空间位置是随时间的变化而变化。

(2)线对象(Marine Line)的组织与表达

将线数据同样分为两大类:一类是线观测数据,另一类是线过程数据。线观测数据是指由点观测数据聚合而成的数据,例如一条水深的测线数据。对于线过程数据,可根据线上各点属性值是否相同再进一步分为两类:

① 线上属性一致的海洋过程的线描述数据,在这类数据(Derive Lines)中,线的属性值和空间位置是随着时间的变化而变化的。

② 线上每点的属性不一致的海洋过程的线描述数据,在这类数据(Derive Grid Lines)中,线上点的属性值和空间位置是随时间的变化而变化。

(3)面对象(Marine Area)的组织与表达

对于海洋中的面状数据相对来讲比较复杂,一方面面状数据可看作是由一系列观测点数据聚合而成;另外,也可以把面状数据看作是面状的过程数据;此外这些数据还可能是一些扫描数据,如声呐、照片、卫星材料等。

海洋面状的过程数据可进一步细分为面上属性一致的海洋过程数据和面上属性不一致的海洋过程数据:

① 面上的属性值和空间位置是随时间的变化而变化的数据(Derive Ploys)。

② 面上点的属性值和整个面的空间位置是随时间的变化而变化的数据（Derive Grid Ploy）。

（4）体对象（Marine Volume）的组织与表达

按照与海洋点、线、面同样的分类方案，可以将体数据分为两大类。首先可认为海洋体数据即立体观测数据是由点观测、线观测和面观测构成，是它们组成的一个整体；另外也可以将体状数据看成是体状的过程数据。对于海洋过程的体数据，也可根据体上属性是否一致再详细地划分为两类：

① 体上的属性值和空间位置是随时间的变化而变化的数据（Derive volumes），体上属性一致。

② 体上点的属性值和整个体的空间位置是随时间的变化而变化的数据（Derive Grid volumes），体上属性不一致。

可以将上述的点、线、面、体等概念用 UML 构建关系，包括特征—对象关系、对象表关系等。海洋特征点、海洋特征线间的关系如图 2-8 和图 2-9 所示。

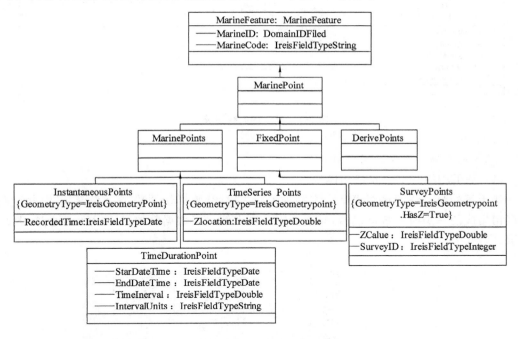

图 2-8　海洋特征点间关系

薛存金等人探讨了基于特征的线过程时空数据模型组的六元组框架体系，实现空间、时间和属性的一体化存储和地理实体的动态分析。在分析线时空过程特性的基础上，归纳总结出三大类十二个类别的线过程，进一步提出了基于特征的线过程时空数据模型的概念；利用文件层次分块结构对时空线过程数据进行了组织与存储，最后以海洋锋为实例进行了实现。该模型在时空数据组织、时空查询、时空过程提取和时空过程可视化等方面具有一定的实用性。

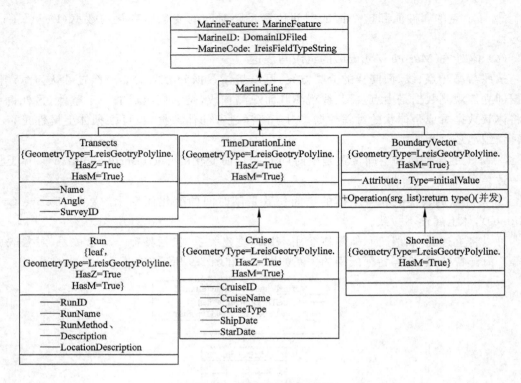

图 2-9　海洋特征线间关系

2.3.3.2　基于场的时空格网数据模型

（1）基于场的时空快照格网模型

基于场的时空快照格网模型是将陆地 GIS 的时空数据快照模型与海洋场的时空格网模型相集成的一类时空数据模型，其在一定程度上解决了数据集的时间属性问题，如图2-10所示。

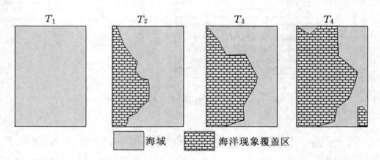

图 2-10　基于场的时空快照格网模型

基于场的时空快照网格模型既适用于全球范围也适用于近海区域。对于海洋数据采用基于场的时空快照格网模型具有以下优势：

① 符合海洋环境数据获取及存储规律。

② 格网形式简单直观、高效灵活，主要表现在图形运算处理、间变化等方面。

③ 可充分利用现有技术条件,满足海洋主题的实用化需求。

但是基于场的时空快照格网模型在数据冗余和时空查询方面有一定的缺陷。从空间数据模型角度而言,格网形式同矢量形式相比,缺少了矢量构图的精确性。理论上,格网大小可以无限细分,但是在实际中是不可能的。一般来讲,应该在能够保证一定精度的情况下来确定网格的大小。反之,如果对格网进行细分,需要的存储空间会非常大,当格网细分到一定程度以后,该问题将更加突出。

(2) 快照格网的基态修正模型

快照格网的基态修正模型的提出是为了解决时空快照格网模型的数据冗余和时空查询问题。1992 年,Langran 提出了快照格网的基态修正模型,在一定程度上克服了快照格网模型的上述缺陷。快照格网的基态修正模型将格网单元及其变化以变长列表形式存储,列表中的每个内容记录了该特定位置的变化,这种变化由新值和发生变化的时间来标识。因此,格网单元的列表存储了对应于该单元位置的真实世界状态的完整序列。

快照格网的基态修正模型仅存储与特定位置相关的变化,解决了快照格网模型的数据冗余问题。对于整个区域的当前状态也容易获取,还可以通过变化的累加,恢复变化过程,如图 2-11 所示。通过快照格网的基态修正模型,可以将海洋要素或现象动态变化的过程直观地体现在差文件中,为海洋要素或现象的特征的迅速识别或提取提供方便。

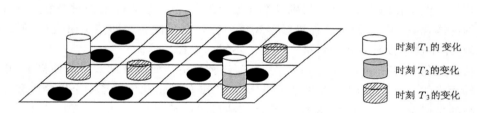

图 2-11　快照格网的基态修正模型

关于快照格网中的时间间隔不定问题,由于建模的数据基础来源于原始采样间隔的海洋数据,通过建立海洋实测数据与模型快照格网的一一对应关系,也可极大方便原始数据的存储、更新和原始海洋场景的恢复。

(3) 海洋场时空格网模型

海洋中的场数据可以分为两大类:标量场数据,只有大小,而没有方向,例如温度、盐度,只需要一个量值就可完成表达;矢量场数据,既有大小,也有方向,对其表达就需要分为两个部分,一部分表达其方向,另一部分表达其量值。海洋场时空格网模型是一种多级格网数据模型,它需要对海洋数据或海洋现象数据进行 3 个层次的剖分。

① 在空间上采用栅格进行离散化,具体栅格大小根据研究区范围以及研究的问题来确定。

② 在时间上进行离散分段,时间间隔大小也需要根据研究对象来确定。

③ 在属性上要进行分层,具体的分层方法需要根据实际数据和现象进行划分。

苏奋振等人就空间栅格离散化问题提出了等角格网化方案和等面积格网化方案,并指出时间离散分段和属性分层需要根据研究对象、实际数据和现象进行具体划分。时空数据快照模型是由一系列不同时间内的空间数据层所组成,分别记录地理现象在不同时刻的状态,通过这一系列空间数据基于层的集合反映地理现象的时空演化过程。

不管是全球范围还是近海区域,都可使用基于场的时空格网模型来进行描述。此模型首先要对空间进行离散栅格化,具体栅格的大小要根据研究对象本身特征及要求来确定。全球格网化方案有两种:等角格网系统和等面积格网系统。两种方案都是以数据的存储和处理分析为目的的,在进行后期制图的时候,仍可采用其他合适的投影方案,例如采用我国陆地地图经常使用的高斯—克吕格投影等,采用适合大陆地形的艾尔伯投影等,这种制图形式的投影方式之间可以相互转换,以利于视觉感受的形式输出。

① 等角格网化方案

等角格网化方案是以全球经纬度作为基本格网来构建全球的格网系统,空间范围最大可以达到全球尺度,也可以小到非常狭小的研究海域,每个格网的大小根据具体问题而定。等角格网化方案实际上是一种地球投影方法,目前在实际中已经得到大量应用。在这种投影变换中,经线和纬线之间永远保持垂直。赤道、子午线的长短都不发生变化,但是其他的特点则会发生变化。例如,除赤道外的纬线长度都会发生很大变化,特别是在高纬度地区,变化尤为剧烈,这样格网的面积和形状等都发生非常大的变化。

这种投影形式在卫星遥感领域经常被用到,而在陆地应用领域却甚少涉及,这是因为一般陆地研究区域比较小,经常是采用某种变化较小的投影方式,使研究区域接近于真实的形状和面积等。但是在海洋研究中,特别是海洋遥感的研究中,经常需要面对海盆尺度甚至全球尺度的海洋现象,因此,使用这种投影形式更加符合实际需要。即使是研究中、低纬度的较小海域,使用这种投影方式仍然是一个比较不错的选择。

等角格网化方案一般采用 9 km 格网系统,这种方法在忽略椭球效应的前提下,将子午线分成等距离的 2 048 份,将赤道和纬线等分为 4 096 份。由此生成了一个以精度和纬度为格网系统的坐标系,在这个坐标系内,经线和纬线形成边长"相等"的小格子。在 9 km 格网系统中,经常会用到位图坐标与经纬度坐标的转换计算,如图 2-12 所示。

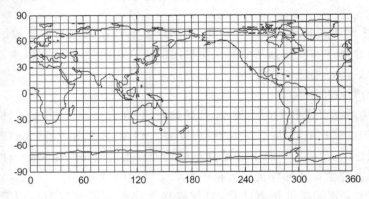

图 2-12　全球等角化格网结构示意图

当对格网面积和形状的视觉要求非常严格以及对中、低纬度海域表达不近人意等特殊情况下,一般会选用第二种投影方案,也就是等面积的格网系统。

② 等面积格网化方案

等面积格网化方案的重要特点在于不但可以形成具有基本排列规律的矩形格网体系,

并且兼顾到数据处理和存储能力的结合,它一方面需要考虑到潜在空间海洋数据的应用,另一方面还需要设定常用的最小空间分辨率。图 2-13 为全球等面积格网示意图。

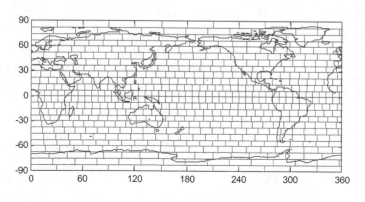

图 2-13 全球等面积格网示意图

假设大中尺度海洋问题中常用的海洋最小空间分辨率为 8～10 km,设定每个格网的边长大约是 9.28 km。全球所有 9.28 km 格网的数目是 5 940 422,这些格网按照行的形式排列,即按照纬线排列,每一行格网的数目是不同的。设定在赤道的两侧最靠近赤道的行的格网数目是 4 320,这个数目实际上是对赤道周长的一个等分的结果,即 $2P_iR_e/9.28$。其中,R_e 地球赤道半径取为 6 378.145 km。这样每一行中格网的数目是随着纬度的绝对值变化的,这种变化是一种余弦函数的变化。在地球的两个极点处,形成一个圆形区域,并且被 3 个格网平均分配成 3 个扇形,子午线的长度仍然是 9.28 km,而经线的长度则较大一些。NOAA 的 Pathfinder SSTAVHRR 数据就是采用这种数据格网化方法,在扫描式遥感数据储存方面具有相当良好的效果并且适宜向其他数据类型推广。

海洋场时空格网数据模型的优点体现在以下两个方面:

① 符合数据获取及存储规律。海洋数据中各种遥感观测数据以及通过数值模拟获得的数据,都是以栅格形式获取和存储的。

② 格网形式简单直观、高效灵活。时空格网模型中的格网形式直观、简单、实用,但仍然保持了严密性和各种可扩展功能,可以灵活地运用,满足当前的各种需要。

2.3.4 面向对象的海洋时空数据模型

笔者在分析总结领域内的海洋时空模型的基础上,借鉴面向对象的思想构建了面向对象的海洋时空数据模型。

2.3.4.1 面向时空对象的海洋数据概念模型

将地理对象(要素)模型和场模型以面向对象的思想进行统一,构建面向时空对象的海洋数据概念模型。将场模型的模糊边界进行定义,则可以将场(域)范围视为几何图形;将连续、动态的场数值变化定义为特征序列值。由此,具有唯一标识、几何图形、位置、特征的场模型可以转化为对象(要素)模型。海岸带数据的时空变化可以抽象为地理对象的时空变化,由此构建面向时空对象的新模型。

将海岸带管理中涉及的要素用面向时空对象的思想进行抽象,抽离出道路、海岸线、浮标、渔场四类对象，用对象的时空状态变化表达上述时空现象变化。如图2-14～图2-16所示，T_b时刻对象状态相对T_a时刻，"道路1"公路延长（几何特征、空间关系）、"漂流浮标1"改变位置（几何特征）、"海岸线"形状改变（几何特征）、所有浮标监测数据改变（专题属性）、渔场信息改变（专题属性）。T_c时刻对象状态相对T_b时刻，"道路2"公路延长（几何特征、空间关系）、新建"道路4"公路（几何特征、空间关系、专题属性）、"漂流浮标1"改变位置（几何特征）、"渔场2"区域改变（几何特征）、"渔场3"区域改变（几何特征）、所有浮标监测数据改变（专题属性）、渔场信息（专题属性）改变。

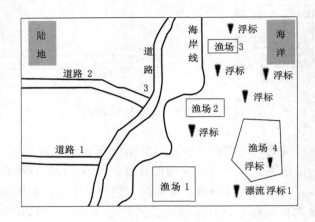

图2-14　T_a时刻海岸带要素对象

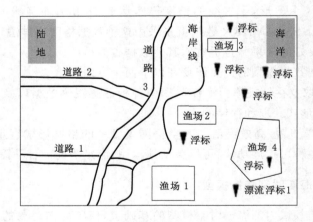

图2-15　T_b时刻海岸带要素对象

　　为了便于海岸带和海洋场数据时空表达，根据面向对象的思想和设计理念，构建基于位置的场——海洋对象时空模型。将研究区域海岸带矢量场（如海水流场、风场等）、标量场（如温度场、叶绿素场等）抽象为场区域固定的几何特征不变的场时空对象，如图2-17表达海岸带陆地场时空对象，可以研究天气质量、温度、湿度等；图2-18表达海岸带海洋场时空对象，可以研究海洋的水质、洋流等；图2-19表达整体海岸带场时空对象。

　　位置场要素中的分辨率、水、风、温度、叶绿素等作为场时空对象的专题属性，位置场模型

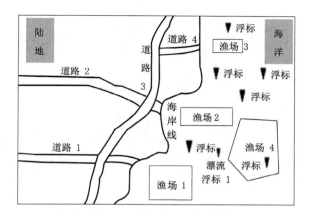

图 2-16　T_c 时刻海岸带要素对象

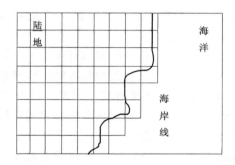

图 2-17　海岸带陆地场时空对象

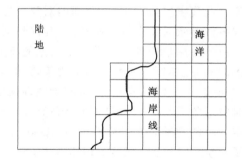

图 2-18　海岸带海洋场时空对象

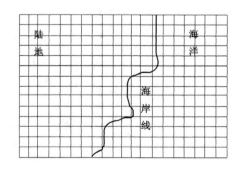

图 2-19　海岸带场时空对象

数据的时空变化等价为场时空对象的生命状态变化。根据需求,针对特定区域可创建时空研究对象,自定义位置场时空对象几何特征、专题属性。如图 2-20 所示,定义 3 个场时空对象,A 区域场(域)时空对象主要研究专题属性包含渔资源分布、含氧量、水质、洋流、气压等;B 区域场(域)时空对象主要研究专题属性包含海岸带陆地天气、空气质量、湿度、拥挤度等;C 区域场(域)时空对象主要研究专题属性包含海岸带海洋绿潮、水质、潮汐、海浪、天气等。

　　溢油、气旋、台风等边界非固定的场需要构建几何特征变化的位置场时空对象模型,图

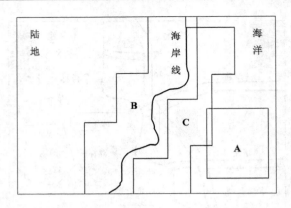

图 2-20　自定义场时空对象研究区域

2-21 为台风场时空对象轨迹,描述了 T_0 时刻、T_1 时刻、T_2 时刻的台风状态 A、B、C(格网单元灰度深浅代表风力大小)。以面向对象的思想将台风现象抽象为场时空对象,三个时段发生三次事件导致对象发生三次状态(几何特征、专题属性)变化。

　　由于海岸带地理现象的时空数据的特征不同、研究对象内容不同,将地理现象可以抽象为不同的时空对象,采取分而治之策略,综合分析得出结果。利用对象的自身特征和对象间的空间关系,可以优势互补,有利于地理现象的数据组织、可视化与研究。如图 2-21 中台风的时空对象 Cyclone-TSO(Cyclone-temporal and spatial Object),可以抽象为几何图形特性固定为点的地理时空对象 G-TSO(Geometry-temporal and spatial Object)和几何特征不定的场时空对象模型 F-TSO(Field-temporal and spatial Object)。G-TSO 有利于地理现象的主体研究;F-TSO 有利于地理现象的细节研究。Cyclone-TSO 整合 G-TSO 和 F-TSO 的优势特点,发挥面向对象的组合能力。

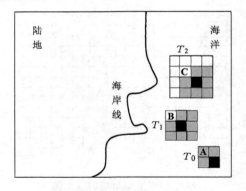

图 2-21　台风场时空对象轨迹

2.3.4.2　面向时空对象的海洋数据逻辑模型

　　逻辑模型是概念模型与物理模型之间的承接表达方式,逻辑模型将概念模型具体化,描述实现概念模型表达信息所需要的具体内容。面向时空对象的海洋数据逻辑模型主要表达时空对象概念模型中几何特征、空间关系、专题属性、驱动事件的组织等。由于时空对象模型类图可以描述时空对象模型的逻辑表达,所以我们采用时空对象类图进行表达。

根据时空对象概念模型的论述,面向时空对象的海洋数据逻辑模型构建以下几个类:时空类(TemporalSpatialClass)、几何特征类(FeatureClass)、要素几何特征类(GeoFeature-Class)、场几何特征类(FieldFeatureClass)、空间关系类(SpatialRelationClass)、专题属性类(ThematicAttrClass)、二维属性类(TDimensionAttrClass)、多维属性类(MDimensionAttrClass)、属性预测类(AttrValuePreClass)、驱动事件类(DriveEventClass)、元数据类(Meta-dataClass)等。其类关系说明如表 2-1 所示,类设计说明如表 2-2 所示。

表 2-1	类图关系说明
Legend(图例)	
⟶▷	继承
⟶	关联
--→	依赖
◇⟶	聚合
◆⟶	组合

表 2-2	类设计说明	
Legend(图例)		
＋	Put(仅能赋值)	属性方法
－	Get(仅能读取)	
±	Put/Get(赋值读取都可)	
●	Public Method(内外部皆可访问)	
○	Inner Method(仅内部可以访问)	

(1) 时空类

时空类是时空对象的主类,负责时空对象内容的组织与调用。时空类与几何特征类、驱动事件类具有组合关系,与空间关系类、专题属性类、元数据类具有聚合关系,如图 2-22 所示。时空类提供数据属性值预测相关设置(预测时间、空间、属性域等)、空间关系类别设置和时空状态(几何、关系、属性、事件、元数据等)查询。时空类设计如表 2-3 所示,时空枚举如表 2-4 所示。

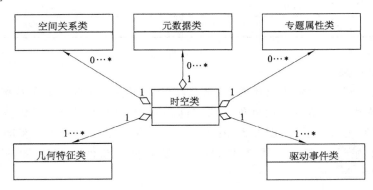

图 2-22　时空类关系图

表 2-3	时空类设计	
TemporalSpatialClass(时空类)		
±	Option：TSEnum	时空类型：时空枚举
±	PreForecast：Boolean	预测：布尔
±	PreTimeGrainSize：List	预测时间粒度：列表
±	PreSpaceGrainSize：List	预测空间粒度：列表

	TemporalSpatialClass(时空类)	
±	PreTheAttributes：List	预测专题属性:列表
±	SpatialRelations：List	空间关系类别:列表
±	FC：FeatureClass	几何:几何特征类
±	DE：DriveEventClass	事件:驱动事件类
±	SR：SpatialRelationClass	关系:空间关系类
±	TA：ThematicAttrClass	属性:专题属性类
±	MC：MetadataClass	元数据:元数据类
●	QueryCurrentState(…)	获取当前时空状态
●	QueryHistoryState(…)	获取历史时空状态
●	UpPreTGrainSize(…)	修改预测时间粒度
●	UpPreSGrainSize(…)	修改预测空间粒度
●	UpPreTheAttrList(…)	修改预测属性序列
●	UpSpaRelationList(…)	修改空间关系序列

表 2-4   **时空枚举**

TSEnum(时空枚举)	
GeoFeature	地理要素时空
MixFieldFeature	混合场时空
RasterFieldFeature	矢量场时空
ScalarFieldFeature	标量场时空

（2）驱动事件类

驱动事件类是时空对象的记录类、检索类,内含时间要素。时空对象状态元素的更新必定伴随驱动事件类的更新。驱动事件类与空间关系类、专题属性类、元数据类具有关联关系,与时空类具有组合关系,如图 2-23 所示。状态枚举如表 2-5 所示。驱动事件类包含事件类型、名称、起始时间、终止时间、事件说明、对象状态、父事件、子事件等,设计如表 2-6 所示,事件枚举如表 2-7 所示。

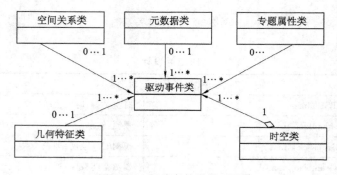

图 2-23　驱动事件类关系图

表 2-5　　　　　　　　　　　　　　　　　　　状态枚举

StateEnum(状态枚举)	
BornBegin	出生(开始)
Mutiply	繁衍
Grow	成长(过程)
Mature	成熟
SlowDeath	衰老
Aggregation	聚合
Divide	分裂
DeathOver	死亡消失(结束)

表 2-6　　　　　　　　　　　　　　　　　　　驱动事件类设计

DriveEventClass(驱动事件类)		
±	Option：EventEnum	事件类型：事件枚举
±	Name：string	事件名称：字符串
±	TimeA：DateTime	事件起始时间：时间
±	TimeB：DateTime	事件结束时间：时间
±	Introduce：Text	事件说明：文本
±	ObjectState：StateEnum	对象状态：状态枚举
—	PreEventIDArray：List	父事件：集合
—	NextEventIDArray：List	子事件：集合
●	CreateCurrentEvent(…)	创建当前事件
●	QueryCurrentEvent(…)	获取当前事件
●	QueryPreEvent(…)	获取之前事件
●	QueryNextEvent(…)	获取之后事件
●	QueryHistorysEvent(…)	获取历史事件集合

表 2-7　　　　　　　　　　　　　　　　　　　事件枚举

EventEnum(事件枚举)	
ManMade	人为因素
Nature	自然因素
Mix	混合因素
Monitor	监测因素
Forecast	预测因素

（3）几何特征类

几何特征类是对海洋地理要素的抽象可视化表达。由于海岸带时空信息有实体事物作为载体,所以定能抽象出几何特征。几何特征类与时空类具有组合关系,与驱动事件类具有关联关系。海洋地理的要素几何特征类和场几何特征类继承几何特征类，如图 2-24 所示。要素几何特征类中以规则坐标序列点显性存储坐标数据，参照要素几何类别生成目标表达几何。场几何特征类中以规则单元格隐性存储坐标数据，根据左上点坐标、右下角坐标与单元大小计算具体坐标。非规则记录格网则记录格网单元点从左至右、从上至下的坐标序列值。根据场几何类别进行计算、转换为目标表达几何数据。几何特征类设计如表 2-8 所示，要素几何特征类设计如表 2-9 所示，场几何特征类设计如表 2-10 所示，要素几何类别枚举如表 2-11 所示，场类别枚举如表 2-12 所示。

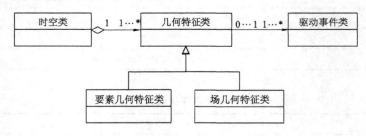

图 2-24　几何特征类关系图

表 2-8　　　　　　　　　　　　　　　几何特征类设计

GeoFeatureClass（几何特征类）		
±	Event：DriveEventClass	事件：驱动事件类
±	PointsSeries：Points	几何点序列：点序列
—	CenterCoor：Point	几何中心点：点
—	MinExtRectLB：Point	最小矩形左下：点
—	MinExtRectRT：Point	最小矩形右上：点
—	PointCount：int	结点数：整数
—	GeoStyle：Set	几何样式：集合
—	AnnotationText：Set	注记信息：集合
●	QueryCurrentFeature()	获取当前时空几何
●	QueryHistoryFeature(…)	获取历史时空几何
●	AddAnnoText(…)	添加注记文本信息
●	UpdateAnnoText(…)	更新注记文本信息
●	AdGeographicStyle(…)	添加几何样式
●	UpGeographicStyle(…)	更新几何样式

表 2-9　　　　　　　　　　　　**要素几何特征类设计**

GeoFeatureClass（要素几何特征类）		
±	GeoOption：GeoFeaEnum	要素几何类别：枚举
●	CreateGeoFeature(…)	创建要素几何特征
●	AddPoints(…)	添加序列坐标点

GeoFeatureClass（要素几何特征类）		
●	QueryPartPointS(…)	查询部分序列坐标点
●	ReadPartPoints(…)	读取部分序列坐标点
●	InsertPoints(…)	插入坐标点

表 2-10　　　　　　　　　　　场几何特征类设计

FieldFeatureClass（场几何特征类）		
±	FieldOption：FieldEnum	场几何类别：枚举
±	RowCount：int	行数：整数
±	CowCount：int	列数：整数
±	CellSize：int	单元格大小：整数
±	UnitOption：UnitEnum	单位：枚举
±	LTPosition：Point	左上坐标：点
±	RBPosition：Point	右下坐标：点
±	pointSeries：PointS	起点坐标：点序列
●	CreateFieldFeature (…)	创建场几何特征
●	ChangeCellSize(…)	改变单元格大小
●	ChangeRowCow(…)	改变行列数
●	ChangePoints(…)	改变结点序列值
●	QueryCellsSeries(…)	查单元格标识集合
●	ConvertEFieldOut(…)	转换场枚举数据

表 2-11　　　　　　　　　　　要素几何类别枚举

GeoFeaEnum（几何类别枚举）	
Point	点
PolyLine	折线
Polygon	多边形
Ellipse	椭圆
Circle	圆形
PathLine	路径线
PathSurface	路径面
Solid	体

表 2-12 　　　　　　　　　　　　　　　　　**场类别枚举**

FieldEnum（场类别枚举）	
RegularNet	规则网格
Contour	等值线
ScaleneTriangle	不规则三角形
IrregularPolygon	不规则多边形

（4）空间关系类

空间关系类是对海洋时空对象几何特征之间的表达，利于时空数据检索与时空逻辑表达。可根据海洋时空对象的具体需求，设置并记录符合空间关系类别的相关时空对象。空间关系类依赖几何特征类，与时空类为聚合关系，与驱动事件类为关联关系，如图 2-25 所示。空间关系类设计如表 2-13 所示，空间关系枚举如表 2-14 所示。

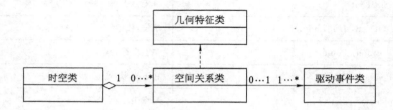

图 2-25　空间关系类关系图

表 2-13 　　　　　　　　　　　　　　　　　**空间关系类设计**

	SpatialRelationClass（空间关系类）	
±	SROption：SREnum	空间关系类别：枚举
—	SRObjectID：List	关联对象标识：列表
±	SREvent：DriveEventClass	事件：驱动事件类
●	CreateSR(…)	创建空间关系
●	AddSR(…)	添加空间关系
●	RemoveSR(…)	移除空间关系
●	QuerySR(…)	查询空间关系

表 2-14 　　　　　　　　　　　　　　　　　**空间关系枚举**

SREnum（空间关系枚举）	
Intersect	相交
Adjacent	相切（相邻）
Contain	包含
Included	被包含

（5）专题属性类

专题属性类主要记录时空对象的专题属性信息,是时空信息的主要存储类。二维属性类、多维属性类和属性预测类继承专题属性类。专题属性类依赖于几何特征类,与时空类具有聚合关系,与驱动事件类具有关联关系;属性预测类依赖于二维属性类、多维属性类,如图 2-26 所示。二维属性类主要指要素属性值（Key：Value）或者单层场属性数据（RowCow：Value）,多维属性类主要指多层场属性数据（RowCowZ：Value 或 RowCow：Values）。海洋温度、盐度、密度等场数据用多维属性类表达较好,地理要素用二维属性类表达较好。矢量方向数据可采用 U/V 方式表达。专题属性类设计如表 2-15 所示,二维属性类设计如表 2-16 所示,多维属性类设计如表 2-17 所示,属性预测类设计如表 2-18 所示。

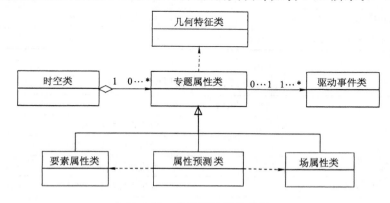

图 2-26　专题属性类关系图

表 2-15　　　　　　　　　　　　　　专题属性类设计

ThematicAttrClass(专题属性类)		
±	KeyS：List	属性名:列表
±	KeyCount：int	属性数量:整数
±	KeyValues：List	属性值:列表
±	Event：DriveEventClass	事件:驱动事件类
●	AddKey(…)	添加属性名
●	DeleteKey(…)	删除属性名

表 2-16　　　　　　　　　　　　　　二维属性类设计

TDimensionAttrClass(二维属性类)		
●	CreateValues(…)	创建属性值
●	QueryValueS (…)	查询属性值列表
●	QueryHistoryValue(…)	查询历史属性值
●	ReturnCurrValues(…)	返回当前属性值

表 2-17   多维属性类设计

	MDimensionAttrClass(多维属性类)	
±	ZDepths：List	Z 粒度：列表
±	ZDepthsCount：int	Z 粒度数量：整数
±	ZDepthsUnit：List	Z 粒度单位：列表
●	CreateMDValues(…)	创建多维属性值
●	QueryMDValueS (…)	查询多维属性值列表
●	QueryValByRowCow (…)	区域查询属性值列表
●	QueryValByTS (…)	时空查询属性值列表
●	QueryHistoryMDValue(…)	查询历史多维属性值
●	ReturnCurrMDValues(…)	返回当前多维属性值

表 2-18   属性预测类设计

	AttrValuePreClass(属性预测类)	
—	PreTimeGrainSize：List	预测时间粒度：列表
—	PTGSCount：int	时间粒度数量：整数
—	PreSpaceGrainSize：List	预测空间粒度：列表
—	PSGSCount：int	空间粒度数量：整数
—	ThAt：ThematicAttrClass	属性：专题属性类
●	CreatePreValues(…)	创建属性预测值
●	QueryPreValueS (…)	查询属性预测值列表
●	QueryHistoryPreValue(…)	查询历史属性预测值
●	ReturnCurrPreValues(…)	返回当前属性预测值

(6) 元数据类

元数据是海洋时空对象数据的描述数据,根据元数据可以查看海洋时空对象的基本信息、检索历史数据。元数据类与时空类具有聚合关系,与驱动事件类具有关联关系,如图 2-27 所示。元数据类设计如表 2-19 所示。

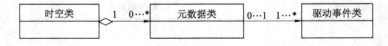

图 2-27 元数据类关系图

表 2-19   元数据类设计

	MetadataClass(元数据类)	
±	Precision：Float	精度：浮点型
±	ResponsiblePeo：string	负责人：字符串
±	KeyWords：Dstring	关键字：字符串

MetadataClass(元数据类)		
±	AbstractInfo：Text	摘要：文本
±	CoorSys：Text	坐标系：文本
—	CreatTime：DateTime	创建时间：时间
—	SpaceDataAttri：List	数据属性：列表
±	Event：DriveEventClass	事件：驱动事件类
±	TSObjectID：int	时空对象标识：整数
●	CreateTSMeta（…）	创建元数据
●	QueryMeta（…）	查询元数据
●	QueryEvent（…）	查询事件
●	QueryTSObject（…）	查询时空对象

2.4　海洋数据结构

　　数据结构指数据组织的形式,是适合于计算机存储、管理和处理的数据逻辑结构。对空间数据结构而言,则是空间目标的空间排列方式和相互关系的抽象描述。数据结构是数据模型和文件格式之间的中间媒介,是数据模型的具体实现,为了对空间数据进行合理的组织,以便于计算机处理。数据结构的选择主要取决于数据的性质和使用的方式。

2.4.1　传统陆地 GIS 数据结构

　　现有 GIS 的空间数据结构类型主要有栅格数据结构和矢量数据结构,以及正在研制中的矢栅一体化的数据结构。

2.4.1.1　矢量数据结构

　　矢量数据结构是利用欧几里得几何学中的点、线、面及其组合来表示地理实体空间分布的一种数据组织方式,每一个空间实体的地理位置是用它们在坐标参考系统中的一系列有序的(x,y)坐标来表示。矢量数据结构是基于要素数据模型的数据结构,是面向地物的结构,即对于每一个具体目标都直接赋予位置和属性信息以及目标之间的拓扑关系说明。矢量数据组织方式能最好地逼近地理实体的空间分布特征,数据精度高,数据存储的冗余度低,便于进行地理实体的网络分析,矢量数据结构图形运算的算法总体上比栅格数据结构复杂得多,在叠加运算、邻域搜索等操作时比较困难,有些甚至难以实现。

　　矢量数据结构分为简单数据结构(也称面条数据结构)、拓扑数据结构和曲面数据结构。矢量多边形的编码方法主要有:坐标序列法(Spaghetti 方式)、树状索引编码法、双重独立式编码法(Dual Independent Map Encoding,DIME)、链状双重独立式编码法。

2.4.1.2　栅格数据结构

　　栅格数据结构指将空间分割成各个规则的网格单元,然后在各个格网单元内赋以空间对象相应的属性值的一种数据组织方式。栅格数据结构表示的是二维表面上地理要素的离散化数值,每个网格对应一种属性,其空间位置用行和列表示。在栅格结构中,空间被规则地划分为栅格(通常为正方形),地理实体的位置是用它们占据的栅格的行、列来定义的,该位置的属性为栅格单元的值。常用的栅格数据编码方法有直接栅格编码、链码、游程长度编码、块码、四叉树等,其中除了第一种直接栅格编码,其余都是压缩编码方法。

栅格数据结构地表被分割为相互邻接、规则排列的网格,每个网格与一个像元相对应,栅格数据的比例尺就是栅格(像元)的大小与地表相应单元的大小之比。因此,网格边长决定了栅格数据的精度,栅格尺寸越小,其分辨率越高,数据量也越大,但无论网格边长多小,与元实体特征相比,信息都会有丢失。当网格边长缩小时,网格单元的数量将呈几何级数递增,造成存储空间的迅速增加。可以通过最小多边形的精度标准来确定网格尺寸,使得栅格数据既能有效地逼近地理实体,又能最大限度降低数据冗余。合理的栅格尺寸为:

$$H = \frac{1}{2}(\min\{A_i\})^{1/2}, i = 1, 2, \cdots, n \tag{2-1}$$

式中,A_i 为图斑面积。

矢量数据和栅格数据作为 GIS 中的两种基本数据结构,其优缺点如表 2-20 所示。

表 2-20　　　　　　　　　　　矢量数据结构和栅格数据结构的优缺点

	优　　　点	缺　　　点
矢量数据	1. 面向对象(现象)的数据结构 2. 数据结构紧凑、冗余度低 3. 有利于网络和检索分析 4. 图形显示质量好、精度高	1. 数据结构复杂 2. 多边形叠加等图形分析比较困难
栅格数据	1. 数据结构简单 2. 便于空间分析和地表模拟 3. 有利于与遥感图像的匹配应用和分析 4. 易于实现叠合等操作	1. 数据量大,冗余大 2. 投影转换比较复杂 3. 网络分析困难

2.4.1.3　矢栅一体化数据结构

为了兼顾矢量和栅格两种数据结构的优点,有学者提出矢栅一体化数据结构。所谓矢栅一体数据结构就是对用矢量方法表示的线状实体,采用元子空间填充法来表示,即在数字化一个线状实体时,除记录原始取样点外,还记录所通过的栅格;对于面状实体,除记录原始取样点外,还记录中间包含的栅格,这样既保持了矢量特征,又具有栅格性质,就能将矢量和栅格统一起来。

矢栅一体化的约定:

① 对点状目标,因为没有形状和面积,在计算机内部只需表示该点的一个位置数据及与结点关联的弧段信息。

② 对线状目标,有形状但没面积,在计算机内部需用一组元子来填满整个路径,并表示该弧段相关的拓扑信息。

③ 对面状目标,既有形状又有面积,在计算机内部需表示由元子填满路径的一组边界和由边界组成的紧凑空间。

矢量栅格一体化的数据结构,对地物的描述包括对地物所在位置的描述和其周围地物拓扑关系的描述。矢量栅格一体化数据结构采用多极格网的方法,把点状和线状地物所经过的栅格再细分为 256 * 256(16 * 16)个栅格,解决了栅格数据的精度较低、在描述点状和线状地物时无法精确表达其空间位置的问题,提高了数据精度。

在对地物的描述中,矢量栅格一体化数据结构用自然数 Morton 码的四叉树编码方式表示栅格在栅格矩阵中的位置。每个细分栅格都用两个 Morton 码表示,其中第一个 Morton 码简称 M_1,代表粗栅格的位置,第二个 Morton 码简称 M_2,代表细分栅格在粗栅格中的位置。点状地物可以用一对 Morton 码(M_1,M_2)表示,而线状地物用所经过的栅格点(Morton 码对)的序列表示。

2.4.2　海洋 GIS 数据结构

2.4.2.1　海洋数据的复杂性

相比于传统陆地 GIS,海洋相关数据具有如下的复杂性:

① 海洋数据具有不同分辨率和不同比例尺。

② 在海陆交接的海滨湿地,数据统一及环境分级的界线不明。

③ 海洋数据存在空中、海洋及海底三维空间。

④ 海洋数据具有长周期历史性发展趋势变化和短周期季节性周期变化两种特点。

⑤ 不同组织及不同日期获取的海洋垂向剖面数据统一比较困难。

⑥ 人类活动频繁影响沿岸水体及泥沙输移。

⑦ 数据类型有图像、栅格、矢量及文本等多种类型。

⑧ 数据表达有多种不同形式。

⑨ 按常规调查方法数据更新困难,成本昂贵。

⑩ 遥感数据是取之不尽可以更新的信息源,但要转化为可以应用的物理量,需要一系列处理过程。

2.4.2.2　海洋数据结构的建立

由于海洋数据的复杂性,选择其采用的数据结构需要考虑多方面的因素。海洋数据结构的选择,需要根据如下因素:

① 需表达要素还是位置。

② 可获取的数据类型。

③ 定位要素的必要精度。

④ 需要什么类型的要素。

⑤ 需要什么类型的拓扑关联。

⑥ 所需空间分析类型。

⑦ 拟采用的三维可视化方式。

⑧ 展示结构或地图的类型。

根据海洋数据的类型、获取方式,考虑以上因素,进行海洋数据结构的构建,形成与该数据结构相适应的海洋 GIS 空间数据,为海洋空间数据库的建立提供物质基础。海洋 GIS 数据结构建立的一般流程如图 2-28 所示。

2.4.2.3　采用格网形式的数据结构的原因

海洋数据模型中的基础数据集、数据仓库和海洋现象数据集都需要详细的数据模型进行描述、存储和调用。其中,海洋数据模型中的基础数据集、数据仓库数据集具有一定的共同性,主要体现在以连续场为基础,而海洋现象数据集则是一种多类结构,对象复杂多变,未知因素太多,目前还很难实现数据模型层次的统一。

根据海洋基础(原始)数据集和数据仓库的特点,对海洋调查数据考虑采用格网形式的数据结构。从海洋数据的原始格式来看,符合数据获取、存储规律,是面向大多数用户的数据集。另外,从当前海洋科学的数据观点来看,格网形式简单、直观,有利于理解和应用,但仍保持较高的严密性。此外,海洋基础数据模型中还补充了专门的矢量数据模型。

图 2-28　海洋 GIS 数据结构
建立流程

2.4.2.4　海洋网格数据结构

目前,海洋 GIS 中常用的数据结构为网格数据结构,网格数据结构本质上属于栅格数据结构。海洋网格数据结构从海洋数据的原始格式来看,符合数据获取、存储规律,是面向大多数用户的数据集。

海洋大部分数据类型都以网格形式进行存储。首先按照海洋数据的来源进行分类,即按照实测、遥感、数值产品等形式进行分类;然后分航次、批次、时间进行数据编辑处理,对应到格网相应的空间位置上去。对于点状数据,则判断属于哪一个网格,再在该数据和该网格之间建立连接;对于分辨率小于最小网格的数据,则可以类似点状数据处理;对于分辨率大于最小网格的数据,则需要将网格进行适当的组合,组合后的网格应当大于该分辨率,这种情况下组合后的网格可能会出现重叠现象,应当建立适当的拓扑关系和说明文档。少量或不是很重要的矢量数据可以采用高分辨率网格进行离散化,其他矢量数据应当参照矢量模型进行存储,并进行两种类型之间的集成。在第一种网格化方案中,网格具有较大的变形,这种变形在高纬度时尤其严重,所以需要注意其使用范围。基础数据集由于是以全球格网作为基本储存方式,因此变形问题并不重要。海洋网格数据结构需要考虑其与陆地 GIS 及与海洋数值模型的匹配问题。相比规则海洋网格数据结构,近几年研究的热点是海洋非结构网格数据结构。由于结构网格面对复杂几何外形时生成困难,以及耗费大量人工、自动化程度不高等缺点,非结构网格逐渐发展起来。非结构化网格是指网格区域内的内部点不具有相同的毗邻单元,即与网格剖分区域内的不同内点相连的网格数目不同,是没有规则拓扑关系的网格。当前常用的非结构化网格是有限元海洋数值模型(Finite Volume Coastal Ocean Model,FVCOM),与结构化规则网格数值模型相比,其能够更好地拟合复杂曲折的海岸线边界和海底地形。因此,研究和发展海洋非结构网格多尺度表达方法,能够更好地提取海洋信息,对综合分析海洋要素的特征和规律,进而指导海洋工程设计、提升海洋的综合管理与公益服务水平,具有重要的理论意义和实用价值。

2.4.2.5　面向对象的海洋时空数据结构

现有海洋、海岸带数据管理中存在以下问题:

① 数据种类繁多、来源不一。

② 数据格式存在差异。

③ 现有的数据结构并没有集成时空复杂特征。

④ 针对网络客户端的数据传输和解析冗余、复杂等。

针对以上海洋数据结构中存在的问题,在 2.3.4 设计的面向对象的海洋时空数据模型的基础上,作者根据面向对象的设计思想,提出并设计海洋、海岸带时空数据物理模型,即面向对象的海洋时空数据结构。此数据结构以几何特征为载体,面向时空对象的状态变化,在时间轴上进行数据组织表达,存储表达海洋相关对象的特征数据,旨在实现几何特征的可视化与时空要素、专题属性要素的综合状态存储与可视化数据表达。文件型数据结构有利于数据在数据库与客户端之间的传输与表达,有利于针对数据频繁操作时的缓存,有利于数据的格式交换、应用与备份。文档型数据库存储结构有利于数据的管理与维护,有利于面向对象数据的存储与扩展,有利于基于位置要素的索引构建。面向对象的海洋时空数据结构,在兼顾文件型时空数据存储结构和文档型数据库存储结构优势的基础上,设计时空数据存储结构文件——TGeoJSON,具体论述如下。

(1) 语法规则依据

采用海洋时空对象模型和可视化表达的设计理念,文件型存储结构思路是在对象标记语言(JavaScript Object Notation,JavaScript,JSON)格式语法规则基础上,构建海洋时空数据存储组织结构(TGeoJSON)。TGeoJSON 文件易于人阅读、编写和修改,易于机器解析和生成,也易于网络传输速度和网页 JavaScript 解析。文档型数据库存储结构也是基于JSON 结构存储,因此 TGeoJSON 语法规则完全适应文件型和文档型 MongoDB 数据规范。利用 JSON 对象和数组两种结构,可以表示各种复杂的结构。

① 对象,数据结构为{key1:value1,key2:value2,...}的键值对的结构。在面向对象的语言中,key 为对象的属性,value 为对应的属性值,取值方法为"对象.key"获取属性值。属性值的类型可以是数字、字符串、数组、对象几种。

② 数组,属性值是中括号"[ ]"的字段值内容,数据结构为[" value1"," value2"," value3",...],取值方式为索引获取。字段值的类型可以是数字、字符串、数组、对象几种。当需要表示一组值时,JSON 不但能够提高可读性,而且可以减少复杂性。

(2) 数据组织结构设计

TGeoJSON 数据组织由事件对象、关系对象、时空对象组成。事件对象和关系对象主要负责时空对象索引。时空对象主要包括摘要信息、空间参考信息、时空对象数据三部分。

```
{
"_id": ObjectId(""),
    "metadata": {},
"coordinate": {},
"geometryObject": {
        "geometry": {}," properties": {},"events": [{}],"relations": {}
        }
}
```

_id 为时空对象标识,metadata 元素对象包含时空对象的元数据,如摘要信息等,coordinate 元素对象包含时空对象集合数据的空间参考信息,如坐标系统名称、参数等。geometryObject 元素对象包含时空对象的具体信息,包含几何表达、属性表达、相关事件表达、相关关系表达数据信息。根据这些语法规则定义就可以存储、管理和表达时空对象数据信息。

时空对象都有_id 键值作为唯一标志。图 2-29 给出几何区域变化,可以验证所提出的数据存储结构设计的可行性。

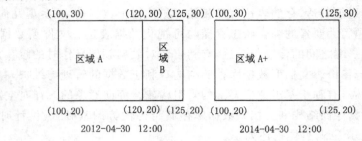

图 2-29　几何区域变化

（3）事件表达

TGeoJSON 事件表达语法规则定义：events 元素数组定义事件,eventEnum 键值表达事件类型,stateEnum 键值表达对象状态类型,♯id 表达受影响的时空对象标识。epoch 键值表达事件时间,使用 ISO 8601 的标准格式时间。对于频繁变更数次事件可以继承上一次事件,用♯:TimeUnit 表达。Time 为整数,表达距离父事件发生时间数值。Unit 为数值单位,可以使用 S 秒 M 分钟 H 小时 D 天 L 月 Y 年表达。如♯:30M 表达父事件 30 分钟后发生改变,♯:60S 表达父事件 60 秒后发生改变。

eventEnum 事件类型如下：

ManMade：人为因素;Nature：自然因素;Mix：混合因素;Monitor：监测因素;Forecast：预测因素;G＝Geometry 几何变化;P＝Propertry 属性变化;R＝Relation 关系变化。

stateEnum 对象状态类型如下：

B＝BornBegin：出生（开始）;M＝Mutiply：繁衍;G＝Grow：成长（过程）;U＝Mature：成熟;S＝SlowDeath：衰老;A＝Aggregation：聚合;D＝Divide：分裂;V＝DeathOver：死亡消失（结束）。

图 2-29 几何区域变化事件表达如下：

```
{
    "events":[
{
        "id"：100,
        "eventEnum"："ManMade|G ",
        "stateEnum"："D ♯110    ♯111 ",
        "epoch"："2012-04-30 12:00"
    },{
        "id"：101,
        "eventEnum"：" ManMade|G ",
        "stateEnum"："A    ♯110 V ♯111    ",
"epoch"："2014-04-30 12:00"
```

```
          }
      ]
  }
```

（4）几何表达

TGeoJSON 几何表达语法规则定义：geometry 名称表达时空对象几何特征对象。几何特征表达主要由几何图形表达、几何样式表达和几何注记文本表达组成。

① 几何图形表达。type 元素名称用于定义一个几何类别，下面的字段值可用于几何类型表达：

Point：点或多点；PolyLine：折线或多线；Polygon：多边形；Ellipse：椭圆；Circle：圆形；PathLine：路径线；PathSurface：路径面；Soli：体；RegularNet：规则网格。

position 元素名称用于定义一个几何形状，下面的命令字段值可用于几何数据形状描述：

M = moveto：移到；L = lineto：连接到；H = horizontal lineto：水平连接到；V = vertical lineto：垂直连接到；R = row：行数；N = column：列数；C = curveto：弯曲到；S = smooth curveto：平滑弯曲到；Q = quadratic Bézier curve to：二次方贝塞尔曲线到；T = smooth quadratic Bézier curveto：平滑二次方贝塞尔曲线到；A = elliptical Arc：椭圆弧；Z = closepath：封闭路径。

以上所有命令关键字均允许小写字母，大写表示绝对定位，小写表示相对定位。

图 2-29 表达几何"区域 A"应用：

```
{
"_id": 110,
    "geometry": {
        "type": " Polygon",
        "position":[" # eventID-100","M 100.0 20 H 120.0 V 30 H 100.0 Z",
" # eventID-101","M 100.0 20 H 125.0 V 30 H 100 Z"]
    }
}
```

若表达一个快速移动数据，每 60 s 采集一次坐标数据，如坐标序列 110.1,23.21（起始点）；110.1,23.22；110.2,23.22；110.3,23.23；110.4,23.24；110.4,23.25；110.5,23.25（终止点）。

```
{
"_id": 25001,
    "geometry": {
        "type": " Point",
         " position": [ " # eventID-200 "," M110. 123. 21"," # eventID-201",
```

"M 110.123.22","＃:60S","M 110.2 23.22","＃:120S","M 110.3 23.23","＃:180S",
"M 110.4 23.24","＃:240S","M 110.4 23.25","＃eventID-202","M 110.5 23.25"]
      }
  }

表达 100 乘以 100 的规则网格应用：

```
{
    "_id": 35001,
    "geometry": {
        "type": " RegularNet",
        " position": ["＃eventID-300","M 120.0 30.0R 100N100L 110.0 20.0"]
    }
}
```

② 几何样式表达。render 元素名称用于定义几何样式，@代表时空对象属性字段。下面的命令字段值关键字可用于几何样式描述：

S＝size(粗度)：点、线；C＝color：点、线颜色；F＝fill(填充颜色)，O＝opacity(透明度)，K＝stroke-color(轮廓颜色)，W＝stroke-width(轮廓宽度)。

以上所有命令关键字均允许大小写字母。颜色应用(0～255,0～255,0～255)表达，透明度应用 0～1 表达。

type 元素名称用于定义一个样式类别。下面的字段值可用于样式类别表达：

E＝EventChange：代表事件驱动

B＝ColorBands：颜色带(指定字段属性进行颜色匹配)

BU＝ColorBandsUnique：字段唯一值归类渲染

BS＝ColorBandsSection：分段渲染

图 2-29"区域 A"利用事件驱动，表达样式应用：

```
{
    "style":{"＃eventID-100":{"type": " E" , " render" :[
    " ＃eventID-100", "S 20 F 243 232 15 O 1   S 2   W 10","＃eventID－101",
"F 18210176"]}}
}
```

按某一字段属性进行唯一值归类渲染，应用范例如下：

```
{
    "style":{"＃eventID-100":{"type" : " BU" , " render" :[
"@rank", "C 243 232 15 O 1   S 2   W 10","C 233 212 155 O 1   S 2   W 10",
```

```
"C 230 123 155 O 1  S 2  W 10"]}}
```

　　}

　　按某一字段属性进行分段渲染，应用范例如下：

```
{
"style":{"♯eventID-100":{"type" : " BS" , " render" :[
"@rank:1-50", "C 243 232 15 O 1  S 2  W 10","@rank:51-100","C 233 212 155 O
1 S 2  W 10","C 230 123 155 O 1  S 2  W 10"]}}
```

　　}

　　③ 几何注记文本表达。markText 元素名称用于定义注记文本。下面的命令字段值关键字可用于几何注记文本描述：
　　T＝text(文本)，F＝font(文本大小)，H＝horizontal(水平放置)，V＝vertical(垂直放置)。
　　以上所有命令关键字均允许大小写字母。颜色应用(0～255,0～255,0～255)表达，透明度应用 0～1 表达。T 文本应用\star\和\end\表达。P 路径应用几何 position 关键字表达即可，默认中间位置。
　　图 2-29"区域 A"表达注记应用：

```
{
    " markText":[
"♯eventID-100", " T \star\区域 A\end\  F 20 C 5 32 91H 1","♯eventID-101", "
T \star\区域 A＋\end\"
    }
}
```

　　(5) 属性表达
　　TGeoJSON 属性表达语法规则定义:properties 元素对象用于定义几何属性,属性名称自定义即可。

```
{
    " properties": {" ♯eventID-100":{
        "name":"青岛",
        " population": 146520000,
        " area": "11282 公里"
    }," ♯eventID-101":{
        " population": 147520000
    }}
}
```

关于规则格网数据属性定义键值以 Grid-作为标识,每行用";"号结束。下面的命令字段值关键字可用于网格编码属性描述:RLC＝Run Length Coding(游程编码)逐行记录每个游程的长度

DC＝Direct Coding(直接编码,默认)每行从左到右逐个记录

CC＝Chain Codes(链式编码)顺时针表达方向

BC＝ Blocky Codes(块状编码)

表 2-21 规则格网数据存储结构表达如下:

表 2-21　　　　　　　　　　　　　规则格网数据

	Level1 PM2.5				Level2 PM10				Level3 TEMP			
T_1	6	6	4	4	30	32	32	32	12	12	14	14
	6	6	6	4	30	30	32	32	12	12	14	14
	7	4	4	5	30	30	32	32	13	13	15	15
	7	7	6	6	32	32	31	31	13	13	15	15
T_2	6	5	5	5	30	30	31	31	13	13	13	14
	7	5	5	5	31	32	32	31	13	13	13	13
	7	7	5	5	31	31	31	32	12	12	13	13
	6	6	6	5	31	31	32	32	12	12	12	13
T_3	7	7	6	6	31	31	32	32	13	13	14	14
	7	6	6	5	32	32	32	32	13	13	14	14
	6	6	5	5	31	31	31	32	13	13	13	13
	6	5	4	4	30	31	31	32	13	13	13	13

```
{
    " properties"：{"＃eventID-200"：{
    "name"："环境质量检测",
    "Grid-PM25"："RLC 6 242；6 3 4 1；7 1 4 2 5 1；7 2 6 2",
    "Grid-PM10"："RLC 30 1 32 3；302 32 2；30 2 32 2；32 2 31 2",
    "Grid-Temp"："BC1 1 2 12；1 3 2 14；3 1 2 13；3 3 2 15 "
    },"＃:60M"：{
    "Grid-PM25"："RLC6152 4 1；7 1 5 3；7 2 6 1 5 1；6 3 5 1",
    "Grid-PM10"："RLC 30 2 312；31 1 32 2 31 1；31 3 32 1；31 2 32 2",
"Grid-Temp"："BC 1 1 2 13；1 3 1 13；1 4 1 14；2 3 2 13；3 1 2 12；4 3 1 12；4 4 1 13"
    },"＃:120M"：{
    "Grid-PM25"："RLC72 6 2；7 1 6 2 5 1；6 2 5 2；6 1 5 1 4 2",
    "Grid-PM10"："RLC 31 2 32 2；32 4；31 3 32 1；301 31 2 32 1",
```

```
        "Grid-Temp":" BC11 2 13;1 3 2 14;3 1 2 13;3 3 2 13"
    }}
}
```

（6）关系表达

TGeoJSON 关系表达语法规则定义：relations 元素对象定义空间关系，值为对象关系数组，数组中 type 键值表达关系类型，geometry 键值对应的内容表达对象 id 标识，用 ♯id 表达。下面的命令字段值关键字可用于关系类型描述：

I＝Intersect：相交；A＝Adjacent：相切（相邻）；R＝Cross：穿越；C＝Contain：包含 D＝Included：被包含。

关系表达应用如下：

```
{
    " relations": {"♯ eventID-100":[
        {
            "type": "A",
            "geometry": "♯111 "
        }
    ],"♯ eventID-101":[{}] }
}
```

通过关系表达可以查找公共边、临近几何、几何网络关系等。

2.5　海洋数据质量与安全

2.5.1　海洋数据质量问题

海洋 GIS 中数据质量的优劣，决定着系统分析质量以及整个应用的成败。研究海洋空间数据质量的目的在于加强海洋相关数据生产过程中的质量控制，提高海洋数据质量。

2.5.1.1　数据质量相关指标

（1）准确性（Accuracy）

数据准确性是指一个记录值（测量或者观察值）与它的真实值之间的接近程度。海洋空间数据的准确性通常是根据所指的位置、拓扑或者非空间属性来分类的，可以用误差（Error）来衡量海洋空间数据的准确性。

（2）精度（Precision）

数据精度表示数据对现象描述的详细程度。

数据精度和数据准确性的区别在于：精度低的数据不一定准确度也低，数据精度如果超出了测量仪器的已知准确度，这样的记录数字在效率上是冗余的。例如，在设计精度为0.1 mm 的数字化仪上测量返回的坐标数据为（10.11 mm，12.233 mm），其中就含有冗余的数据。

（3）空间分辨率（Spatial Resolution）

空间分辨率是两个可测量数值之间最小的可辨识的差异，可以看作是记录变化的最小幅度。例如，地图上最细线宽度对应的地理范围，遥感图像上一个像素代表的实际地理范围大小等。空间分辨率∞数据精度。

（4）误差（Error）

误差是描述测量值和真实值之间差别的量。在大部分情况下，误差的大小是很不准确的，因为待测量的真实值往往无法得到，研究如何给出误差大小的最佳估计以及误差传播规律，是很有用的。误差分析包括位置误差（如点、线、多边形的位置误差），属性误差，位置和属性误差之间的联系。

（5）不确定性（Uncertainty）

对于海洋 GIS 而言，数据的正确与错误并存，正常与异常并存，精确与粗糙并存，质量高与质量低并存，什么时候是正确的，什么时候是不正确的，这些都属于不确定性现象。不确定性是指某现象不能精确测得，当真值不可测或无法知道时，我们就无法确定误差，因而用不确定性取代误差。海洋 GIS 中数据的不确定性包括：位置的不确定性、属性的不确定性、时域的不确定性、逻辑上的不一致性以及数据的不完整性。研究不确定性可以更好地了解测量数据的性质。位置的不确定性是指海洋 GIS 中某一被描述的海洋对象的位置与其真实位置的差别。属性的不确定性是指某一物体在海洋 GIS 中被描述的属性与其真实属性之间的差别。时域的不确定性是指在描述海洋地理现象时，时间描述上的差别。逻辑上的不一致性是指数据结构内部的不一致性，尤其是指拓扑逻辑上的不一致性。数据的不完整性是指对于给定的目标，海洋 GIS 没有尽可能完全地表达该物体。

（6）相容性（Compatibility）

数据相容性指两个来源的数据在同一个应用中使用的难易程度。

（7）一致性（Consistency）

数据一致性是指对同一现象或同类现象表达的一致程度。

（8）完整性（Completeness）

数据完整性指具有同一准确度和精度的数据在类型上和特定空间范围内是否完整的程度。

（9）可得性（Accessibility）

数据可得性是指获取或使用数据的容易程度。

（10）现势性（Timeliness）

数据的现势性是指数据反映客观现象目前状况的程度。

2.5.1.2　海洋数据质量问题

海洋数据的质量问题存在于以下几个方面：

（1）海洋现象自身存在不稳定性

海洋时空现象在空间上的不确定性，指其在空间位置分布上的不确定性变化；海洋时空现象在时间上的不确定性表现为其在发生时间段上的游移性；海洋时空现象在属性上的不确定性表现为属性类型划分的多样性，非数值型属性值表达的不精确性。

（2）海洋时空现象表达的不确定性

　　海洋数据获取中的测量方法以及测量精度的选择等受到人类自身的认识、技术手段和表达形式的限制和影响,因此海洋数据的生成会出现误差,如遥感测量误差、地图投影误差、数值采样和量化误差等。

　　(3)海洋时空数据处理中的误差

　　在进行海洋数据全球网格化处理中,不管是采用等积网格化还是采用等角网格化,都会随维度不同而产生不同的海洋数据全球网格化误差。海洋数据格式转换过程中也会产生误差,在矢量数据和栅格数据之间的数据格式转换中,数据所表达的空间特征的位置具有差异性。在进行海洋数据尺度变换时,对数据进行聚类、归并、合并等操作时也会产生误差。在进行海洋数据集成处理中,来源不同、类型不同的各种数据集的相互操作过程中也会产生误差。海洋数据的可视化表达过程中,为适应视觉效果,需对数据的空间特征位置、注记等进行调整,由此产生数据表达上的误差。

　　(4)海洋时空数据使用的误差

　　在海洋时空数据使用中,对于同一种空间数据来说,不同用户对它的内容的解释和理解可能不同,从而会产生误差。由于缺少文档、缺少对某一地区不同来源的空间数据的说明,如缺少投影类型、数据定义等描述信息,这样往往导致数据用户对数据的随意性使用而使误差扩散。表 2-22 为空间数据的误差来源。

表 2-22 　　　　　　　　　　　　　　　**空间数据的误差来源**

数据处理过程	误差来源
数据采集	野外测量误差:仪器误差、记录误差; 遥感数据误差:辐射和几何纠正误差、信息提取误差; 地图数据误差:原始数据误差、坐标转换、制图综合及印刷
数据输入	数字化误差:仪器误差、操作误差; 不同系统格式转换误差:栅格—矢量转换、三角网—等值线转换
数据存储	数值精度不够; 空间精度不够:每个格网点太大、地图最小制图单元太大
数据处理	分类间隔不合理; 多层数据叠合引起的误差传播:插值误差、多源数据综合分析误差; 比例尺太小引起的误差
数据输出	输出设备不精确引起的误差; 输出的媒介不稳定造成的误差
数据使用	对数据所包含的信息的误解; 对数据信息使用不当

　　下面按数据来源分类,分别论述几种主要海洋数据源的质量问题。

　　(1)海洋遥感数据的质量问题

　　海洋遥感数据的质量问题,一部分来自遥感仪器的观测过程。遥感观测过程本身存在着精确度和准确度的限制,这一过程产生的误差主要表现为空间分辨率、几何畸变和辐射误差,这些误差将影响海洋遥感数据的位置和属性精度。另一部分来自海洋遥感图像处理和解译过程。遥感图像处理和解译过程中，主要产生空间位置和属性方面的误差。这是由图像处理中的影像或图像校正和匹配以及遥感解译判读和分类引入的，其中包括混合像元的解译判读所带来的属性误差。

（2）海洋台站观测数据的质量问题

海洋台站观测数据主要指使用 GPS、测深仪、断面流速仪和其他海洋物理、水文指标观测仪直接测量所得到的海洋现象的位置、水深、流速、温度、盐度、密度等数据。这部分数据质量问题，主要是位置误差、时间误差和属性误差。观测误差通常考虑的是系统误差、操作误差和偶然误差。系统误差的发生与一个确定的系统有关，它受环境因素（如温度、湿度和气压等）、仪器结构与性能以及操作人员技能等方面的因素综合影响而产生。系统误差不能通过重复观测加以检查或消除，只能用数字模型模拟和估计。操作误差是操作人员在使用设备、读数或记录观测值时，因粗心或操作不当而产生的，应采用各种方法检查和消除操作误差。一般地，操作误差可通过简单的几何关系或代数检查验证其一致性，或通过重复观测检查并消除操作误差。偶然误差是一种随机性的误差，由一些不可测和不可控的因素引入。这种误差具有一定的特征，如正负误差出现频率相同、大误差少、小误差多等。偶然误差可采用随机模型进行估计和处理。

（3）海图数据的质量问题

海图数据是现有纸质海图或其他纸质海洋资料，经过数字化或扫描处理后生成的数据。在海图数据质量问题中，不仅含有海图固有的误差，还包括图纸变形、图形数字化等误差。海图固有误差，是指用于数字化的海图本身所带有的误差，包括控制点误差、投影误差等。由于这些误差间的关系很难确定，所以很难对其综合误差做出准确评价。纸质材料变形产生的误差，这类误差是由于图纸的大小受湿度和温度变化的影响而产生的。数字化误差，是指数字化过程产生的误差。现在数字化一般采用扫描数字化，影响其数据质量的因素包括原图质量（如清晰度）、扫描精度、扫描分辨率、配准精度、校正精度等。

2.5.2　数据质量控制

2.5.2.1　质量评价

海洋数据质量的评价可以从微观和宏观两个方面进行，评价内容包括以下几个方面：

① 定位精度；

② 属性精度；

③ 逻辑一致性；

④ 分解力。

以上属于微观评价指标，宏观评价指标包括：

① 完整性；

② 时间性；

③ 数据档案；

④ 适用性。

2.5.2.2　误差分析

数据质量控制的最基本的方法是误差分析，一般在海洋数据获取阶段就进行初差的剔除、平差等处理。数据误差的类型可以是随机的，也可以是系统的。海洋数据的误差主要有四大类,即位置误差、属性误差、时间误差和逻辑误差。

（1）空间数据位置误差

空间数据表达的位置信息误差,在二维平面上主要反映在点（位置）误差和线（位置）误差上。关于某点的点误差即为测量位置(x, y)与其真实位置(x_0, y_0)的差异,即:

$$\begin{cases} \Delta x = x - x_0 \\ \Delta y = y - y_0 \end{cases} \tag{2-2}$$

为了衡量整个数据采集区域或制图区域内的点误差,一般抽样测算$(\Delta x, \Delta y)$。抽样点应随机分布于数据采集区内,并具有代表性。这样抽样点越多,所测的误差分布就越接近于点误差的真实分布。

线误差分两类:第一类是线上的点在真实世界中是可以找到的,如道路、河流、行政界线等,这类线性特征的误差主要产生于测量和对数据的后处理;第二类线是现实世界中找不到的,如按数学投影定义的经纬线、按高程绘制的等高线,或者是气候区划线和土壤类型界限等,这类线性特征的线误差及在确定线的界限时的误差,被称为解译误差。解译误差与属性误差直接相关,若没有属性误差,则可以认为那些类型界线是准确的,因而解译误差为零。线误差分布可以用 Epsilon 模型（等宽）或者误差带模型（不等宽）来描述。

（2）属性误差

属性误差是指数据非空间属性的调查值或记录值和真实值之间的差异,属性误差与普通信息系统中的误差概念是一致的。例如,海洋 GIS 中某岛屿的实际面积为 1 678 m^2,而记录值为 1 600 m^2,这就产生了属性误差。产生属性误差的原因,主要包括测算的不精确性、记录失误、属性遗失等。再如,某岛本来是有名岛,但由于属性信息的遗失,岛的名称字段丢失了,此岛的属性就出现误差。

（3）时间误差

时间误差是指由于时间粒度较大或某时刻信息丢失而引起的海洋数据观测值和真实值之间的差异,包括由时间引起的位置误差和由时间引起的属性或逻辑误差。例如渤海湾的温度、盐度、密度的观测,时间粒度设为 6 个月,就会引起温度、盐度、密度的观测值的误差,此为由时间误差引起的属性误差。对于海洋 GIS 而言,由于海洋现象的连续动态性,而通常只能进行时间轴的离散化,选取特定时刻进行观测,所以时间误差在所难免。理论上时间粒度越小,海洋相关观测数据就会越准确,相应误差就会越小,但时间粒度无限小在实际应用中是无法实现的,所以实际中要根据应用目的、研究对象确定海洋数据观测的时间粒度,以减少时间误差。

（4）逻辑误差

逻辑误差是从语义角度判断数据的合理性,位置误差、属性误差和时间误差都会造成逻辑误差。通过逻辑误差,有助于发现不完整的数据和其他三类误差。对数据进行质量控制或质量评价,一般先从数据的逻辑性检查入手。如图 2-30 所示,左图存在逻辑误差,因为停车场等一定是与道路相连的,如果没有道路通往停车场,一定是数据不完整,道路数据被遗失,图 2-30 中右图为对逻辑误差进行处理后的完整数据。如图 2-31 所示,上图为存在误差的海洋等深线图,粗体部分的等深线标注明显存在逻辑误差,下图为修正逻辑误差后的等深线。

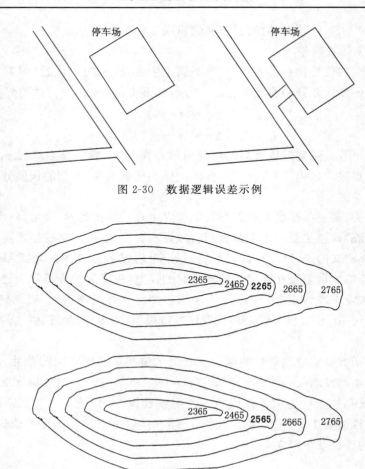

图 2-30 数据逻辑误差示例

图 2-31 等深线数据逻辑误差示例

2.5.2.3 质量控制

质量控制的内容包括:

（1）准确性和精密性审查

准确性表示测量值与真实值的一致程度,精密性表示多次测定同一重复样品的分散程度。对海洋环境数据的准确性和精密性的审查主要表现为判别海洋数据的合理性,即审查是否含有因误差而造成的异常值。判别异常数据,对海洋数据进行合理性分析是海洋 GIS 数据质量控制的重要内容。

（2）完整性审查

完整性是指获得有效海洋数据的总量是否满足预期的要求。主要表现在数据项目是否齐全,观测频次是否达到要求,其他必需的数据项是否有漏测漏报等。

（3）代表性审查

代表性是指数据能否客观地反映研究海域的海洋要素的时间、空间变化特征。在进行海洋数据的代表性审查时,需要审查观测站位、观测频率和观测时间是否符合海洋环境研究和检测工作的要求,同时注意审查海洋环境数据是否与观测日期及站位相对应。

（4）可比性审查

可比性是指在环境条件、观测方法、数据表达等可比条件下所获得海洋数据一致程度。在对监测数据时空可比性进行审核时，需要考虑获取数据所使用的规范、标准、仪器、分析方法等因素，若出现不合理的变化趋势，应合理分析。同时，需要对海洋环境数据来源、监测条件、分析处理方法及数据质量做出评估，方便在使用不同类型海洋数据时区别对待。

海洋数据质量控制是个复杂的过程，要控制海洋数据质量应从数据质量产生和扩散的所有过程和环节入手，分别用一定的方法减少误差。常见的数据质量控制方法有：

（1）传统手工方法

质量控制的人工方法主要是将数字化数据与数据源进行比较，图形部分的检查包括目视方法、绘制到透明图上与原图叠加比较，属性部分的检查采用与原属性逐个对比或其他比较方法。

（2）元数据方法

海洋数据集的元数据中包含了大量的有关数据质量的信息，通过它可以检查数据质量，同时元数据也记录了数据处理过程中质量的变化，通过跟踪元数据可以了解数据质量的状况和变化。

（3）地理相关法

用海洋数据的地理特征要素自身的相关性来分析数据的质量，如从海洋现象自然特征的空间分布着手分析，海洋涡一般位于水团的中部，如果提取的涡位于水团的边缘，就可能是原始数据存在质量问题，需要进一步分析。因此，可以建立一个有关海洋地理特征要素相关关系的知识库，以备各海洋数据层之间地理特征要素的相关分析之用。

2.5.3　海洋数据质量控制

海洋数据的质量是海洋地理信息科学生存和发展的基础，一套立足于全周期、针对海洋数据的质量控制方案是实现海洋时空大数据精确有效分析及应用的重要保证。

由于海洋数据具有多源、多类、多维、多尺度等特性，导致原本应用于传统工业产品的质量管理手段不能完全适用于对数据批量和内部关联有明显需求的海洋时空大数据产品。因此基于海洋数据特性，面向海洋数据的整个采集、处理、再生过程的质量控制理论研究，是海洋数据发展亟待解决的关键问题之一。结合海洋数据的特征，其质量控制理论的研究面临的挑战主要包括：

（1）如何制定适用于海洋时空大数据的质量检验方案

面对来源多样性、形式多样化以及具有空间相关性的海洋数据，如何基于其特点从海量数据中选择"适量的样本数据"，并根据数据的应用精度要求给出"合理的质量判定"，是海洋数据质量控制的首要问题。

（2）如何平衡海洋数据质量需求和信息冗余之间的关系

海洋数据的空间相关性使得质量检验中样本点的选择不同于传统的抽样方法，其数据间距离的远近制约了样本点之间的信息冗余度。充分考虑海洋数据质量的相关性，使得其在检验费用一致的情况下信息达到最大，是保障海洋数据质量控制方案有效实施的关键问题。

（3）如何界定和利用弱可用数据

海洋数据根据其质量检验结果可以分为可用数据和弱可用数据。由于海洋数据的获取途径不同,很多海洋数据具有不可逆性。研究海洋数据产品的可用性,对弱可用数据进行必要的数据清洗和自动修复,也是完善数据管理机制的关键问题之一。

针对上述问题,需要贯穿整个数据生命周期的数据质量控制机制,包括对数据质量维度上的约束、抽样方案的选择、质量检验标准的制定以及对弱可用数据的处理和自动修复方案等。

(4)海洋数据的质量维度与标准

数据质量本质上可以理解为数据对应用的适用性,并可以细分为数据质量相关的多种维度。数据质量的概念一般使用一致性、完整性、时效性、可用性以及可信性来描述,可以将上百个对数据质量有影响的因素归结为内在因素、应用因素、数据表述和数据存取4个大类。对于空间数据,现有研究提出了5个重要的数据质量评价要素,包括空间精度、主题精度、逻辑一致性、完整性和谱系。针对不同的数据质量维度,相关学者和机构也先后制定了相应的数据质量标准来对空间数据质量进行约束和界定。

(5)空间数据的抽样模型

抽样方法是处理海量信息的一种有效方法,通过选取少量样本代表总体,以较小的精度牺牲换取较大的效率提升,具有效率高、费用低等优点。在空间抽样调查方面,在样本不独立的情况下,Bootstrap算法通过引入二次抽样思想,大大提高了分布式计算环境下大数据质量评估的效率。在空间数据的抽样方面,基于分层抽样思想的"Sandwich"抽样模型通过考虑空间对象的自相关性,解决了空间异质性带来的问题。

(6)空间数据的质量检验模型

现有的针对空间数据的质量检验模型的研究主要集中于统计学理论和模糊集理论两方面。基于统计学理论的质量检验模型研究主要包括标准型、挑选型、调整型3种,现有研究主要体现在标准型质量检验模型和调整型质量检验模型以及两种模型结合的方法研究;模糊集理论方面主要有基于检验一阶、二阶的抽样检验模型,解决了模型中参数不确定的问题。

(7)数据可用性理论

一个空间数据集合的可用性包括数据的一致性、精确性、完整性、时效性和实体同一性。在数据的一致性方面的研究主要包括基于语义规则描述的研究和基于统计学描述方法的研究;在数据完整性方面经典研究是基于条件表的不完整数据表述系统;在数据精确性方面的研究较少;在数据时效性方面的研究主要是解决数据时效性的判定问题以及数据时效性的自动发现和修复问题;在数据的实体同一性方面的研究主要是实体同一性错误检测的问题。

(8)数据的自动检测与修复

数据错误的自动检测研究主要包括一致性和对实体同一性两方面。一致性错误的研究集中于对自动检测算法、分布式数据库检测方法的设计和探索。实体同一性方面主要是以最大化识别精度和最大化识别效率为目标的研究。在数据的自动修复方面,解决数据不一致问题主要采用传统的函数依赖所发现的数据不一致问题的研究。在解决数据实体同一性问题上采用的是数据融合技术。

2.5.4　海洋环境监测数据质量控制

下面以海洋环境监测数据为例介绍海洋相关数据的质量控制。

海洋环境监测数据质量直接影响海洋环境管理决策的科学性,准确可靠的监测数据是海洋环境科学研究和海洋综合管理的依据。美国国家环境保护局早就开展了监测质量保证与控制方面的工作,我国在海洋环境监测方案制定、站位布设、样品采集、样品存储与运输、实验室分析、数据报送、监测人员技术素质等环节的质量控制上积累了很多有益的经验,形成了一套行之有效的质控体系,对海洋环境监测工作的发展和监测质量的提高起到了很大的促进作用。

为保证计算分析结果的可靠性,在利用海洋环境监测数据进行分析评价、决策支持及相关科学研究之前,需要进一步对监测数据进行质量审查和质量控制。目前,海洋环境监测数据主要以人工的方式通过检验对数据进行逐个审核。这种审核方式要花费大量时间且审核效果不是很理想,所以应该采用计算机质量控制为主的方式进行海洋环境监测数据的质量检查和质量控制。

用于海洋环境监测数据的质量控制方法除了 2.5.2 中介绍的通用数据质量控制方法外,还有以下几种。

(1) 用海洋要素正常取值范围来控制

根据各监测项目专家经验、相关资料文献或历史海洋监测数据的统计值,确定海洋各要素正常取值范围,然后将每一监测值同对应要素的正常取值范围进行比较,如果超出了这一范围则认为是异常值,否则为正常值。

(2) 用海洋要素间的关系来控制

海洋要素间有着一定的联系,有些联系甚至还很密切,具有一定的规律性,利用这些联系性和规律性,来判断海洋监测数据的合理性。

(3) 用海洋要素时间关系来控制

海洋要素时间关系是指同一监测站位或区域、同一监测要素在不同监测时间的数值关系,包括年际监测及年内监测要素的数值关系。监测要素随时间变化的关系比较复杂,需要专家经验结合不同监测项目及监测区域环境特征对历年同一监测时段监测要素的数值变化、年际要素均值变化或年内各监测月份数值变化趋势做出定性判断,以此检验数据的合理性。

(4) 用海洋要素空间关系来控制

海洋要素的空间关系是指同一监测时段、同一监测要素在不同监测位置的数值关系。根据监测区域环境特征或不同区域同类监测对象资料的统计分析,确定不同空间位置监测要素值的定性关系,以此检验数据的合理性。

2.5.5　海洋数据安全

海洋数据应用涉及到国家许多行业的开展,因此,海洋数据的收集、处理、发布都存在着安全控制。安全控制的主要方式有物理隔绝和访问控制等。目前国内外针对数据安全的研究具有很强的针对性,下面将从数据存储安全、访问安全、计算安全、共享安全、监管安全等安全领域出发,描述现有的安全挑战及相应的解决方案。

2.5.5.1　海洋数据安全问题

信息化时代海洋数据安全与传统通信模式下的数据安全与隐私保护有显著不同,海洋数据呈现出典型的结构型特征,包括"一对多"(一个用户存储,多个用户访问)、"多对一"或"多对多"等数据安全与隐私保护模式。从数据的业务流程上看,对海洋数据的管理可以分为数据存储服务、数据访问服务、数据计算服务、数据共享服务和数据监管服务；从而，海洋数据的安全问题可以简单概括为"存得住、易共享、可计算、查得到、能监管"。海洋数据安全与隐私保护的需求问题集中体现在上述 5 个环节上，分别面向海洋数据的存储安全、访问安全、计算安全、共享安全和监管安全。

① 从斯诺登事件人们已经意识到，如果大数据未能妥善存储，会对用户的隐私造成极大的危害。海洋数据的存储手段往往依赖于服务器/节点的存储安全或节点本身的可信性，无法抵抗节点管理者或黑客对数据的窃取或篡改。如果对数据不加甄别而直接利用，往往会导致错误的结论。

② 大数据的访问控制是实现数据受控共享的有效手段。海洋数据可能用于不同的场景访问中，因此，海洋数据被多个不同用户、不同角色、不同密级的人访问，其访问控制需求也十分突出。传统的访问控制技术主要依赖于对数据库的访问控制，一旦数据库管理者或者服务提供商出现了恶意行为，数据的访问控制将难以确保安全，从而对机密数据和用户隐私造成侵害。

③ 计算分析是海洋数据的一个重要应用。一般通过大数据服务商提供计算服务或者通过外包的方式进行计算服务，因此，如何在保护数据隐私与机密性的前提下实现数据的有效计算与分析，是海洋数据的重要需求。同时，它能够克服目前已有同态算法效率低下的缺陷，提高计算与分析的效率，保证数据的适用性。

④ 在海洋数据共享与分发过程中，由于用户/节点的密钥可能被有意或无意泄露，导致数据被泄露或被非法窃取，无法实现云环境下数据共享和分发机制的健康运行。由于现代密码技术往往仅依赖于密钥的安全性，如果无法对泄露者的密钥进行追踪和撤销，数据的安全体系可能会整体瓦解。

⑤ 对海洋数据监管是保证海洋数据安全的又一重要手段。在数据存储、计算、共享与分发的过程中，恶意用户可能会插入伪造数据，普通用户也可能无意插入错误数据，如果缺少有效的监管监控都有可能导致数据利用环节出现问题。监管监控的措施包括：拦截与删除违法信息，减少和降低冗余开销，检验存储内容完整性，验证计算结果的正确性等。

综上所述，只有确保这 5 个环节中海洋数据的机密性、完整性、一致性、可用性、可控性等安全属性，才能完整地保护海洋数据安全与隐私。

2.5.5.2　海洋数据安全对策

海洋数据的特殊性决定传统的数据安全与隐私保护方法在海洋数据环境中的应用已受到严重制约。因此，面向海洋数据的特点，需要从数据存储安全、访问安全、计算安全、共享安全、监管安全 5 个方面研究与设计数据安全与隐私保护方案。

（1）海洋数据的存储安全

在海洋数据存储中，现有的存储安全依赖于服务器/节点的安全或节点本身的可信性。为了改变这种现状，需要研究基于密文的数据存储来抵抗节点管理者或黑客对数据的窃取或篡改，并且将数据访问的管理权交予多个不同的管理者，以减小因为单一管理者的恶意行为而带来的数据损失。同时，在密文存储结构中对数据进行完整性检验和数据存储证明，因此需要支持密文存储的数据隐私保护技术来实现存储安全。

（2）海洋数据的访问安全

在海洋数据访问中,海洋数据被多个不同用户、不同角色、不同密级的人访问,传统对明文的访问控制技术主要依赖于对数据库的访问控制,难以对非可信的大数据平台实施基于密文的访问控制。采用了基于密文的数据存储技术后,需要支持密文检索、支持细粒度访问、支持"与、或、非"逻辑功能的灵活丰富访问和基于密文数据的索引、搜索等的数据隐私保护来实现访问安全。

（3）海洋数据的计算安全

在海洋数据计算分析中,所需要的输入/输出均应该以密文形式进行传递,因此,需要研究实现密文的直接计算,而不是将密文进行解密后再计算。在海洋数据计算分析过程中,需要支持密文的线性方程组求解、数据分析与挖掘、图像处理、全同态加/解密等数据隐私保护来实现计算安全。

（4）海洋数据的共享安全

海洋数据共享依赖于用户的密钥,确保云环境下基于密文的数据共享和分发机制的健康运行,因此,需要支持数据泄露时可追踪技术、访问权限撤销技术等数据隐私保护技术来实现共享安全。同时,在面对海量数据时,需要支持密文数据的批量共享与分发,因此,需要研究海洋数据隐私方案的优化和高效实现策略,以提高数据批量处理能力。

（5）海洋数据的监管安全

在海洋数据监管中,为了保证数据的有用性,数据存储、计算与共享的过程中需要有效的监管监控,包括拦截与删除违法信息、减少和降低冗余开销、存储内容完整性检验、计算结果正确性验证和敏感信息提炼挖掘等。在监管监控时,还需要对个人的隐私保护和大数据的监管监控进行协调处理,因此,需要有效的监控与监管手段来实现监管安全。

2.6　海洋数据元数据

2.6.1　海洋数据元数据的概念

2.6.1.1　海洋数据元数据的定义

根据国际标准化组织（International Organization for Standardization,ISO）定义,元数据是关于数据的数据,即描述有关数据的内容、质量、状况和其他特性的数据。常见的元数据有图书馆卡片、磁盘的标签、地图的制图元素（图名、图例、比例尺、制图单位、制图时间等）等。海洋数据元数据是关于海洋要素和现象数据的标识、覆盖范围、质量、空间和时间模式、空间参照系和分发等方面特征的描述数据。海洋数据元数据是为了方便用户使用海洋主体数据、实现数据规范共享,其已从简单的描述或索引发展为用于管理数据、发现数据、使用数据的一种重要工具和手段。海洋数据元数据应尽可能多地反映海洋数据集自身的特征规律,以便于用户对海洋数据集进行准确、高效与充分的开发与利用。不同海洋研究领域的数据库,其元数据的内容会有很大差异。科学界关于元数据认识的共同点是元数据的目的就是促进数据集的高效利用,通过元数据可以检索、访问数据库,可以有效利用计算机的系统资源,可以对数据进行加工处理和二次开发等。

2.6.1.2　海洋数据元数据的内容

海洋数据元数据的内容包括以下几个方面:

① 对数据集的描述，如数据集中各数据项、数据来源、数据所有者及数据序代（数据生产历史）等的说明。

② 对数据质量的描述，如数据精度、数据的逻辑一致性、数据完整性、分辨率、元数据的比例尺等。

③ 对数据处理信息的说明，如量纲的转换等。

④ 对数据转换方法的描述，如某海域温度场网格数据由海洋温度数值产品生成等。

⑤ 对数据库的更新、集成等的说明，如数据库1年更新1次等。

如图 2-32 所示为一个元数据系统所包含的元数据内容，包括数据生产者、生产时间、数据质量、空间参照系、数据内容、其他属性等。

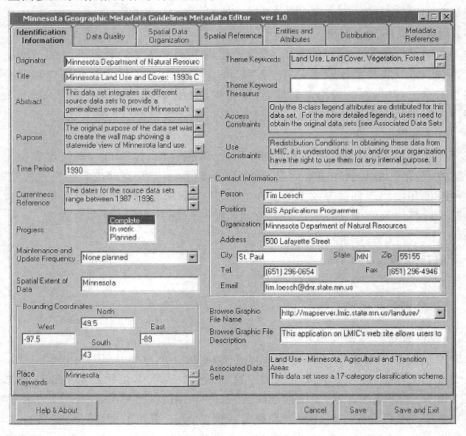

图 2-32　元数据系统

2.6.1.3　海洋数据元数据的分类

（1）根据元数据的内容分类

① 科研型元数据，其主要目标是帮助用户获取各种来源的海洋数据及其相关信息，它不仅包括如数据源名称、作者、主体内容等传统元数据，还包含数据拓扑关系等。这类元数据的任务是帮助科研工作者高效获取所需的海洋数据。

② 评估型元数据，主要服务于海洋数据利用的评价，内容包括海洋数据最初收集情况、

收集数据所用的仪器、数据获取的方法和依据、数据处理过程和算法、数据质量控制、采样方法、数据精度、数据的可信度、数据潜在应用领域等。

③ 模型元数据,用于描述数据模型的元数据,与描述数据的元数据在结构上大致相同,其内容包括模型名称、模型类型、建模过程、模型参数、边界条件、作者、引用模型描述、建模使用软件、模型输出等。

(2)根据元数据描述的对象分类

① 数据层元数据,指描述海洋数据集中每个数据的元数据,内容包括日期邮戳、位置戳、量纲、注释、误差标识、缩略标识、存在问题标识、数据处理过程等。

② 属性元数据,是关于海洋现象属性数据的元数据,内容包括为表达海洋数据及其含义所建的数据字典、数据处理规则(协议),如采样说明、数据传输线路及代数编码等。

③ 实体元数据,是描述整个海洋数据集的元数据,内容包括海洋数据集区域采样原则、数据库的有效期、数据时间跨度等。

(3)根据元数据的层次分类

① 系统级别元数据,指用于实现文件系统特征或管理文件系统中海洋数据的信息,如访问海洋数据的时间、数据的大小、在存储级别中的当前位置、如何存储数据块以保证服务控制质量等。

② 应用层元数据,指有助于用户查找、评估、访问和管理海洋数据等与数据用户有关的信息,如文本文件内容的摘要信息、图形快照、描述与其他数据文件相关关系的信息。它往往用于高层次的数据管理,用户通过它可以快速获取合适的数据。

(4)根据元数据的作用分类

① 说明元数据,是为用户使用海洋数据服务的元数据。它一般用自然语言表达,如源数据覆盖的空间范围、源数据图的投影方式及比例尺的大小、海洋数据集说明文件等。这类元数据多为描述性信息,侧重于海洋数据库的说明。

② 控制元数据,是用于计算机操作流程控制的元数据,这类元数据由一定的关键词和特定的句法来实现。其内容包括海洋数据存储和检索文件、检索中与目标匹配方法、目标的检索和显示、分析查询结果排列显示、根据用户要求修改数据库中原有的内部顺序、数据转换方法、空间数据和属性数据的集成、根据索引项把数据绘制成图、数据模型的建立和利用等。这类元数据主要是与海洋数据库操作有关的方法。

2.6.1.4　海洋元数据的作用

海洋数据元数据的建立是使海洋数据充分发挥作用的重要条件之一,它可以用于许多方面,包括海洋数据文档建立、数据发布、数据浏览、数据转换等。海洋数据元数据对于促进海洋数据的管理、使用和共享均有重要的作用。

① 帮助海洋数据生产单位有效地管理和维护海洋数据、建立数据文档,并保证即使其主要工作人员离退时,也不会失去对数据情况的了解。

② 提供有关海洋数据生产单位数据存储、数据分类、数据内容、数据质量、数据交换网络及数据销售等方面的信息,便于用户查询检索相关海洋数据。

③ 帮助用户了解海洋数据,以便就海洋数据是否能满足其需求做出正确的判断。

④ 提供有关海洋数据的信息,以便用户处理和转换有用的海洋数据。

⑤ 在空间数据及其应用迅速发展的今天,元数据成为数据共享和有效使用的重要

工具。

2.6.2 海洋数据元数据的应用

2.6.2.1 海洋数据元数据的功能

随着 GIS 数据共享的日益普遍,管理和访问大型数据集正成为数据生产者和用户面临的突出问题。数据生产者需要有效的数据管理、维护和发布办法,用户需要找到快捷、全面和有效的方法,以便发现、访问、获取和使用现势性强、精度高、易于管理和易于访问的 GIS 数据。在这种情况下,数据的内容、质量、状况等元数据信息变得更加重要,成为数据资源有效管理和应用的重要手段。数据生产者和用户都已认识到元数据的重要价值和功能。元数据的功能主要有包括以下几个方面。

（1）描述功能

描述功能是元数据最基本的功能,海洋数据元数据应当能比较完整地反映出海洋数据对象的全貌,包括海洋数据对象的获取时间、获取海域、获取方式、尺度大小、数据精度、数据处理情况等等。

（2）检索功能

检索功能是利用元数据来更好地组织数据对象,建立各海洋数据对象之间的关系,为用户提供多层次、多途径的检索体系。一个完整的海洋数据库除应提供空间数据和属性数据外,还应提供丰富的引导信息,以及由纯数据得到的分析、综述和索引等。通过此类元数据,用户可对空间数据库进行浏览和检索。

（3）选择功能

选择功能是支持用户在不必浏览海洋数据对象本身的情况下,能够对数据对象有基本的了解和认识,从而决定对检出信息的取舍。可以根据元数据中数据集尺度信息选择适合研究目标尺度的数据集等。

（4）评估功能

评估功能是保存海洋数据资源被使用和被评价的相关信息。可以根据元数据中描述的数据集所覆盖的海域来评估是否符合特定应用的要求,可以根据元数据中数据集精度的描述来评估数据集的质量等。

（5）数据质量控制功能

数据质量控制功能是指元数据可以作为其描述的数据对象的质量控制方法之一,通过海洋元数据可以查看原始数据集的获取方法、精度、分辨率等信息,这为海洋数据集的质量控制提供了不可或缺的信息和方法。

2.6.2.2 海洋数据元数据的应用

（1）在数据获取中的应用

通过海洋数据元数据,用户可对海洋相关数据库进行浏览、检索和研究等。元数据描述海洋数据的内容、覆盖范围、精度、尺度、获取时间、获取方式等原始数据集的概括性信息,通过这些信息用户可以明白"这些数据是什么数据?"、"这个数据库是否有用?"等问题。此类概括性信息可以帮助用户在海量数据中检索到自己需要的海洋相关数据并获取到它们。

（2）在数据集成中的应用

基于元数据可以实现对数据自动解译与处理,使得不同格式、精度、类型的数据可以很好地协同完成一个指定的任务。数据集层次的元数据记录了数据格式、空间坐标体系、数据的表达形式、数据类型等信息,系统层次和应用层次的元数据则记录了数据使用软硬件环境、数据使用规范、数据标准等信息。这些信息在数据集成的一系列处理中,如数据空间匹配、属性一致化处理、数据在平台之间转换等应用中是必要的,这些信息有助于系统有效地控制数据流。

（3）在数据质量控制中的应用

海洋数据质量控制内容包括:有准确定义的数据字典以说明数据的组成、各部分的名称、表征的内容等,有足够的说明数据来源、数据的加工处理、数据解译的信息。这些要求可通过海洋元数据来实现。

（4）在信息共享中的应用

海洋信息覆盖范围广、动态性强、信息量大、类型繁多,信息结构和技术管理支撑复杂,并涉及相互联系的众多学科和领域。任何个人、单位、部门乃至国家,都无力独立完成对全球海域范围内时空信息的采集、处理、解译、存储、传输和应用等任务。海洋地理信息全球共享的必要性已成共识,包括个人之间、单位之间、部门之间、地区之间、国家之间和全球范围的海洋信息共享,这可以通过海洋数据元数据来完成。大多数国家的海洋信息共享设施都提供元数据搜索机制。

2.6.3　海洋测绘元数据

2.6.3.1　海洋测绘元数据的确定原则

（1）完整性

即根据海洋测绘信息的涵盖范围和使用要求,要完整表现出对提供的海洋测绘信息的说明,特别是核心元数据不能缺项。

（2）准确性

即需要对有关基础理论有全面了解,准确而简捷地把描述海洋测绘信息数据集的主要特征的数据整合起来。

（3）一致性

即元数据内容在结构上要合理,要表现出核心元数据类内和类间复杂的逻辑关系具有内在的逻辑一致性,且具有不破坏整体结构的修改和扩展空间。

（4）与其他标准的兼容性

由于元数据也是其他标准的高度概括,因此在确定元数据内容时,要充分调研已有标准,尽量采用已颁布标准,并与之兼容,不能发生冲突。

2.6.3.2　海洋测绘元数据的内容

（1）数据集标识信息

集中说明海洋数据集名称、发布时间、版本、语种、摘要、现状、空间范围、分辨率、测量或编图比例尺、信息类别,遵守的标准、法律和安全限制,采用的海上浮标制度、通航制度、数据格式、联系方法等。

（2）数据集质量信息

集中说明海洋数据集的完整性(内容是否齐全)、逻辑一致性(在概念、值域、格式、拓扑关系等方面的一致程度)、位置精度、时间精度、属性精度、验潮方式、水位改正方法、质量保证措施、数据生产过程（数据志）和测量方式等有关质量问题。

（3）空间参照系统信息

集中说明海洋数据集使用的空间参照系统，如水平基准面及转换参数、深度基准面、高程基准面和数据度量单位等。

（4）数据集内容信息

集中说明海洋数据集内要素的主要类型、名称，以及相应属性的名称、编码、定义等，这有些类似于现在的数字海图数据字典，但只取和提供的数据集有关的内容。

（5）数据集分发信息

集中说明海洋数据集的分发者和获取数据的方法和途径。

（6）核心元数据参考信息

集中说明海洋核心元数据发布或更新的时间，以及建立海洋核心元数据单位的联系方法等。

2.6.4 海洋核心元数据

2.6.4.1 海洋核心元数据的内容

海洋核心元数据是关于海洋数据的数据，即有关海洋方面数据的描述性信息。海洋核心元数据是关于数字海洋数据标识、时间、空间、项目和分发等方面特征的描述信息。海洋核心元数据分为两级：第一级是那些唯一标识一个海洋核心数据集所必需的元数据元素，也称为核心元数据；第二级是那些建立完整的海洋核心数据集文档所需要的全部元数据元素。海洋核心元数据的目的是方便用户使用海洋主体数据、实现海洋数据共享，它已从简单地描述或索引发展为用于管理数据、发现数据、使用数据的一种重要工具和手段。

2.6.4.2 海洋核心元数据的作用

① 海洋数据生产者可以利用核心元数据对他们生产的海洋数据进行详细的说明。

② 海洋数据使用者可以利用核心元数据了解所需海洋数据的基本特征，从而决定是否使用该数据，以及怎样有效地使用。

③ 网络用户可以利用网上发布的海洋核心元数据，对海洋数据进行发现、检索和使用，通过海洋核心元数据可以更好地确定海洋数据的位置，访问、评价、购买、共享海洋数据更方便快捷。

第 3 章　海洋数据的获取

3.1　海洋数据获取的尺度和基准

3.1.1　海洋数据获取的时空尺度

3.1.1.1　海洋现象时空尺度

空间和时间是两个密不可分的概念。GIS 的最根本特点就是强调空间性,强调地理实体的空间分布和空间状态。在陆地 GIS 中由于地理现象变化比较缓慢,为了表达和处理方便,通常忽略其时间性。但海洋 GIS 处理的对象是始终处于连续变化中的海洋现象和海洋要素,必须强调时间概念,所以在海洋 GIS 中考虑的数据获取尺度毫无疑问是时空尺度。所谓的海洋时空尺度是指海洋要素和现象在空间上的延展和在时间上的持续所具有的一定尺度。从研究和应用角度看,海洋时空尺度可以理解为研究和处理海洋对象所采用的时空单位,也可以视作海洋现象在空间上所涉及的范围和时间上所发生的频率和频度。

海洋 GIS 中尺度的概念涉及三个方面。

(1)空间尺度

海洋 GIS 空间尺度是指海洋 GIS 中的研究对象或研究数据所涉及的空间范围的大小。海洋空间数据依据空间范围的大小及相对应的对象特征分为不同的尺度。例如,海洋水色可以分为全球整个海域的海洋水色数据、区域大洋海洋水色数据(如太平洋)、局部海域(如胶州湾)海洋水色数据和特定局部小区域(如渤海湾入海口 10 km 范围内)海洋水色数据 4 个不同空间尺度。相同的数据源形成并再现不同空间尺度规律的数据,即派生出具有内在一致性的多个空间尺度的数据集。原始信息在其派生的具有内在一致性的多个空间尺度上的分布具有内在的连续性,大尺度上的信息由其各个子尺度的信息抽象概括而成。这是海洋数据进行空间多尺度表达的基础。

(2)时间尺度

海洋 GIS 时间尺度是指海洋数据发生的时间间隔(频率)和持续的时间长度(频度)。海洋 GIS 时间尺度与空间尺度具有一定的联系,一般较大的空间尺度对应于较慢的时间频率和较长的时间频度,而较小的空间尺度则对应于较快的时间频率和较短的时间频度。例如,全球范围内的厄尔尼诺现象发生的时间间隔为 3~4 年,持续时间长度为 0.5~1 年,而中国南海的风暴潮每年都会发生,每次从形成至消亡持续几日。

(3)语义尺度

海洋 GIS 语义尺度是从概括、抽象和描述海洋现象的语义角度定义的,是描述海洋形态语义变化的强弱幅度以及属性内容的概括性大小。海洋 GIS 语义尺度和空间尺度、时间尺度相联系,一般较大的时空尺度下所具有的语义尺度具有较高的抽象概括能力,而较低的语义尺度往往和较小的时空尺度相联系。例如,厄尔尼诺现象属于大语义尺度,其和特定空间尺度——全球、特定时间尺度——年相联系。很多情况下语义尺度是通过时空尺度来进行限定的。例如,全球气候变化,是通过空间尺度——全球进行限定构成大的语义尺度,而其属性特征因为语义尺度大而更具概括性。

如图 3-1 所示为不同语义尺度下的海洋现象。

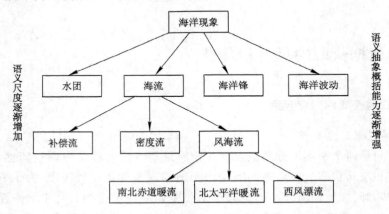

图 3-1　海洋现象 4 级语义尺度

3.1.1.2　时空分辨率

（1）空间分辨率

空间分辨率是指像素所代表的地面范围的大小,即扫描仪的瞬时视场或地面物体能分辨的最小单元。遥感影像的分辨率是指遥感影像上能够识别的两个相邻地物的最小距离。尺度和分辨率是一对紧密联系的概念。

① 空间分辨率与空间尺度。空间分辨率与空间尺度存在着一定的对应关系,即大的空间尺度对应着小的空间分辨率,海洋数据涉及的空间范围大,更能反映信息的总体特征,而反映海洋对象的细节差一些;而小的空间尺度对应于大的空间分辨率,海洋 GIS 数据能更细致地描述海洋对象的细节特征,但数据涉及的空间范围小,反映信息的总体特征差一些。因此,空间分辨率大小的选取与研究区域的空间尺度、研究目标粒度有着密切的关系。

② 空间分辨率与有效尺度。用某一空间尺度的海洋遥感影像数据进行海洋现象特征提取,只能提取与该空间尺度相对应的形态特征;而对于大于或小于此空间尺度的现象特征,均不能达到理想的提取效果,此即有效尺度或最佳尺度。有效尺度的选择要结合空间分辨率进行,还需要根据具体海洋现象区别对待。如果海洋现象的几何形态尺寸正好等于空间分辨率的大小,但在扫描成像的过程中,该几何形态被扫描到两个相邻的像元中,这就出现了混合像元的问题。即使几何形态的尺寸大于空间分辨率,但在成像的过程中出现混合像元的问题时该几何形态在影像上也不能很好地表达。如果该海洋现象的几何特征明显,例如强水色锋等线性特征,即使其横断面尺寸小于空间分辨率的大小,但由于其在影像中明显的线状特征,在遥感影像中也能进行很好的表达。

（2）时间分辨率

海洋 GIS 中不仅存在空间分辨率，还存在时间分辨率，因为海洋现象通常涉及时间序列和时空过程。海洋 GIS 中的时间分辨率就是研究海洋现象所选用的时间粒度。根据百度百科，时间分辨率是指在同一区域进行的相邻两次遥感观测的最小时间间隔，对轨道卫星亦称覆盖周期，时间间隔大，时间分辨率低，反之时间分辨率高。

时间分辨率和时间尺度具有一定对应关系，时间尺度越大，时间分辨率就越低，越能反映海洋现象的总体发展变化特征；时间尺度越小，时间分辨率越高，越能反映海洋现象的动态变化细节。按照时间尺度和时间分辨率可以将海洋现象分为 4 类：① 短期海洋现象，如海浪、风暴潮；② 中期海洋现象，如海洋水团、海洋温度按月份变化情况等；③ 长期海洋现象，如厄尔尼诺现象；④ 超长期海洋现象，如海洋古生物的发展变化等。

时间分辨率也会受到空间尺度的影响，在海洋 GIS 中，对于大空间尺度的海洋现象，一般选小时间分辨数据进行研究。

3.1.2　海洋数据测绘基准

测绘基准的建立和维持是测绘领域的基础性工作，基准一旦建立，就具有相应的法律效应。为满足测绘信息位置表征和物理表征的需要，测绘基准总体分为位置基准和重力基准两大类。建立海洋测绘基准是海洋测绘工作的一项基本任务。在海上，人们无法利用传统的大地测量方法均匀地布设高精度的大地测量控制点，只能通过辅助测量手段将陆地测量基准扩展到海岸地带，以形成能够满足各种海洋定位要求的基准体系。

同陆地上的测绘一样，海洋测绘的数据成果也必须纳入一定的参考框架内才有意义。为了表示海洋地理环境和物理环境信息，我们需要知道测量点的椭球面位置、高程或深度、地球重力场信息以及海水温度、盐度、密度等信息。海洋测绘信息表达的基准是大地测量基准在海洋及其他水域的扩展，是大地测量基准的重要组成部分，分为空间位置信息的平面基准和垂直基准，以及地球物理测量信息的重力基准和磁力基准。上述各类基准共同构成现代海洋测绘建设的基础设施。海洋 GIS 所关注的主要是空间位置基准，即平面基准和垂直基准。在高精度空间技术快速发展的背景下，海洋测绘基准的建设、维持与精化日益成为重点研究内容。

3.1.2.1　海洋测绘水平基准

在海上，人们无法利用传统的大地测量方法均匀地布设高精度的大地测量控制点，只能通过附加测量手段将陆地测量基准扩展到海滨沿岸，以形成能够满足各种海洋定位要求的基准体系。平面定位基准包括参心坐标系和地心坐标系，例如我国 1954 年北京坐标系和 1980 西安坐标系，均为参心坐标系，CGCS2000 国家大地坐标系为地心坐标系。参心坐标系，在一定的测量范围内与该地区的大地球体能较好吻合，但离定位点越远，坐标误差就越大。随着科学技术的发展，相对定位难以满足全球高精度航行定位的需要。地心坐标系下，总椭球体与某一局部的大地球体比较，不一定是最吻合的，但就地球总体而言，它的主要参数能最恰当地表达地球的形状和大小。海洋测绘水平基准一般采用全球统一定位基准 WGS—84 世界大地坐标系，其属于地心坐标系。

随着空间大地测量的发展，近年来大地测量基准已经趋向于用空间数据或空间数据与地面数据联合定义。20 世纪 80 年代以来，我国空间大地测量已经取得了一大批重要成果，尤其是参与国际联测的 SLR 和 VLBI 测量成果以及在"八五"和"九五"期间分别由国家测绘局和总参测绘局陆续完成的覆盖全国范围的 GPS A、B 级观测网和一、二级观测网。其中 A、B 级网各由 30 个点和 800 个点组成，A 级网的平均边长为 650 km，B 级网的平均边长为 150 km，一、二级网各由 40 多个点和 900 多个点组成。这些重要的空间大地测量成果将为建立高精度海洋大地测量基准提供强有力的物质保障。

为了构建海洋测量平面控制基础，同时考虑到我国海洋测量实际需求的具体情况，利用国家高精度 GPS 大地控制网的数据资料，建立起初步的由现代空间大地测量技术支持的海洋测量平面控制网。该控制网由分布于我国大陆及部分岛屿上的 285 个国家 B 级 GPS 测点组成，测点选择既顾及了全国覆盖面的完整性，又考虑到了海洋测量局部应用的实际需求，因此，三分之二以上的测点都集中在我国沿海 200 km 左右的带宽内。测点类型包括多普勒点、水准点、形变点、海岛点和验潮站点。该控制网包含两组数值成果：第一组对应于 WGS—84 坐标系统，内容包括测点三维大地坐标、三维空间直角坐标、海拔高和高程异常；第二组对应于北京新 54 坐标系统，内容只包括测点三维大地坐标和三维空间直角坐标。

3.1.2.2　海洋测绘垂直基准

垂直基准作为海洋测绘基准的分支体系，在现代海洋测绘基准建设中具有突出的地位，与陆地垂直基准——高程基准相比，具有更明显的特殊性以及概念和构建与维持方法的扩展性。现代海洋测绘垂直基准体系的整体架构的确定和发展，对海道测量作业和海洋空间信息产品生产具有越来越重要的理论和现实意义。

海岸带地形测量、沿岸水深测量、近海水深测量以及中远海水深测量在垂直基准方向上涉及到的基准面主要有参考椭球面、大地水准面、1985 国家高程基准、平均海面和深度基准面等。

（1）海洋垂直基准的分类

海洋区域的垂直基准可概括为如下三类。

① 纯几何意义的垂直基准。几何大地测量意义的地球椭球面基准，是全球统一的高精度连续的垂直参考面，是为海域任意空间点提供大地高程信息的参考基准。

② 由动态物理海洋过程和海洋效应决定的垂直基准，主要指有关的特征潮面。重要的特征潮面包括平均海面、平均高（低）潮面以及基于某种准则定义的最高（低）潮面。这类基准面通常称为潮汐基准面，是海道测量成果表达的应用垂直基准，常用的有平均海面、海图深度基准面、平均大潮高潮面。平均海面是滤除掉波浪和潮汐效应的似稳态海面，特定地点的平均海面用于确定区域高程基准，任意点的平均海面又是确定海图深度基准面和平均大潮高潮面的直接参考面，不论在大地测量学、海道测量学还是物理海洋学中都具有重要的意义。平均海面相对于地球椭球面的起伏将海道测量应用的垂直基准面与大地坐标系联系起来，是海洋测绘与现代大地测量技术相结合的纽带。

③ 由稳态的地球重力场决定的重力等位面基准，反映地球重力场作用的垂直基准，包括大地水准面和似大地水准面。其中，该类基准又包含全球和局部基准体系，全球大地水准面是和全球平均海面最为密合的地球重力等位面，而据估算，全球意义的似大地水准面和大地水准面之间仅存在毫米以下量级的偏差。因此，在目前的应用需求下，可视为海洋区域的大地水准面和似大地水准面重合。局部意义的大地水准面和似大地水准面是陆地局部高程基准参考面向海域的自然延展。而平均海面相对于大地水准面的起伏，即海面地形，反映着

稳态海流和海水温度、盐度分布差异的特征,该差异体现为零频意义海面与等位意义理想海面的偏差,联系于大地测量学和物理海洋学的相关理论。

(2) 常用垂直基准的定义

① 平均海平面的概念与算法。平均海平面亦称海平面,指某一海域一定时期内海水面的平均位置,是大地测量中的高程起算面,由相应期间逐时潮位观测资料获得,高度一般由当地验潮站零点起算。

假如水位观测是连续曲线 $y(t)$,则 T 时间内的平均海平面可表示为:

$$MSL_T = \frac{1}{T} \int_0^T y \mathrm{d}t \qquad (3-1)$$

式中,MSL_T——平均海平面高度。

一般情况下,验潮站的水位观测值取为时间间隔为 1 h 的观测序列,因此,实际计算时常用的方法是直接对一定时间周期(同时也近似地认为潮汐周期,如 24 h、1 个月、1 年和多年等)的观测值直接取算数平均:

$$MSL_n = \frac{1}{n} \sum_{i=1}^n h_i \qquad (3-2)$$

式中,h 为水位观测值;n 为观测个数,对一天的观测值取其值为 24,1 个月、1 年和多年均取其实际观测个数。也可由短期平均海平面计算长期平均值,即在日平均海平面的基础上计算月平均海平面、月均值求年均值及年均值求多年平均值,这些平均海平面分别称为日、月、年和多年平均海平面。

平均海平面的计算对非潮汐成分的消除程度取决于所用水位数据的观测时间长短。利用长时间的潮汐观测数据,采用算数平均可以很好地消除非潮汐因素的影响,获得较高精度的海平面高度。由于所取观测时间长度不可能刚好为各分潮的整周期,因此,平均海平面受剩余潮汐成分的影响,而且短期平均海平面还包含着长周期分潮的贡献。另外,非潮汐因素(主要由气象原因引起)在不同时间长度内表现不同性质,在足够长时间内可视为噪声,而短时间内具有一定的规律性,这使得不同时间长度的平均海平面稳定性不同。

各年平均海平面的计算值可视为对理想的无扰动海平面的等精度观测值,按直接平差原理得到的、作为理想无扰动海平面估计值的、多个年平均海平面的、平均值及作为单位权方差估值的各年平均海平面的精度指标:

$$MSL_{my} = \frac{1}{n} \sum_{i=1}^n MSL_{yi} \qquad (3-3)$$

$$\sigma_0^2 = \frac{1}{n-1} \sum_{i=1}^n (MSL_{yi} - MSL_{my})^2 \qquad (3-4)$$

而多年平均海平面的方差为:

$$\hat{\sigma}_{my}^2 = \frac{\sigma_0^2}{n} \qquad (3-5)$$

可见,随着年数 n 的增加,多年平均海平面具有较高的精度,可视为理想的无扰动海平面,并可作为时间尺度平均海平面变化的比较基准。平均海平面的长期趋势性变化,特别是海平面上升已引起大地测量学家和海洋学家的关注,成为多学科交叉研究的课题之一。

② 海图深度基准面定义。海图深度基准面是海图上水深的起算面。从深度基准面至水底之间的垂直距离称为"图载水深"。深度基准面通常位于当地平均海面下某一深度值

处，它与平均海平面的距离视当地的潮差大小而定。海图深度基准面确定得是否适当，直接影响着海图的使用、航道的利用、海港工程建设、海域划界以及基准统一。因此，在选择深度基准面时应满足以下三点基本原则。

充分保证舰船的航行安全。舰船在实际应用海图进行航海、作业时，获取某点的水深是依据海图所标注的该点的图载水深，再按照潮信资料实施潮位恢复后，得到的该点在不同时间段的不同的实际水深，如果海图深度基准面定得过高，将有很多天的低潮面在深度基准面以下，这样会出现图载水深大于实际水深。如果仅仅参考海图的图载水深航行、停泊，很可能发生舰船搁浅等事故。因此，安全准则要求设定的海图深度基准面应该足够低，使得按该面归算的海图所载稳态水深有足够高的安全可信度，以便进一步增加通行安全，制定航行计划。

保证较高的航道利用率。海图深度基准面也不可以定得过低，否则会使海图上的水深过浅，使本来可以通航的海域不能通航或本来可以通大船的航道只能通小船，而降低海域的航行利用率，同时也会影响海边干出滩的大小，不能正确表示。衡量航道利用率的尺度就是深度基准面保证率。深度基准面保证率，是指通过统计潮汐观测资料，计算水位出现在所采用的深度基准面以上的低潮面次数与低潮总次数之比。如果深度基准面保证率过低，将对航行安全造成不利。

深度基准面保证率的计算公式为：

$$深度基准面保证率 = \frac{高于深度基准面的低潮次数}{低潮总次数} \times 100\% \tag{3-6}$$

例如全年低潮总次数为 365 次，出现高于基准面的低潮为 330 次，则其保证率为 90%，其余 35 次（10%）称为负潮位现象。如果深度基准面定为平均低潮面，则实际低潮有 50%降到深度基准面以下，即负潮位现象达到 50%，明显有一半低潮时的实际水深小于图载水深，这样就给舰船安全航行构成了极大威胁。所以国际海道测量组织（International Hydrographic Organization，IHO）推荐的海图深度基准面要求潮汐很少会低于这个面，即在正常的天气情况下，记入海图的水深值为最小，只有在特殊的地点和遇特殊天气时，或者受其他因素影响时才出现负潮位现象。在计算深度基准面保证率中，应具备一年以上的潮汐观测资料，并且时间越长，保证率的可靠性越大。一般上述深度基准面保证率的合适数值在 90%～95% 之间。

相邻区域的深度基准面尽可能一致。各种海图深度基准面的不一致，是海图应用中的一大障碍。因此，在进行海图设计时同一幅海图的各个海域应该取同一个基准面，尤其是在由若干大比例尺的海图编制小比例尺图时，各图的基准面必须要进行同一归算。否则，如果深度基准面不一致，那么同一幅图内或不同图幅上自深度基准面起算的深度值即使相等，也不表明具有相同的水深；反之，实际相等的水深，在不同的海图上也可能标注了不同的值。这样一来，各种资料尤其是水深资料的比较是没有意义的，比较的结果也是徒劳无用的。

③ 理论深度基准面的计算。世界各沿海国家根据海区潮汐性质的不同采用不同的计算模型，包括平均大潮低潮面、平均低潮面、平均低低潮面、略最低低潮面、观测的最低潮面。我国采用理论深度基准面，又称理论上可能最低潮面，其计算方法由弗拉基米尔斯基提出。基本计算原理是由 M_2、S_2、N_2、K_2、K_1、O_1、P_1、Q_1 这 8 个分潮叠加计算相对于潮汐振动平均位置（长期平均海平面）可能出现的最低水位，并附加考虑浅海分潮 M_4、MS_4 和 M_6 及长周期

分潮 S_a 和 S_{Sa} 的贡献。

8 个主要分潮叠加后相对于平均海平面的潮高可表示为：

$$h(t) = \sum_{i=1}^{8} f_i H_i \cos(\sigma_i t + V_{oi} + u_i - g_i) \tag{3-7}$$

将该潮高表示的最低潮位置作为深度基准面 L 值，即定义：

$$L = -\min\left[\sum_{i=1}^{8} f_i H_i \cos(\sigma_i t + V_{oi} + u_i - g_i)\right] \tag{3-8}$$

（3）海洋区域垂直基准的作用

海洋区域的三类垂直基准在描述海洋空间信息特别是水深数据和各类高程数据中各自发挥着独特的作用，而且不同类垂直基准之间通过相应的模型和算法可以相互转换。

作为潮汐基准面的应用性垂直基准在传统海洋测绘中构成了相对完善的垂直基准体系，这些基准均直接或间接由验潮站水位序列计算获得。而在这类基准中又存在级别的差异，其中平均海面是海洋潮汐作用的平均面，构成了海图深度基准面和平均大潮高潮面的参考基面，由平均海面起算的深度基准和平均大潮高潮面随平面位置的变化反映着海图深度基准面和平均大潮高潮面的曲面形几何结构，是海图深度和特定标志点高程信息表达的垂直参考面。尽管这种连续形态的参考面尚未以实用化程度实现，但由这些基准提供安全（保守）水深和保守高度的概念却是明晰的。

以海图的深度基准面表示水深，只需在一个或多个验潮站处获得相应的水位序列，便可通过特定的内插方法确定水深测量期间测区任意点和任意时刻的水位值，从而将由瞬时海面测定的水深值归算至海图深度基准参考面，该方法和过程通常称为海道测量水位改正。而验潮站的深度基准确定以及水位内插方法的技术实现统一为水位控制，常规海道测量水位控制的本质是以深度基准面为参考面的瞬时水位场模型构建及时变高度数据归算过程。

为了表示灯塔等导航标志的保守高度以及海上桥梁的净空高度，其高度信息的起算面为所在地点的平均大潮高潮面。当用有关的测量技术测定了这些特征高程点到瞬时海面或国家高程基准的相对高度后，通过以平均海面为参考的瞬时海面水位改正或当地的海面地形改正后，借助平均大潮高潮面的数值计算实现其保守高度确定。依海岸线的定义，它是平均大潮高潮面与海岸的交线，因此，在这一层意义上，平均大潮高潮面是海岸线定义的参考面。在实践中，海岸线通过痕迹线实测而得，而实际痕迹线与平均大潮高潮线的定义差异已经引起研究者的关注，并且是值得进一步澄清的问题。

纯几何大地测量学含义的椭球面垂直基准在传统海道测量中几乎没有任何作用，这是由于传统海道测量特别是水深测量，其实质是测定可航水层的厚度，由海面测船的直接深度观测量经瞬时海面的水位控制容易获得所需的最终信息。现代空间精密三维定位技术所能提供的瞬时海面大地高精确的确定能力，使得以测深精度获取海底大地高程成为可能，若可实现海图深度基准面大地高模型的精确构建，可方便实现图载水深的确定。其优点是克服传统潮位改正中的测量载体升沉影响及验潮站和测量载体海面的波动效应及匹配误差，在有利于提高水深测量和归算精度的同时提高工作效率。

3.2　海洋数据获取的手段与方法

人们在海洋领域的应用研究，就是借助现场观测、物理试验、数值模拟和遥感反演等手段获取海洋数据,并通过对海洋数据的分析、综合、归纳、演绎及科学抽象等方法,研究海洋系统的结构和功能。

海洋观测技术实质上就是对发生在海洋中的时空过程以一定的时空间隔进行数据采样,以便获取海洋原始过程并对其进行解析、统计或其他描述性研究的基础数据,是研究海洋、开发海洋、利用海洋的基础。海洋观测技术包括海洋遥感观测、台站自动观测、声呐探测、海洋调查等,是以卫星、飞机、船舶、潜器、浮标、平台及岸站为观测平台,实现了对海洋的立体观测和对海洋资源的快速探查。

3.2.1 海洋卫星遥感

1978 年美国发射了世界上第一颗海洋卫星 SEASAT-1,它标志着对海洋的观测已进入了空间遥感时代。卫星遥感广泛应用于海洋环境、海岸带、海面和海底地形、海洋重力场、海洋水色及渔场环境的调查和监测,它形成了从海洋状态波谱分析到海洋现象判读等一套完整的理论与方法。

3.2.1.1 海洋遥感数据的获取

目前常用的海洋卫星遥感仪器主要有雷达散射计、雷达高度计、合成孔径雷达、微波辐射计、可见光/红外辐射计、海洋水色扫描仪等。

(1)雷达散射计数据获取

雷达散射计是一种主动式斜视观测的微波装置,如图 3-2 所示。利用特定频率的雷达波脉冲照射到粗糙海面后产生的布拉格后向散射回波信号,可以反演出海面风速、风向和风应力以及海面波浪场。利用散射计测得的风浪场资料,为海况预报提供了可靠的依据,积累的历史资料将为海岸和近海工程设计提供科学的设计标准。

(a)   (b)

图 3-2　雷达散射计

(a) Ka 波段雷达散射计;(b) X 波段雷达散射计

(2)雷达高度计数据获取

星载雷达高度计(图 3-3)也是一种主动式微波传感器,测量脉冲经海面反射之后的往返时间可得出卫星的高度,用它可对大地水准面、海冰、潮汐、水深、海面风强度和有效波高、"厄尔尼诺"现象、海洋大中尺度环流等进行监测和预报。例如,利用星载高度计测量出赤道太平洋海域海面高度的时间序列,可以分析出其大尺度波动传播和变化的特征,对"厄尔尼诺"现象的出现和发展进行预报。星载雷达高度计能在整个大洋范围测出海面动力高度,是唯一的大洋环流监测手段。

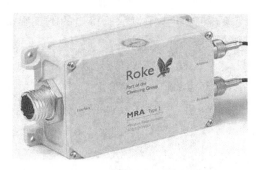

图 3-3　雷达高度计

（3）合成孔径雷达数据获取

合成孔径雷达（Synthetic Aperture Radar，SAR）是一种高方位分辨率的相干成像雷达，如图 3-4 所示。它利用了相位和振幅信息，是一种准全息系统，可分为侧视、斜视、多普勒锐化和聚束测绘等工作方式。SAR 利用合成天线技术获取良好的方位分辨率，利用脉冲压技术获得良好的距离分辨率。通过对 SAR 图像作快速傅立叶变换，可确定二维的海浪谱及海表面波的波长、波向和内波。根据 SAR 图像亮暗分布的差异，可以提取到海冰的冰岭、厚度、分布、水与冰的边界、冰山高度等重要信息。利用 SAR 图像不仅可及时发现海洋中较大面积的石油污染，而且可以监测突发性污染事件。由于 SAR 图像上的亮暗分布与海底地形、地貌有一种直接相关性，在一定的风浪条件下，可以进行浅海水深、河水下地形测绘，为专属经济区的勘查与划界提供科学依据。

图 3-4　微型合成孔径雷达

（4）微波辐射计数据获取

微波辐射计（图 3-5）是被动式微波传感器，通过测量由海面发射的热辐射温度来遥感海面的温度。以美国 NOAA-10、11、12 卫星上的高分辨率辐射仪（The Advanced Very High Resolution Radiometer，AVHRR）为代表的传感器，可以精确地绘制出海面分辨率为 1 km、温度精度优于 1 ℃的海面温度图像。海面温度（Sea Surface Temperature，SST）是海洋学研究必测的最基本参数之一，水温是划分水团的主要依据之一，还被用于分析海洋锋和流系。水温是控制生物种群分布及其洄游和繁殖过程的基本量，因而在海洋渔场渔情分析预报中占有重要地位。通过卫星遥感海面温度得出的全球大洋等温线分布，揭示了以前常规方法所没有发现的复杂现象，甚至纠正了以前所得出的不正确结论。

图 3-5　地基多通道微波辐射计

（5）多光谱扫描仪和水色扫描仪

可见光/近红外波段中的多光谱扫描仪（Multi Spectrum Scanner，MSS）（图 3-6）和海岸带水色扫描仪（The Coastal Zone Color Scanner，CZCS）均为被动式传感器，它们能测量海洋水色、悬浮泥沙、水质等。在海洋渔业方面，由于海洋浮游植物是有机物的初级生产者和能量的主要转换者，它的数量变化直接影响海洋中鱼虾等生物资源的数量变化。通常以叶绿素浓度（即水色）来表示浮游植物的含量。在中心波段 $0.443\ \mu m$、$0.52\ \mu m$ 和 $0.55\ \mu m$ 上可以遥感出海面叶绿素的浓度，并绘制出专题图。通过这些图，配合温度，可以预报、预测中心渔场和鱼汛，既能避免过度捕捞，保护资源，还可指导水产养殖业。水色遥感是唯一可穿透海水一定深度的卫星海洋遥感技术。赤潮主要由于海域中浮游生物大量繁殖所引起，赤潮发生时，在蓝绿波段（$0.45\ \mu m$）具有强烈吸收，在红色和近红外波段具有强烈散射。因此，水色卫星可用于赤潮监测。含有泥沙的水体随着泥沙含量的增加，光谱反射比也增加，光谱反射比的峰值逐渐由蓝波段向红端位移，水体本身的散射特性逐渐被泥沙的散射所覆盖，因此，利用多光谱信息和反射比可从水色资料中提取出悬移质浓度及其运移的信息。在

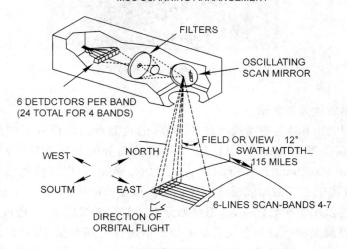

图 3-6　多光谱扫描仪原理图

水色卫星遥感图像中,可以显示锋面、涡旋、海流、水团等大中尺度海洋现象,与其他卫星资料结合研究,可揭示许多海洋现象的动力机制和过程。

3.2.1.2　海洋遥感图像处理

（1）大气辐射校正

电磁波到达传感器之前需要经历一个在大气中的传输过程,在这个过程中电磁波与大气发生相互作用——反射、折射、吸收、散射和透射,其中对传感器接收影响较大的是吸收和散射作用。电磁波与大气的相互作用,造成电磁波被大气部分吸收,且散射使地物辐射电磁波能量衰减,同时大气散射光到达地物也将产生反射,而部分散射光则向上通过大气直接进入传感器。假设天空辐照度各向同性且地面反射为朗伯面反射,忽略大气的折射、湍流和偏振,经过大气到达地物表面的发射辐亮度为:

$$L_{g\lambda 1} = \frac{\rho_\lambda}{\pi} E_{o\lambda} \cos \theta_s \exp(- \delta_\lambda \sec \theta_s) \qquad (3\text{-}9)$$

其中,$L_{g\lambda 1}$ 为反射光对地物表面的反射辐射亮度;ρ_λ 为地物表面反射率;$E_{o\lambda}$ 为波长为 λ 的太阳光谱辐照度;θ_s 为太阳天顶角;δ_λ 为相应波长的大气光学厚度。

来自各个方向的散射光以漫入射的方式照射地物,其到达地物表面的辐亮度为:

$$L_{g\lambda 2} = \frac{\rho\lambda}{\pi} E_D \qquad (3\text{-}10)$$

其中,$L_{g\lambda 2}$ 为散射光对地物表面的发射辐亮度;E_D 为来自各个方向的散射光辐照度。

卫星接收到的辐亮度为:

$$L_{s\lambda} = (L_{g\lambda 1} + L_{g\lambda 2}) \exp(-\delta_\lambda \sec \theta_v) + L_p \qquad (3\text{-}11)$$

其中,θ_v 为卫星遥感观测角。

由此可得:

$$\rho_\lambda = \pi(L_{s\lambda} - L_p)/\tau_{v\lambda}(E_{o\lambda} \cos \theta_s \tau_{s\lambda} + E_D) \qquad (3\text{-}12)$$

其中,$\tau_{v\lambda}$ 和 $\tau_{s\lambda}$ 分别为向上和向下的大气透过率。在 θ_v 和 θ_s 小于 70° 时,$\tau_{v\lambda}$ 和 $\tau_{s\lambda}$ 可近似地为 $\exp(-\delta_\lambda \sec \theta_v)$ 和 $\exp(-\delta_\lambda \sec \theta_s)$。$L_{s\lambda}$ 可由星上或地面定标结果求得;$E_{o\lambda}$ 可由探测器响应函数计算求得;θ_s 由遥感影像接收日期和时间计算求得;θ_v 可从数据头文件中读出。剩下的 4 个未知数 $\tau_{v\lambda}$、$\tau_{s\lambda}$、E_D、L_p 可通过大气辐射传输模型进行模拟估算。

（2）几何纠正

遥感影像的几何精校正,一般有两种实现方法。第一种方法是预处理级的几何精校正,即卫星地面站在数据预处理过程中,利用卫星的轨道和姿态等参数并同时利用地面控制点建立几何校正模型,从而一次完成几何精校正处理过程,得到高几何精度的数据产品,但是这类产品价格较昂贵。第二种方法可以被称为是应用级的几何精校正,即用户在得到系统校正的数据产品后,利用各自的图像处理软件所提供的算法及地形图、现场定位等资料选取地面控制点,建立几何校正模型,然后对数据进行重采样完成几何精校正。这种方法的优点是用户可以自己实现几何精校正处理,不足之处则在于这种由商用图像处理软件所建立的几何校正模型,精确程度（特别是对大面积的遥感卫星图像）受到限制。另外,对数据的重采样会造成图像信息的损失。严格地说,卫星影像必须做正射纠正才能使用,如果影像所涉区域地势比较平坦或对影像的几何精度要求不是很严格的情况下,则可只做平面纠正,而不需要做正射纠正。

（3）遥感影像增强处理

遥感图像增强是改善图像视觉效果，增强目标地物的影像差异或特征，将目标地物从环境背景信息中突出出来的处理。分析遥感图像时，为了使分析者能容易确切地识别图像内容，必须按照分析目的对图像数据进行加工，目的是提高图像的可判读性。遥感图像是一种数字图像，对数字图像的认识一般是先通过数字图像的直方图来了解。数字图像直方图是以每个像元为统计单元，表示图像中各亮度值或亮度值区间像元出现频率的分布图。从数字图像直方图上可以直观地了解图像的亮度值分布范围、峰值位置、均值以及亮度值分布的离散程度等。由于一幅图像常包含数目众多的像元，像元的亮度值又是随机的，因此数字图像直方图的包络线近似接近正态分布曲线。一般来说，图像直方图分布曲线越接近正态分布的曲线形式，说明图像反差适中，亮度分布均匀，层次丰富，图像质量就越高；若图像直方图峰值偏向一边呈偏态分布，则说明图像偏亮或偏暗，缺少层次，图像质量较差。因此，可通过调整图像直方图形态来改善图像显示质量，使图像得到增强。图像增强的目的在于改善图像的显示质量，以利于信息的提取和识别。从方法上说，则是设法摒弃一些认为不必要或干扰的信息，而将所需要的信息得以突出出来。显然，可以通过调整遥感图像直方图，进行像元亮度值之间的数学运算处理或是数学变换等方法来实现。

（4）不同分辨率影像融合

在遥感中，不同分辨率的影像融合属于一种属性融合，主要目的体现在以下几个方面：

① 提高图像的空间分辨率。将低空间分辨率的多光谱图像和高空间分辨率的全色图像进行融合处理，能够得到一幅既包含有丰富的色彩信息又具有较高空间分辨率的新图像。

② 提高数据间的相互补充。

③ 提高图像分类精度。

因此，不同分辨率的影像融合后既可以提高空间信息的质量又可以尽量减少多光谱影像间的颜色失真，产生比单一信息源更精确、更完全、更可靠的估计和判断。

基于像素级的影像融合方法有很多种：

① Kauth-Thomas 变换，又称为"缨帽变换"，这种变换着眼点在于农作物生长过程而区别于其他植被覆盖，力争抓住地面景物在多光谱空间中的特征。

② HIS(Hue Intensity Saturation)变换法，就是将彩色空间变换到 RGB 空间，HIS 变换融合只是在亮度分量上进行，色调分量和饱和度分量均保持不变。

③ 小波变换法，就是把原始图像进行小波分解，将图像分解成不同空间、不同频率的子图像，运用小波变换能够使图像的频率特征得到很好的分离。

④ 加权融合法，通过对图像中的冗余信息进行加权平均运算，得到的结果就是融合的结果。

⑤ 比值变换融合，该方法从视觉上提高图像直方图低端和高端的对比度，也就是提高阴影、水以及高反射区（如道路、居民区）的对比。

（5）遥感影像矢量化

GIS 的数据格式主要有矢量和栅格两种，矢量数据按其是否明确表示地理实体的空间相互关系分为两种类型，即拓扑型数据和实体型数据。栅格数据与矢量数据各自拥有不同的特点，两者在广大研究和应用领域中并存，以起到取长补短、相辅相成的作用。遥感图像是以像素点阵的栅格形式来表示、存储、传输和处理的。遥感图像有多个光谱通道，分辨率高，信息量大,需要消耗大量的硬件资源,而且点阵图像不适合可视化,不适合绘图仪输出,也不适合图形的管理工作,因此对遥感影像的矢量化很有必要。矢量化即将栅格数据转换为矢量数据,其实质就是将图像数据转化为图形数据,并保持相应的拓扑结构,图形包括点、直线、圆弧、曲线及其字符的笔画等。例如,多边形栅格格式向矢量格式转换就是提取以相同编号栅格集合表示的多边形区域的边界和边界的拓扑关系,建立边界弧段与栅格图上各多边形的空间关系,并建立与属性数据的联系。由于矢量数据可以更精确地定义位置、长度和大小,其对于 GIS 数据的分析和变换、空间数据拓扑分析以及空间数据与属性数据的联合分析而言,都是不可缺少的。因此,将遥感栅格数据转换为矢量数据成为 GIS 技术的重点之一。

3.2.2 海洋自动观测

微电子技术、计算机技术、传感器技术及卫星通信和定位技术的发展,推动了资料浮标、漂流浮标和沿岸台站海洋观测技术的发展。美国早在 20 世纪 80 年代中期就发展了可同时监测海水、气象和水质参数的海洋生态环境监测锚系浮标。多参数表面漂流浮标用于大尺度的海洋环境观测、飓风预报、跟踪溢油和赤潮漂移、卫星遥感的地面真实检验、海洋环境预报和天气预报模式检验等。美国的沿岸海洋检测网已经发展到第六代,以统一的数据采集和控制系统、多参数综合检测及卫星实时通信为主要特征;欧共体在尤里卡海洋计划中也发展了海洋遥测遥控系统,提高了对灾害性海洋环境的控制监测能力。海洋环境自动监测技术的发展提高了人类对海洋环境的监测、预测和预报能力,促进了海洋和沿海经济的发展。

3.2.2.1 海洋台站自动观测

海洋台站是建立在沿海、岛屿、海上平台或其他海上建筑物上的海洋观测站的统称,其主要任务是在人类经济活动最活跃、最集中的滨海区域进行水文气象要素的观测和资料处理,以便获取能反映出观测海区环境的基本特征和变化规律的基础资料,为沿岸和陆架水域的科学研究、环境预报、资源开发、工程建设、军事活动和环境保护提供可靠的依据。台站观测资料能较好地反映所辖海域内的环境状况和变化规律,具有一定代表性。台站观测还具有连续性、准确性、时效性的特点。连续性主要包含空间连续和时间连续两个方面:空间连续是在水平方向的合理站点布设和垂直方向的空中、表层、次表层、海洋剖面的测量;时间连续是指可获得海洋各种过程的长期不间断的观测数据,利用这个无限样本序列来准确恢复我们所关心的连续过程变化。台站系统一方面将现场观测的数据采用快速、准确、可靠的通信手段实时传送到海洋预报等部门,以便及时掌握海洋环境特性和演变过程;另一方面把现场观测到的数据作为历史资料永久保存起来。

3.2.2.2 水下自航式观测平台

水下自航式海洋观测平台是 20 世纪 80 年代末 90 年代初期在载人潜器和无人有缆遥控潜器(Remote Operated Vehicles,ROV)的技术基础上迅速发展起来的一种新型海洋观测平台,主要用于无人、大范围、长时间水下环境监测,包括物理学参数、海洋地质学和地球物理学参数、海洋化学参数、海洋生物学参数及海洋工程方面的现场接近观测。其特点包括如下几方面:

① 成本低、环境适应性强,可冲破人工潜水极限而进入现场进行接近观测,免除了ROV 需要水面支援母船的累赘,减少作业经费。

② 体积小,使用方便,便于布放回收。

③ 可根据水声信号遥控或预置程序控制,按要求进行相关项目观测。

④ 有自主动力,水下运行时间相对较长,有源噪声低,可进行隐蔽观测。

3.2.2.3 浮标自动观测

海洋浮标是一种现代化的海洋观测设施,具有全天候、全天时稳定可靠地收集海洋环境资料的能力,并能实现数据的自动采集、自动标示和自动发送。海洋浮标与卫星、飞机、调查船、潜水器及声波探测设备一起,组成了现代海洋环境主体监测系统。海洋浮标是无人值守自动观测平台,在海洋观测系统中起着重要作用,海上各项活动都将从浮标所获得的数据中受益。随着海洋科学领域的研究和发展,从1990年开始了应用浮标、飞机和卫星遥感技术对海洋进行观测。由于仅用飞机观测和卫星遥感,虽然调查的速度快、面积广,但只能获得其表面的资料,而浮标可在海洋恶劣环境条件下连续长时间无人值守工作,只有结合浮标共同使用,才能全方位、深层次、全天候地反映海洋环境的全貌及变化。

(1) 海洋浮标的种类

海洋浮标的种类比较多,主要分两大类:有锚定类型浮标和漂流类型浮标。其中前者包括气象资料浮标[图3-7(a)]、海水水质监测浮标、波浪浮标[图3-7(b)]等;后者有表面漂流浮标[图3-8(a)]、中性浮标、各种小型漂流器等。漂流浮标按照跟踪的方式可以分为卫星跟踪漂流浮标[图3-8(b)]和船舶跟踪漂流浮标。除此之外还有各种专用浮标,如海上溢油跟踪浮标[图3-9(a)],由海上浮标终端和计算机监控平台组成。当海上溢油事故发生后,投放溢油跟踪浮标,跟踪溢油的流向,以便有的放矢采取措施防止溢油的扩散。海啸浮标通过实时监测海面波动情况,及时确认是否发生海啸以及发生海啸的大小程度,为海啸预警提供非常重要和珍贵的数据。美国NOAA早在20世纪90年代初就开始了海啸浮标的研制及系统建设,取得了优秀成果,2001年建立了第一代DART浮筒系统,2005年开始第二代DART系统(DART Ⅱ)的建设,2007年开始高效易布放海啸浮标的研制和全球布网(DART Ⅲ),如图3-9(b)所示,迄今为止,已经在全球范围内布放了超过60个海啸浮标。

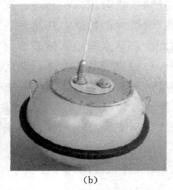

(a)   (b)

图 3-7 海洋锚定浮标

(a) 海洋气象浮标;(b) 海洋波浪浮标(荷兰 Datawell)

(2) 海洋浮标的工作原理

海洋浮标结构上分为水上和水下两部分,水上部分装有多种气象要素传感器,分别测量风速、风向、气压、气温和湿度等气象要素;水下部分有多种水文要素的传感器,分别测量波

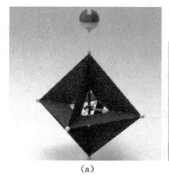

(a)　　　　　　　　　　　　(b)

图 3-8　海洋漂流浮标

(a) WT-28 表层漂移浮标；(b) 卫星漂流浮标

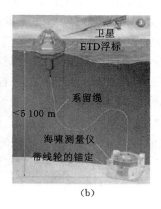

(a)　　　　　　　　　　　　(b)

图 3-9　海洋专用浮标

(a) 海洋溢油跟踪浮标(WT-48A 型)；(b) DART Ⅲ 海啸浮标

浪、海流、潮位、海温和盐度等海洋传感要素。海洋浮标上各传感器产生的信号，通过系统自动处理，由发射机定时发出，地面接收站接收到相应的信号并进行处理，得到了人们所需的海洋气象水文资料。有的浮标建立在离陆地很远的地方，便将信号发往卫星，再由卫星通信将信号传送到地面接收站。大多数海洋浮标是由蓄电池供电进行工作的，但由于海洋浮标远离陆地，换电池不方便，现在有不少海洋浮标装备太阳能蓄电设备，有的还利用波能蓄电，大大减少了换电池的次数，使海洋浮标更简便经济。

（3）海洋浮标的作用

海洋浮标是测量波高、海流、海温、潮位、风速、气压等水文气象要素的重要工具，掌握了这些资料，将对人类生活、海洋研究、海洋经济等起到重要作用。例如，通过浮标获得大风大浪所在区域的相关信息，航海时便可避之而行，免除了船覆人亡的惨剧；掌握了海流流向，航海时便尽可能地顺之而行，以节约航海时间和能源消耗；了解了潮位的异常升高，便可及时防备突发事件，力图在灾害发生时将损失降至最低限度。海洋浮标还广泛应用于海洋调查、海洋环境监测，定量地掌握海洋环境变化规律，以便更准确地进行海洋环境预报，为军事、航海、渔业、港口以及海洋开发服务。

（4）海洋浮标的发展趋势

海洋浮标研制始于 20 世纪 40 年代末～50 年代初,60 年代在海洋调查中开始试用海洋浮标,70 年代中期浮标技术趋于成熟,进入实用阶段。2012 年 8 月 4 日中国第五次北极科考队在北纬 70°、东经 3°的挪威海布放了中国首个极地大型海洋观测浮标,这也是中国首次将自主研发的浮标和观测技术推广到北极海域,并利用大型浮标对海气相互作用进行连续观测。2013 年 2 月,中国在钓鱼岛周边海域设置了浮标,这是中国首次在钓鱼岛周边设置海洋浮标。

经过 60 多年的发展,海洋浮标取得了长足的发展和技术进步,今后海洋浮标将朝以下方向发展：

① 随着技术的发展,海洋浮标造型趋于小型化,获取的海洋参数将趋向于多样化,而且浮标的成本会逐步降低,这样浮标数量将逐步增加;浮标通信趋于卫星化,更加准确实时,逐步由表面漂流浮标向自沉浮式剖面浮标甚至潜标方向发展。

② 随着当前人类对海洋研究领域的逐步扩展,尤其对海洋浮标所收集的海洋资料信息需求越来越多,采用先进技术、降低成本、提高可靠度、扩大功能、延长工作寿命、方便布放成为当前世界各国根据浮标技术发展趋势对海洋浮标进行重新设计和制造的主要宗旨。

③ 为满足海洋战略的推进,浮标布放将向多站位、高密度方向发展,形成全覆盖、立体化的海洋浮标监测网络,对近海潮位点、风暴潮、生态系统、河口监测、陆架水体运动、气象水文等各方面进行全天候全天时的海洋监测。

④ 随着海洋研究、海洋探测和海洋开发的推进,海洋浮标的布放将向专题化方向发展,以满足海洋专题方面的需求,如海洋水文、海洋气象、海洋生物、海洋化学、海洋物理、海洋工程、海洋地质、海洋环境等各专题领域,以推动海洋科学更快地发展、更好地服务于国民经济和人们生活。

3.2.3　海洋现场观测

直接进行海洋现场观测的主要技术设施还包括专门设计的海洋调查船、盐度（电导）-温度-深度仪（Conductance Temperature Depth, CTD）、声学多普勒流速剖面仪（Acoustic Doppler Current Profiler, ADCP）、地层剖面仪、旁侧声呐、潜水器、水下实验室、水下机器人、海底深钻等。直接观测的资料既为实验研究和数学研究的模式提供可靠的借鉴,也可对实验和数学方法研究的结果予以验证。事实上,使用先进的调查船、测试仪器和技术设施所进行的直接观测,的确推动了海洋科学的发展,特别是 20 世纪 60 年代以来,几乎所有的重大进展都与此密切相关。

3.2.3.1　多普勒流速剖面仪

ADCP 是由一个集成系统组成,包括换能器、信号转换器、测量探头、电罗经和全站仪、计算机设备等,测验时需外接测船、固定设备的支架等设备配合使用。ADCP 配有的换能器与轴线成一定夹角,换能器发射固定频率的声波,一般集中于较窄的范围内称为声束。AD-CP 的工作原理与传统测流方法有本质上的区别：换能器发射固定频率的声波并接收被水体中颗粒物散射回来的声波,假定颗粒物的运动速度与水流速度相同,则声学多普勒发生频移,因此,只要计算出频移,就可计算出水流速度。与常规测流方法类似,ADCP 测量时也是把断面分成若干个部分,测出部分断面内的平均流速和流量,再叠加即得到全断面流量。

ADCP 测验结束即可得到成果，且性能稳定，比常规测量方法更方便快捷、准确，操作也简单，具有连续测得流量变化的优点。ADCP 是一种比较先进的自动化测流设备，测量剖面深度范围大，具有能直接测出断面的流速剖面、不扰动流场、测验历时短、测速范围大等特点。图 3-10(a)为博意达科技的 LSH10—1M 型微型多普勒流速仪，图 3-10(b)为美国亚奇科技公司的 RTDP600 型多普勒流速剖面仪。

(a)　　　　　　　　　　　　　(b)

图 3-10　多普勒流速剖面仪

3.2.3.2　海洋声探测

水声探测技术在海洋观测和水下目标探测中占有很重要的地位，是实现水下目标遥测的主要手段。目前，国际上比较成熟的海洋声探测技术有海洋剖面测量技术、声成像技术、鱼群探测技术、声层析技术、声学多波束测深技术及声通信技术。合成孔径声呐如图 3-11 所示，是利用接收基阵在拖曳过程中对海洋中目标反射信号的时间采样，经延时补偿构成目标的空间图像，它以小孔径的基阵获得大孔径基阵才具有的分辨率。声相关海流剖面测量 (Acoustic Correlation Current Profile Measurement，ACCP)，如图 3-12 所示，其测得的海流剖面深度已经达到 1 200 m，对底深度已达 5 000 m。声层析技术通过测量声速传播的时间来计算传播路径上的平均温度，通过测量声音在双声线传播的时间差来测量上升流、通量、涡流等动力参数。水声探测鱼群和渔业资源评估技术，通过探测鱼群的群体和个体回波信息，经过积分处理，可以得到鱼群总量及分类鱼量，在船走航作业时，可探测 1～11 000 m 水深，在渔业资源评估中起到重要作用。多波束测深技术主要由多波束测深声呐、卫星导航、成图计算机和若干外设组成，可以形成多达 151 个 20×20 的窄波束，在航行过程中实时获取海底丰富信息，提供多种表示海底地形地貌的图件，用于海底地形地貌的高精度绘制。

 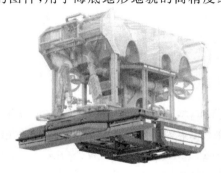

图 3-11　合成孔径声呐　　　　　　　　　图 3-12　海流剖面仪(ACCP)

水下声多媒体通信技术在水下图像、数据及语音通信中有重要应用价值。

3.2.4 ARGO 全球海洋观测网

ARGO 全球海洋观测网是由美国等国家的大气、海洋科学家于 1998 年推出的一个大型海洋观测计划,旨在快速、准确、大范围收集全球海洋上层的海水温度、盐度剖面资料,以提高气候预报的精度,有效防御全球日益严重的气候灾害给人类造成的威胁。ARGO 是英文"Array for Real time Geo strophic Oceanography"(地转海洋学实时观测阵)的缩写,俗称"ARGO 全球海洋观测网"。AEGO 计划在 3~4 年内在全球大洋中每隔 3 个经纬度布放一个卫星跟踪浮标,总计为 3 000 个,组成一个庞大的 ARGO 全球海洋观测网。

3.2.4.1 ARGO 浮标

ARGO 浮标在专业上称"自律式拉格朗日环流剖面观测浮标"或"自持式剖面自动循环探测仪",也有人称"中胜剖面自动探测漂流浮标",是用于建立全球海洋观测网的一种专用测量设备。它可以在海洋中自由漂移,自动测量海面到 2 000 m 水深之间的海水温度、盐度和深度,并可跟踪它的漂移轨迹,获取海水的移动速度和方向,实现了长期、自动、实时和连续获取大范围、深层海洋资料。PALACE 浮标采用自律式拉格朗日环流剖面观测方法获得海洋温度、盐度和海流数据,其结构如图 3-13 所示。PALACE 浮标具有成本低(12~15 万元/个)、使用寿命长、无须日常维护和不易受到人为损坏等优点,其设计寿命为 4~5 年,最大测深为 2 000 m,每隔 10 d 发送一组剖面实时观测资料,每年可获得多达 10 万个剖面测量资料。

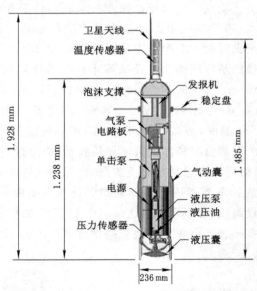

图 3-13   PALACE 浮标结构图

目前,构建全球 ARGO 实时海洋观测网的剖面浮标已经由当初的 4 种类型(PALACE、APEX、PROVOR 和 SOLO),发展到现在的约 15 种(APEX、PROVOR、PROVOR-II、PROVOR-MT、SOLO、SOLO-W、SOLO-II、SOLO-D、ARVOR、ARVOR-C、ARVOR-D、NAVIS-A、NEMO、S2A 和 NOVA),其中早期使用的 PALACE 型剖面浮标已经被淘汰出局,而 A-

PEX 型剖面浮标则占了 60％份额，PROVOR 和 SOLO 型浮标分别约占 18％和 12％；资料传输的方式也由原来单一的 Argos 单向通信扩展到可选的 Iridium 或 Argos-3 双向通信，其中采用 Iridium 通信的浮标已经占 30％左右；剖面浮标携带的传感器也由早先的温度、电导率（盐度）和压力等物理海洋环境基本三要素正在向生物地球化学领域拓展，一些加装了溶解氧、生物光学、硝酸盐和 pH 值等生物化学要素传感器的剖面浮标（214 个）也在逐年增多，虽然目前所占的比例仍不高，但呈现快速发展的势头。

3.2.4.2　ARGO 观测资料的作用

ARGO 观测数据对海洋研究具有如下作用：

① 为建立新一代全球海洋和大气耦合模型的初始化条件、数据同化和动力一致性检验提供了一个前所未有的巨大数据库。

② 首次实现理论化的实时全球海洋预报。

③ 建立一个精确的随深度变化的温、盐度月平均全球气候数据库。

④ 建立一个时间序列的数据库，其中包括热量和淡水存储，以及中层水团和温跃层水体的温盐结构和体积等信息。

⑤ 为由表层热量和淡水交换所建立的大气模型提供大尺度约束条件。

⑥ 完成对大尺度海洋环流平均状态和变化的描述，其中包括对大洋内部水体、热量及淡水输送等的描述。

⑦ 确定温度、盐度年际变化的主要形式及演变过程。例如，通过对海—气耦合模型的分析，找出全球海洋中存在的其他类似 ENSO 事件的现象，以及它们对改进季节—年际气候预报的影响。

⑧ 提供全球海面的绝对高度图，其精度在一年或更长的时间尺度内可以达到 2 cm，从而完善杰森高度计资料。

根据 2003 年 3 月 3 日到 6 日在浙江杭州召开的第五次国际 ARGO 科学组会议提供的统计资料表明，到 2003 年 1 月 20 日，世界上 15 个国际 ARGO 计划的成员国（或团体）已经在太平洋、大西洋、印度洋和南极周围海域布放了 650 个 ARGO 浮标，其中包括我国在北太平洋和东印度洋布放的 16 个浮标。

3.2.4.3　ARGO 计划的现状和目标

2015 年 9 月，中国 ARGO 实时资料中心搭载中国科学院海洋研究所承担的中科院战略性先导科技专项及基金会西太共享航次，利用"科学"号调查船在西太平洋海域布放了 9 个 ARGO 剖面浮标，这是我国在该海域布放的第 19 批浮标。其中 4 个标准型浮标来源于国家科技部"科技基础性工作专项"重点项目——"西太平洋 ARGO 实时海洋调查"，5 个铱星浮标来源于科技部 973 项目"上层海洋对台风的响应和调制机理研究"。"西太平洋 AR-GO 实时海洋调查"项目以先进的 ARGO 剖面浮标为主要调查手段，以影响我国乃至全球气候变化的西太平洋海域为主要调查海域，长期、高分辨率地实时获取该海域 0～2 000 m 水深内的海洋环境资料。该项目计划在 5 年内（2012～2017）布放 35 个 ARGO 剖面浮标，截至 2016 年 12 月，该项目实际已经布放了 36 个浮标。

根据国际 ARGO 信息中心统计（数据及图片来源于国际 Argo 信息中心网站 http://www.jcommops.org/board? t＝Argo，彩色图片请参考网站原图），截至 2018 年 7 月，全球 ARGO 实时海洋观测网共布放剖面浮标 3 760 个，其中各国的布放浮标数量如图 3-14 所

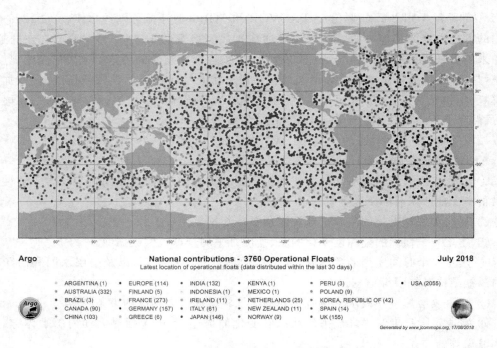

Argo   **National contributions - 3760 Operational Floats**   **July 2018**
Latest location of operational floats (data distributed within the last 30 days)

ARGENTINA (1)	EUROPE (114)	INDIA (132)	KENYA (1)	PERU (3)	USA (2055)
AUSTRALIA (332)	FINLAND (5)	INDONESIA (1)	MEXICO (1)	POLAND (9)	
BRAZIL (3)	FRANCE (273)	IRELAND (11)	NETHERLANDS (25)	KOREA, REPUBLIC OF (42)	
CANADA (90)	GERMANY (157)	ITALY (61)	NEW ZEALAND (11)	SPAIN (14)	
CHINA (103)	GREECE (6)	JAPAN (146)	NORWAY (9)	UK (155)	

Generated by www.jcommops.org, 17/08/2018

图 3-14   全球 ARGO 浮标中各国布放浮标数量

示。自 2002 年以来,中国 ARGO 计划已经累计布放了 416 个 ARGO 浮标,从图中可以看出到 2018 年 7 月有 103 个浮标仍在海上正常工作。在目前全球布放的 3 760 个浮标中,增加了专题浮标,各专题浮标的数量如图 3-15 所示;同时,浮标的种类也在不断增加,图 3-16

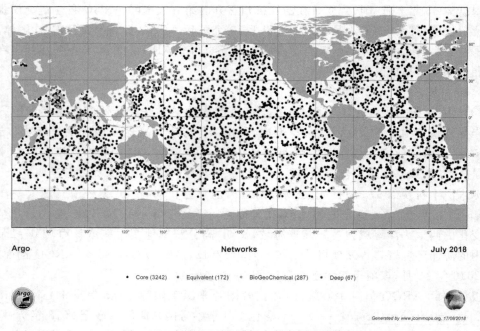

Argo   **Networks**   **July 2018**

Core (3242)   Equivalent (172)   BioGeoChemical (287)   Deep (67)

Generated by www.jcommops.org, 17/08/2018

图 3-15   全球 ARGO 浮标中各专题浮标数量

为 3 760 个浮标中不同类型浮标的数量。

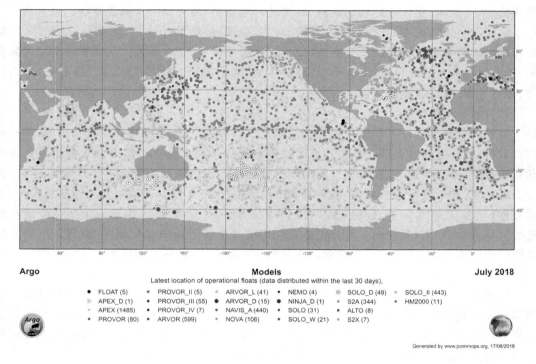

图 3-16　全球 ARGO 浮标中各类型浮标数量

中国 ARGO 计划的总体目标是,通过引进国际上新一代、先进的沉浮式海洋观测浮标(即 ARGO 剖面浮标),施放于邻近我国的西北太平洋海域(少量浮标将视情形布放到东印度洋和南大洋海域),建成我国新一代海洋实时观测系统(ARGO)中的大洋观测网,使中国成为国际 ARGO 计划中的重要成员国。同时能共享全球海洋中 3 000 个 ARGO 浮标资料,丰富我国海洋和气象界相关研究项目的资料源,并为该系统的近海观测网建设提供强有力的技术支撑。即通过大洋观测网建设,以此来了解和掌握该高新海洋观测技术的性能和特点,走技术引进、消化吸收和自行研制之路,使未来大洋观测网的维持由国产 ARGO 浮标代替,而近海观测网则完全采用国产 ARGO 浮标组成,最终建成我国自成系统的海洋实时观测网络,为我国的海洋研究、海洋开发、海洋管理和其他海上活动等提供实时观测资料和产品。

3.3　海洋数据的来源与数据格式

3.3.1　海洋数据的来源

3.3.1.1　现场调查数据

（1）海洋调查概述

海洋调查是对某一特定海区的水文、气象、物理、化学、生物、底质分布情况和变化规律进行的调查。调查观测方式有大面积调查、断面调查、连续观测、辅助观测等，采用方法有船舶观测、水下观测、定置浮标自动观测、漂浮站自动观测、地理经济要素普查等。调查的项目包括水温、水色、透明度、水深、海流、波浪、海冰、盐度、溶解氧、pH 值、磷酸盐、硅酸盐、硝酸盐等海洋物理和化学要素以及气温、气压、湿度、能见度、风、云、各种天气现象等水文气象要素，还包括海洋中的悬浮物、游泳动物、浮游生物、底栖生物、海水发光、海水导电率、声速传播、稀有元素、海底底质等项目。

（2）海洋调查数据

海洋科学领域的调查研究积累了大量研究数据和成果，包括全国海洋普查数据、海岸带调查数据、我国近海综合调查数据等。通过现场观测和调查得到的数据主要包括各种大面和断面数据、浮标数据、站点数据以及船舶报数据等。现场调查观测数据具有翔实、准确、精度高等优点，作为直接观测数据，能够真实地反映海洋复杂现象，同时可以进行模式检验、遥感数据校验。但现场调查观测数据也存在离散、局部、片断等问题，由于海上实际测量需要花费大量人力、物力，且相对于海洋整体和全局而言仍属于局部和片断，在时间和空间上提供的信息较为有限，据此直接研究海洋现象过程与动态，显然还是不够的。

（3）海洋调查专项

海洋调查工作是海洋事业发展的基础，是开发和保护海洋的先导，在我国经济社会发展和国防安全建设中发挥着不可替代的作用。新中国成立以来，我国的海洋调查工作取得了丰硕的成果，基本实现了"查清中国海、进军三大洋、登上南极洲"的目标。党的十九大做出了"建设海洋强国"的重大部署，对海洋调查工作提出了更高的要求。

1958 年我国开展了综合性全国海洋普查，进行了 8 个月的探索性大面调查，这是我国大规模调查研究海洋、开发利用海洋迈出的第一步。全国海洋普查共获得各种资料报表和原始记录 9.2 万多份，图表包括各种海洋要素平面分布图、垂直分布图、断面图、周日变化图、温盐曲线图、温深记录图等 7 万多幅，样品包括沉积物底质表层样品、地底垂直样品、悬浮体样品及其他地质分析样品和标本包括浮游生物标本、底栖生物标本等 1 万多份。国家科委海洋组办公室对这些资料进行整编，于 1964 年出版了《全国海洋综合调查报告》（10 册）、《全国海洋综合调查资料》（10 册）和《全国海洋综合调查图集》（14 册），这是我国首次系统地整理、编绘和出版的海洋调查资料汇编和海洋环境图集。这次海洋调查对掌握海洋资源分布状况和渔业生产有着重要的意义。

为规范海洋调查活动，增强海洋调查保障能力，有效服务我国海洋事业和经济社会发展，2015 年 2 月 27 日，国家海洋局、国家发展和改革委员会等 7 部门以国海发〔2015〕5 号印发《关于加强海洋调查工作的指导意见》。《意见》指出今后海洋调查的主要目标是：建立健全海洋调查综合管理协调机制，推动海洋调查资料与成果共享；加大海洋调查力度，实现海洋调查全球化和重点海域调查常态化，推动深海、大洋与极地调查深入开展；提升海洋调查能力，建设强大的国家海洋调查船队，实现关键海洋调查技术装备国产化；加强海洋调查队伍建设，培养适应海洋科技快速发展的专业化、创新型人才。

2003 年 9 月获国务院批准立项海洋调查"908 专项"。国家成立了由国家发展和改革委员会、财政部和国家海洋局组成的专项领导小组，专项领导小组办公室设在国家海洋局，由国家海洋局负责统一组织、规划、部署、协调和实施。专项计划自 2004 年开始至 2009 年完成，2004 年启动前期工作，2004～2007 年开展"近海海洋综合调查"工作，2005～2008 年开展"近海海洋综合评价"工作,2005～2009 年开展"近海'数字海洋'信息基础框架构建"工作,2009 年完成专项工作,结题验收。"908 专项"首次获取了我国大陆海岸线长度及海岛数量等高精度实测数据,首次获得了准同步、全覆盖的我国近海海洋环境基础数据,首次获取了我国滨海湿地面积数据,首次查明了我国海洋能等新兴海洋资源、近海水资源分布及可开发潜力,首次评价了我国潜在海水增养殖资源、新型潜在滨海旅游资源等一系列成果与数据。"908 专项"还组织实施了海洋灾害、海砂资源、海域使用现状、沿海地区社会经济等一系列专题调查,获得了大量第一手资料。

国家"927 工程"是经国务院、中央军委批准实施的国家海岛(礁)测绘专项,该专项由国家测绘地理信息局会同总参测绘导航局、国家海洋局等共同组织实施。专项综合利用现代大地测量技术,初步建成国家海岛(礁)卫星定位连续运行基准站网和国家海岛(礁)大地控制网,并与现行国家大地控制网有效衔接,实现平面、高程和重力控制网并置,为海岛(礁)定位测图与海洋活动提供基础控制。该专项还利用航空重力和船载重力测量手段获取工程范围内的重力场数据,填补我国海岸带区域重力空白区,为海岛(礁)测绘基准建立奠定基础。海岛礁测绘"927 工程"一期工程为期 4 年,已于 2013 年完成,优先开展了距我国大陆 80 海里范围内海域、西沙群岛和南沙群岛海域海岛(礁)的准确定位和海岛测图任务。在全面摸清我国海岛(礁)数量、位置和分布的基础上,初步建成符合《中华人民共和国测绘法》要求的与我国陆地现行测绘基准一致的高精度海岛(礁)平面、高程/深度和重力基准,编制出版我国海岛(礁)系列地图,为实施海洋开发、维护国家海洋权益、推进海洋信息化提供统一的基础地理信息和必需的测绘保障。海岛(礁)测绘"927 工程"二期从 2014 年启动,周期为 5年,主要是在一期工程的基础上进行 80 海里以外远海不可到达岛礁的测绘工作。

海岛礁测绘"927 工程"是一项技术复杂、任务艰巨的地理信息工程,涉及多种测绘新技术的综合应用,也是应用领域最广、使用频率最高的空间信息平台。"927 工程"成果是划分海域疆界的重要依据,具有重要的军事战略意义,事关国家领土安全。其主要作用和意义如下:

① 维护国家主权与海洋权益,为解决领海及海洋资源争端提供技术支持和基本依据,为沿海军事活动提供有力依托,在南海取得的高精度测图成果、维护国家主权和海洋权益方面发挥了重要作用。与陆地一致的平面基准、高程基准、重力基准,提高了我国军队行动导航的准确性和各类武器打击的准确性;高精度海岛地形图制作、全海域海岛礁识别定位,为我国东南海域维权、军事行动提供了有力的基础测绘资料。

② 推动了沿海海洋经济发展,促进海洋资源合理开发,为海岛开发与保护提供技术保障与地理信息支持。精确的海岛(礁)基础地理空间信息为海岛海洋管理、经济开发与保护等工作提供了技术保障。海岛(礁)测绘基准体系的建设,丰富了沿海及海岛地理信息资源,在导航定位、海洋运输、基础测绘等方面正在发挥重要的作用;海岛大比例尺测图、水深测量等技术体系与成果,在沿海地区海岛(礁)规划管理、海洋资源合理开发利用等方面发挥了重要作用。

③ 促进了测绘科技创新,提升了我国海岛(礁)测绘科技水平,加强了我国海岛(礁)测绘研究及应用的广度和深度。

新的历史时期,海洋调查是开发利用和保护海洋的基础,是建设海洋强国、落实"一带一路"战略构想的重要保障,是提升海洋竞争力的前提。所以应加强海洋调查相关数据的获取。

3.3.1.2 航空航天遥感数据

（1）海洋遥感数据的特点

航空航天遥感为海洋观测和研究提供了一个崭新的数据集，通过航空航天遥感得到的数据具有以下特点：

① 海洋航天遥感数据实施大面积同步测量，获得的数据具有较高空间分辨率，可满足区域海洋学研究乃至全球变化研究的需求。20世纪后期国际海洋界执行和参与的大型研究计划，如世界气候研究计划（World Climate Research Program，WCRP）、热带海洋与全球大气研究计划（Tropical Ocean and Global Atmospheric Research Programme，TOGA）、世界大洋环流实验（World Ocean Circulation Experiment，WOCE）、全球海洋通量联合研究计划（Joint Global Ocean Flux Study，JGOFS）、海岸带海陆相互作用计划（Land Ocean Interactions in the Coastal Zone，LOICZ）等，都采用了卫星海洋遥感所提供的数据集，可满足动态监测和长期监测的需求。20世纪90年代，各国海洋卫星计划已构成10~20年时间尺度的连续观测，以满足海洋环境业务化监测和气候研究的迫切要求。

② 海洋航空航天遥感数据具有成像周期短、多时相、全球时空覆盖等特点，因此它是监测海洋突发事件的有效手段。

③ 海洋遥感数据集覆盖了大部分的海洋环境参数和信息，包括海表温度、叶绿素浓度、悬浮质浓度、溶解性有机物（Dissolved Organic Matter，DOM）浓度、海洋初级生产力、海洋光学参数、大气气溶胶、海平面高度、大地水准面、海流、重力异常、海洋降雨、有效波高、海浪方向谱、海面白帽、内波、浅海地形、海面风场、海面油膜、海面污染、海/气交换等方面。

但光学海洋遥感数据也存在着一定的缺陷，只能对海空、海表或海洋浅表进行观测，传感器缺陷导致的空间同步覆盖等，所以今后应加强高光谱海洋航空、航天数据获取，提高海洋微波遥感数据获取和处理能力，加强卫星测高数据获取和反演方面的工作。

（2）卫星测高数据在海洋中的应用

卫星测高技术是利用卫星高度计向海面实时发射脉冲，接收到海面反射回来的电磁波信号后，根据传播时间经过测算与一系列修正，可以得到瞬时海面高度，同时获取流、浪、潮、海面风速等重要动力参数的技术。卫星测高在海洋中的应用主要包括以下几个方面。

① 卫星测高数据反演海洋地球重力场。卫星高度计直接测量地球形状及大地水准面，进而计算全球重力场。目前由卫星测高数据反演海洋重力异常的方法主要有最小二乘法、垂线偏差联合法、谱分析法等。

② 卫星测高技术确定大地水准面。测高卫星提供了海域的大地水准面起伏，可以实时测量从卫星到瞬时海面的距离，经过对流层、电离层、潮汐以及仪器偏差等各项改正后，可以得到平均海平面相对于某一参考椭球面的高度，结合某一已知的地球重力位模型可以进一步求得海面地形高度。

③ 卫星测高技术检测海山。由于海洋大地水准面在一定的波长范围内与海洋水深具有很强的相关性，而卫星测高技术能够高精度地确定海洋大地水准面，从而利用卫星测高数据来探测海山。

④ 卫星测高技术推估无图海域水深。因为在一定波长范围内，海洋重力异常和海底地形具有高度的相关性，因此可以利用卫星测高数据获得的海表重力异常场来推断海洋深度，

从而对无图海区的水深进行推估,可以取得较高的精度。卫星测高数据提取的信息在布设水深测线、发现危险的碍航物、研究声波在海水中的传播等方面做出很大贡献。

⑤ 卫星测高数据建立海潮模型预报潮汐。卫星高度计测量海平面高度本身需要进行潮汐修正,同时,它能够给出全球大洋的潮高空间分布。

(3) 微波遥感数据在海洋中的应用

合成孔径雷达通过发射电磁脉冲和接收目标回波之间的时间差测定距离,其分辨率与脉冲宽度或脉冲持续时间有关,脉宽越窄分辨率越高。合成孔径雷达在海洋中的应用是非常广泛的:

① 合成孔径雷达图像在海岸带资源调查和制图、海岸带、滩涂与海湾水域面积以及河口动态监测中发挥了重要作用。从合成孔径雷达图像提取海岸带有关的信息,基本的途径是通过 FFT 变换和图像增强方法,再经过大气校正、几何校正和地理位置的定位,最终得到各种海岸带信息。

② 合成孔径雷达图像在揭示海底地形方面具有特有的应用潜力。合成孔径雷达图像上的亮暗分布与海底地形、海底地貌的斜度之间有一种直接的相关性,因此这种图像也可以视为一种水深地形图。

③ 合成孔径雷达观测能清楚地把水道和冰穴与冰区分开,把薄冰与水道和冰穴内的无冰水面区分开来,把冰脊和水道区分开来,可清楚地观测到浮冰的形状和大小,清楚地把陆地与沿岸固定冰、水和流水群区分开来,也能区分水、薄冰、一年冰、多年冰等。

除此之外,合成孔径雷达还可用于海流边界观测,油污染监测,船舶及其航迹,运动目标的测定,灾害性海洋风暴的预测等等。这些资料对近海和远洋渔业、船舶最佳航线、海洋军事活动、灾后搜索与营救活动、深海和近岸钻探、长期天气预报、飓风探测与跟踪以及预报都具有重要的经济价值和社会效益。

3.3.1.3　数值模拟导出数据

用于描述海洋各种运动形式的数理方程组非常复杂,准确解析的难度较大,而采用数值方法将方程组进行数值求解,可以在很大程度上解决该问题。利用这些精确、高效的海洋数值模式,可以得到现实情况下的海洋运动状况,经过实测数据的验证,从而为进一步的海洋研究提供数据。利用数值模式为海洋研究提供数据,一般都有相当的实测数据加入,即“数据同化”。采用这些实测数据,使得数值方法天生的弊病得到一定程度的改善,在计算过程中可以不断进行有效的干预。在数值产品的后期,应采用比较严格的质量控制,并对该产品的应用范围提供参考和建议。可以说,大部分的导出数据是出自数值数据,而提供数值数据的计算模式一般都同化了大量的现场实测或者遥感观测数据,可信度比较高,可以满足一般性的应用需要,但在较高要求(尤其是中小尺度)的科学研究和应用中仍然不能代替非导出数据。此外,导出数据需要依赖于一定的观测数据,所描述的信息是对海洋真实现象的模拟和逼近。

海洋动力学研究有两种方式:一种是使用数值模型进行研究,另一种是对海洋进行直接观测。数值模型常根据所研究的流场尺度特征来简化方程本身,并在离散方程时对参数做出进一步的简化。因此,数值模型的结果是近似地反映海洋流场的规律。直接观测得到的数据,虽然是对海洋流场进行真实观测,但由于观测设备的局限和观测点物理量的随机变动,观测结果具有不可避免的系统误差与随机误差。两种方式获得的数据具有各自的优、缺点。数据同化的主要目的是将观测数据与理论模型结果相结合,吸收两者的优点,以期得到更接近实际的结果。

数据同化在海洋上的应用总的来说包括三个方面的内容:一是改进边界条件等模型的参数化,二是进行客观分析并实现海洋流动的四维化,三是改进模式的初始条件、边界条件并进行预测。因此,利用数据同化技术,可以更好地提取观测数据所包含的有效信息,提高和改进分析与预报系统的性能,加深对海洋动力过程的认识。

3.3.2　海洋数据的格式

3.3.2.1　通用数据格式

（1）通用 ArcGIS 格式

ESRI 公司的 ArcGIS 软件平台,包括很多通用 GIS 数据格式。Shapefile 文件是描述空间数据的几何和属性特征的非拓扑实体矢量数据结构的一种格式,是一种基于文件方式存储 GIS 数据的通用格式。一个 Shapefile 文件包括一个主文件(＊.shp),一个索引文件(＊.shx)和一个 dBASE 表文件(＊.dbf)。主文件是一个直接存取、变长记录的文件,其中每个记录描述一个实体的数据,称为 shape。在索引文件中,每个记录包含对应主文件记录离主文件头开始的偏移量。dBASE 表文件包含各个实体的属性特征记录。几何和属性间的一一对应关系是基于一个不重复的记录,在 dBASE 表文件中的属性记录和主文件中的记录是相同顺序的。

Coverage 是带有拓扑关系的基于文件方式存储的通用 GIS 数据格式。Coverage 是一个集合,它可以包含一个或多个要素类,数据结构复杂,属性缺省存储在 Info 表中。在第一个商业化 GIS 软件 ARC/INFO 之前,计算计划的图形表示源自通用的 CAD 软件,属性信息和几何要素放在一起,不利于空间信息的描述和分析。目前 ArcGIS 中仍然有一些分析操作只能基于这种数据格式进行操作。Coverage 数据格式的优势在于:

①　空间数据与属性数据关联。空间数据存储于建立了索引的二进制文件中,属性数据存放在 DBMS 表中,二者以公共的标识编码关联。

②　矢量数据间的拓扑关系得以保存。Coverage 支持三种基本拓扑关系:连接性、面定义、邻接性。

Geodatabase 数据格式是一种基于 RDBMS 存储的数据格式,其有两大类:Personal Geodatabse 用来存储小数据量数据,存储在 Access 的 mdb 格式中;ArcSDE Geodatabse 存储大型数据,存储在大型数据库 Oracle、SQL Server、DB2 中等。Geodatabase 可以实现并发操作,不过需要单独的用户许可。Geodatabase 的模型结构如下:

①　对象类(Object Class),是一种特殊的类,没有空间特征,其实例是可关联某特定行为的表记录。如某地块的主人,在"地块"、"主人"间可建立某种关系。

②　要素类(Feature Class),是同类空间要素的集合,如河流、道路、植被、电缆等。要素类可以独立存在,也可以具有某种联系。当不同的要素类之间存在关系时,就将其组织到一个要素数据集(Feature Dataset)中。

③　要素数据集(Feature Dataset),由一组具有相同空间参考(Spatial Reference)的要素类组成。将不同要素类放入要素数据集的几种情况:专题归类表示——当不同的要素类属于同一范畴,例如全国范围内某种比例尺的水系数据,其点、线、面类型的要素类可组织成同

一个要素数据集。创建几何网络——在同一几何网络中充当连接点和边的各种要素类,须组织到同一要素数据集中,例如配电网络中有各种开关、变压器、电缆等,它们分别对应点或线类型的要素类,在配电网络建模时,我们要将其全部考虑到配电网络对应的几何网络模型中,此时这些要素类就要放在统一要素数据集下。考虑平面拓扑——共享公共几何特征的要素类,例如用地、水系、行政区界等,当移动其中一个要素时,其公共部分也要一起移动,并保持这种公共的几何关系不变。

④ 关系类(Relationship Class),定义不同要素类或对象类之间的关联关系。如我们可以定义房子和主人之间的关系、房子和地块之间的关系等。

⑤ 几何网络类,在若干要素类的基础上建立起的新类。定义几何网络时,需指定哪些要素类加入其中,同时指定其在几何网络中扮演什么角色。例如定义一个供水网络,我们指定同属一个要素数据集的"阀门"、"泵站"、"接头"对应的要素类加入其中,并扮演"连接"的角色;同时,指定同属一个要素数据集的"供水干管"、"供水支管"、"入户管"等对应的要素类加入供水网络,由其扮演"边"的角色。

⑥ 域(Domains),定义属性的有效范围,可以是连续的,也可以是离散数值。

⑦ 验证规则(Validation Rules),对要素类的行为和取值加以约束的规则,如不同管径的水管连接必须通过合适的接头,规定一个地块可拥有 1~3 个主人等。

⑧ 栅格数据集(Raster Datasets),用于存放栅格数据,支持海量栅格数据,支持影像镶嵌,可通过建立"金字塔"形索引,在使用时指定可视范围,提高检索和显示效率。

⑨ 不规则三角网数据集(TIN Datasets),ArcGIS 的经典数据模型,用不规则分布的采样点的采样值构成不规则的三角集合,用于表达地形或其他类型的空间连续分布特征。

⑩ 定位器(Locators),定位参考和定位方法的组合,对于不同的参考,用不同的定位方法进行定位操作。所谓定位参考,不同的定位信息有不同的表达方法。在 Geodatabase 中,有 4 种定位信息:地址编码、<X,Y>、地名及邮编、路径定位。定位参考数据放在数据库表中,定位器根据该定位参考数据在地图上生成空间定位点。

Grid 数据格式是 ESRI 的原始存储格式,是以高程值为属性的栅格数据,是构成 DEM 的一种数据结构。它可以用来描述海洋栅格数据,如海岸带地形数据、海底地形数据等。Grid 数据由 BND 表、HDR 文件、STA、VAT 表组成。格网 BND 包含格网的边界,边界是包含格网像元的矩形,其存储在地图坐标中,最小坐标为格网中左下像元的左下角的坐标。最大坐标为格网中右上像元的右上角的坐标。HDR 是二进制文件,存储在文件中的信息包括像元大小、格网的类型(整型或浮点型)、压缩技术、分块系数和分块信息。STA 表是包含格网统计数据的 INFO 表,格网的最小值、最大值、平均值和标准差以 STA 表中浮点值的形式存储,不得尝试直接更改这些值。VAT 表是存储与格网区域关联的属性的 INFO 表,只有整型格网才具有与其关联的 VAT,每个 VAT 至少包含两项——VALUE 和 COUNT。

通常包含以下两种类型的格网:整型和浮点型。整型格网多用于表示离散数据,浮点型格网则多用于表示连续数据。

① 整型格网,其属性存储在它的值属性表(VAT)中,格网中的每个唯一值对应于表中的一条 VAT 记录。该记录存储了这个唯一值(VALUE 是表示特定类或像元分组的整数)和它所表示的格网像元数(COUNT)。例如,如果栅格中共有 50 个代表森林的值是 1 的像元,则在 VAT 中,这些像元将显示为一条 VALUE=1 和 COUNT=50 的记录。其存储结

构如图 3-17 所示。

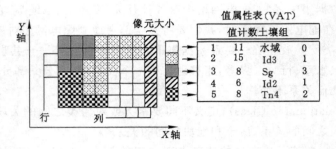

图 3-17　整型格网数据结构

　　② 浮点型格网,没有 VAT 文件,因为格网中的像元可以是给定范围的任意值。此格网类型中的像元不能整齐地落在各个离散类别中。像元值用于描述其所在位置的属性,例如在使用米作为单位表示高程的高程数据格网中,像元值 10.1662 代表其所在位置高于海平面大约 10 m。

　　(2) MIF 通用数据格式

　　MIF 文件是 MapInfo 通用数据交换格式,这种格式是 ASCII(American Standard Code for Information Interchange)码,可以编辑,容易生成,且可以工作在 MapInfo 支持的所有平台上。它将 MapInfo 数据保存在两个文件中:图形数据保存在. MIF 文件中,而文本(属性)数据保存在. MID 文件中。其中,. MIF 文件有两个区域:文件头区域和数据节,文件头中保存了如何创建 MapInfo 表的信息,数据节中则是所有图形对象的定义。故 MIF 应是保存图形的一种文件格式。

　　(3) 通用图像数据格式

　　遥感图像数据格式可以用来描述海洋栅格数据,如海岸带地形数据、海底地形数据。通用图像数据格式包括 TIF、BSQ、IMG、BMP 等。

　　TIF 是最复杂的一种位图文件格式,是基于标记的文件格式。TIFF 文件以". tif"为扩展名,其数据格式是一种 3 级体系结构,从高到低依次为:文件头、一个或多个称为 IFD 的包含标记指针的目录和数据。

　　BSQ 是遥感中按照波段序列存储,即各波段的二维图像数据按波段顺序排列的数据格式。存储介质上的每一个图像文件对应于一个波段的数据,并且所有图像文件尺寸相同;每一盘磁带/光盘可包括多个图像文件,但同一波段文件不跨存于两个介质上。Landsat-5 的 TM 数字产品的数据记录格式采用的就是 BSQ 格式。

　　IMG 是一种图像文件压缩格式,主要是为了创建软盘的镜像文件,它可以用来压缩整个软盘或光盘的内容。使用". IMG"扩展名的文件就是利用这种文件格式来创建的,. IMG 文件格式可视为. ISO 格式的一种超集合。由于. ISO 只能压缩使用 ISO9660 和 UDF 这两种文件系统的存储媒介,意即. ISO 只能拿来压缩 CD 或 DVD,因此才发展出了. IMG,它是以. ISO 格式为基础另外新增可压缩使用其他文件系统的存储媒介的能力,. IMG 可向后兼容于. ISO。

　　BMP 全称 Bitmap,是 Windows 操作系统中的标准图像文件格式,可以分成两类:设备相关位图(Device Dependent Bitmap,DDB)和设备无关位图(Device Independent Bitmap, DIB)。由于 BMP 文件格式是 Windows 环境中交换与图有关的数据的一种标准,因此在 Windows 环境中运行的图形图像软件都支持 BMP 图像格式。BMP 格式使用非常广,采用位映射存储格式,除了图像深度可选 1 bit、4 bit、8 bit 及 24 bit 以外,不采用其他任何压缩,因此,BMP 文件所占用的空间很大。采用 BMP 文件存储数据时,图像的扫描方式是按从左到右、从下到上的顺序。BMP 图像文件由四部分组成:

① 位图头文件数据结构,它包含 BMP 图像文件的类型、显示内容等信息。

② 位图信息数据结构,它包含 BMP 图像的宽、高、压缩方法以及定义颜色等信息。

③ 调色板,这个部分是可选的,有些位图需要调色板,有些位图比如真彩色图(24 位的 BMP)就不需要调色板。

④ 位图数据,这部分内容根据 BMP 位图使用的位数不同而不同。在 24 位的图中直接使用 RGB,而其他的小于 24 位的使用调色板中颜色索引值。

3.3.2.2　专用数据格式

(1) HDF 数据格式

HDF(Hierarchical Data Format)是一种分层式数据管理结构,是一种能够自我描述、多目标、用于科学数据存储和分发的数据格式。在海洋 GIS 中应用广泛,可以用来描述矢量场数据,如风场;也可用来描述标量场数据,如 SST 场、盐度场、高度场等。HDF 可以存储不同类型的图像和数码数据的文件格式,并且可以在不同类型的机器上传输,同时还有统一处理这种文件格式的函数库。它针对存储和分发科学数据的各种要求提供解决方法。

一个 HDF 文件中可以包含多种类型的数据,如栅格图像数据、科学数据集、信息说明数据。这种数据结构,方便我们对于信息的提取。例如,当打开一个 HDF 图像文件时,除了可以读取图像信息以外,还可以很容易地查取其地理定位,轨道参数、图像噪声等各种信息参数。

HDF 设计的特点:

① 自我描述,一个 HDF 文件中可以包含关于该数据的全面信息。

② 多样性,一个 HDF 文件中可以包含多种类型的数据。例如,可以通过利用适当的 HDF 文件结构,在某个 HDF 文件中存储符号、数值和图形数据。

③ 灵活性,可以让用户把相关数据目标集中在一个 HDF 文件的某个分层结构中,并对其加以描述,同时可以给数据目标记上标记,方便查取。用户也可以把科学数据存储到多个 HDF 文件中。

④ 可扩展性,在 HDF 中可以加入新数据模式,增强了它与其他标准格式的兼容性。

⑤ 独立性,HDF 是一种同平台无关的格式,可以在不同平台间传递而不用转换格式。

(2) NetCDF 数据格式

NetCDF(Network Common Data Form)网络通用数据格式是由美国大学大气研究协会(University Corporation for Atmospheric Research,UCAR)的 Unidata 项目科学家针对科学数据的特点开发的,是一种面向数组型并适于网络共享的数据的描述和编码标准。NetCDF 是以二进制的矩阵形式存储的数据格式,开始的目的是用于存储气象科学中的数据,现在已经成为许多数据采集软件生成文件的格式。利用 NetCDF 可以对网格数据进行高效的存储、管理、获取和分发等操作。由于其灵活性,能够传输海量的面向阵列(Array Oriented)数据，目前广泛应用于大气科学、水文、海洋学、环境模拟、地球物理等诸多领域。例如，美国国家环境预报中心（National Centers for Environmental Prediction，NCEP）发布的再分析资料，NOAA 的气候数据中心（Climatic Data Centre，CDC）发布的海洋与大气综合数据集（Comprehensive Ocean Atmosphere Dataset，COADS）均采用 NetCDF 作为标准。现有的 ARGO 浮标数据的格式包括三种：txt、dat、NetCDF，其中 NetCDF 是重要的一种数据格式。

① NetCDF 的数据结构。NetCDF 数据集（文件名后缀为.nc）的格式不是固定的，它是使用者根据需求自己定义的。一个 NetCDF 数据集包含维（Dimensions）、变量（Variables）和属性（Attributes）三种描述类型，每种类型都会被分配一个名字和一个 ID，这些类型共同描述了一个数据集。NetCDF 库可以同时访问多个数据集，用 ID 来识别不同数据集。变量存储实际数据，维给出了变量维度信息，属性则给出了变量或数据集本身的辅助信息属性，又可以分为适用于整个文件的全局属性和适用于特定变量的局部属性，全局属性则描述了数据集的基本属性以及数据集的来源。

一个 netCDF 文件的结构包括以下对象：

```
netCDF name{
Dimensions：… //定义维数
Variables：… //定义变量
Attributes：… //属性
Data：…//数据
}
```

② NetCDF 数据的主要特点。自描述性，它是一种自描述的二进制数据格式，包含自身的描述信息；易用性，它是网络透明的，可以使用多种方式管理和操作这些数据；高可用性，可以高效访问该数据，在读取大数据集中的子数据集时不用按顺序读取，可以直接读取需要访问的数据；可追加性，对于新数据，可沿某一维进行追加，不用复制数据集和重新定义数据结构；平台无关性，NetCDF 数据集支持在异构的网络平台间进行数据传输和数据共享。可以由多种软件读取并使用多种语言编写，其中包括 C 语言、C++、Fortran、IDL、Python、Perl 和 Java 语言等。

另外，海洋 GIS 中还有 XML、ASCII 码、二进制格式、Burf（气象数据格式）、Grib（通常在气象学用来存储历史和预测的天气数据）等数据格式。

3.3.3　海洋数据的异构性

海洋数据来源多样、格式各异，但最终应用系统要屏蔽掉这些数据底层的异构性，为用户提供一个统一的数据访问接口，因此在获取数据后要进行统一的格式转换、集成，为后期的具体应用提供便利的数据基础。

3.3.3.1　海洋数据异构性问题

（1）数据来源的多样性

海洋数据来源的多样性，是海洋数据异构性的主要表现，也是造成海洋数据异构性的最根本原因。海洋数据的来源目前主要有三大类：现场调查观测、遥感测量、数值模拟。图 3-18 展示了海洋数据来源的多样性。

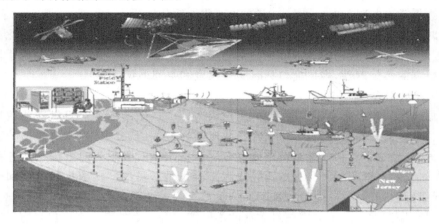

图 3-18　海洋数据来源的多样性

（2）数据存储格式的多样性

存储格式多样性是海洋数据异构性的最直接体现。不同的测量仪器和测量手段、不同的计算方法和工具、不同的数据标准这 3 个方面都造成了数据格式的异构。

① 由于测量仪器和手段造成的数据格式异构。不同来源数据的存储格式一般各不相同，即使同种来源类型的数据由于测量仪器、测量手段不同存储格式也各不相同。例如，浮标（包括锚系浮标、漂流浮标等）、南森站、台站、CODAS、CTD、ADCP、观测船（包括走船、断面、剖面等）、遥感、卫星等观测手段的不同引起了数据精度的不同和数据格式的不同，温盐数据由于观测手段的不同有 CTD、BT、CBT、ARGO 等格式。而且，关于观测手段、精度、测量单位等相关的描述信息在数据中占据了大量的比例，这些描述信息采用的数据格式更是不具有统一性。

② 由于所用的数据处理工具和方法造成的数据格式异构。人们在处理这些海洋数据时所用的方法和工具、平台不同，形成了不同的存储格式。历史上，海洋数据大都用文件格式存储，即使到现在文件格式存储仍然是海洋数据存储的重要手段。但数据库以其结构清晰、操作方便、便于共享、支持海量数据等无可比拟的优点，逐渐成为数据存储的主流。对于文件数据，有最通用的文本文件、行列整齐的电子表格文件（如 EXCEL 表格、WPS 表格）、适用于网络的 XML 文件等。对于数据库数据来说，既包括中小型的数据库，如 Access、My SQL、SQL Server 等，也包括大型数据库，如 Oracle、DB2、Informix、Sybase 等。对于基础地理数据，由于使用不同的 GIS 平台，可能的数据格式有 Shp、Coverage、Map、Tab、Mif 等。

③ 由于采用不同的数据标准造成的数据格式异构。NetCDF 是一种面向数组型数据的描述和编码标准，已被国内外许多行业和组织采用，目前广泛应用于大气科学、水文、海洋学、环境模拟、地球物理等诸多领域。XML 数据因其具有强大的数据描述能力，逐渐成为事实上网络数据交换的标准。美国、澳大利亚、俄罗斯以及欧洲等海洋强国和地区都在扎实有效地开展 Marine XML 的研究应用和开发工作，甚至已把 XML 成功地运用到数据交换、资料处理和存储以及日常管理等方面。根据不同的目的，采用这些不同的数据标准，就会造

成数据存储格式的不同。

（3）数据的多时空和多尺度性

海洋数据具有很强的时空特性。海洋的变化性比陆地要明显得多，一般情况下，可以认为海洋是时刻变化的，几个小时甚至几十分钟的时间内，海洋的各种属性值的变化都是不可忽略的，因此海洋空间数据的时空性是非常明显的。另外，海洋空间数据测量的手段决定了海洋空间数据的多尺度性，多尺度包括时间多尺度和空间多尺度。

（4）海洋数据多级别性

从数据应用的角度来说，不同类型的用户因为任务层次的不同对卫星遥感数据的要求差别很大。数据的三类最终用户——公众、政府与行业部门、专家学者，对数据的要求级别也不同。另外，专家学者在为某个特定研究专题准备数据时必须先对数据进行各种预处理和转换，有时候对多源数据产品进行比较或者融合也是必需的。从数据的生产和分发过程来说，不同级别数据的内容、质量以及附加信息都有很大的区别。数据生产部门出于对数据实效性、质量、保密性以及不同用户对数据的不同需求等方面的考虑会推出具有不同生产周期的各个级别的数据产品。不同的组织和部门对各个级别的数据标准的定义也不尽相同。

3.3.3.2　海洋数据集成的必要性

海洋科学的发展极大地丰富了海洋的数据源，这些数据相对于其他行业数据有强烈的异构性，这也给海洋数据的有效集成带来挑战。同时，计算机网络及数据的发展，都对海洋数据的集成提出了更高的要求。海洋数据集成具有必要性和迫切性。

① 数据冗余是目前数据管理方式最大的问题。

② 从海洋数据集成本身来讲，没有统一的集成模式。这给海洋数据的综合分析及向更高一级的应用造成障碍。

③ 海洋数据存储格式的多样性给海洋科研人员应用数据造成困难。

④ 目前海洋观测数据大都存储在文件中，以目录或文件的方式存在，数据的抽取和分类工作难以进行，因此海洋观测数据的利用率极其低下，这和海洋实测数据的昂贵代价形成鲜明对比。

⑤ 海洋数据还存在多维海量的特点，其中存在大量的多对多或一对多的关系，以文件为主的管理方式根本无法满足要求，且对存储空间造成很大的浪费。

⑥ 海洋数据具有很强的区域性，将海洋数据按空间地理位置进行组织是数据集成中不可少的内容，但按目前的海洋数据管理方式实现起来比较困难。

⑦ 随着网络的飞速发展和普及，信息共享已经成为一种必然的要求。海洋环境信息也不例外，必须完全融入大型海洋 GIS 中，而目前海洋数据的文件管理方式显然跟不上这个要求。

3.3.3.3　海洋数据集成的方法

（1）基于数据仓库的海洋数据集成

数据仓库的创始人 W. H. Inmon 给数据仓库的定义：数据仓库(Data Warehouse)是支持管理决策过程的、面向主题的、集成的、随时间变化的、但信息本身相对稳定的数据集合。

数据仓库有如下 5 个基本特征：

① 数据仓库是面向主题的。数据仓库需要为决策提供综合信息，这类信息的组织应当以企业中业务工作的主题内容为主线，数据仓库侧重于数据分析工作，是按照主题存储的。

目前数据仓库仍是采用关系数据库技术来实现的,即数据仓库的数据最终也变为关系。因此,要把握主题和面向主题的概念,需要将它们提高到一个更高的抽象层次上来理解,也就是要特别强调概念的逻辑意义。

② 数据仓库是集成的。来自外部信息源的信息不会原封不动地进入数据仓库,而必须进行必要的变换和集成以增强其可用性。在创建数据仓库时,信息集成的工作包括格式转换、根据选择逻辑消除数据冲突、运算、总结、综合、统计、加时间属性和设置缺省值等工作。还要将原始数据结构做一个从面向应用到面向主题的大转变。

③ 数据仓库是稳定的。它反映的是历史信息的内容,而不是处理联机数据。事实上,任何信息都带有相应的时间标记,但在文件系统或传统的数据库系统中,时间维的表达和处理或者是没有形式化或者是很不自然。在数据仓库中,数据一旦装入其中,基本不会发生变化。数据仓库中的每一数据项对应于某一特定时间。当对象某些属性发生变化,则生成新的数据项。这就使得信息具有稳定性。

④ 数据仓库是随时间不断变化的。数据仓库的数据是随时间而不断变化的,这一特征表现在以下三方面:数据仓库随时间变化不断增加新的内容;数据仓库随时间变化不断删去旧的内容;数据仓库中包含大量的综合数据,这些综合数据有很多与时间有关,如数据经常按照时间内段进行综合,或隔一定的时间片进行抽样等。

⑤ 数据仓库在解决海洋环境数据集成问题中的适用性。数据仓库比数据库更适于海洋环境数据集成。海洋数据是分析性数据而不是操作性数据,在数据集成中,海洋环境数据是综合的、代表过去的、分析驱动的数据,是典型的分析型数据。操作型数据与分析型数据之间的区别如表 3-1 所示。

表 3-1　　　　　　　　　　　　操作型数据与分析型数据之间的区别

操作型数据	分析型数据
细节的	综合的或者可提炼的
在存在瞬间是准确的	代表过去的数据
可更新的	不更新
操作需求事先可知道	操作需求事先不知道
对性能要求高	对性能要求宽松
一个时刻操作一个单元	一个时刻操作一个集合
事务驱动	分析驱动
面向应用	面向分析
一次操作数据量小	一次操作数据量大
支持日常操作	支持管理需求

数据库是面向业务的,使用者一般是业务人员,进行日常的数据处理和维护工作;数据仓库是面向决策的,使用者一般是管理人员或领域专业人员,它也是关系数据库,但数据库并不负责处理业务,而是把数据收集以后用于分析或决策,它的数据来源是业务数据库,甚至是 Excel 表格或文本文件;数据库注重的是组织运行的当前数据,任务是收集和记录原始业务数据;而数据仓库面对的是非即时性的历史数据,任务是通过从业务数据中提取所需数

据,并经过加工和处理呈现给决策人员或科研人员。显然,海洋环境数据集成的过程更类似于数据仓库而不是数据库。

(2)基于 Web Services 的海洋数据集成

Internet 的迅速普及和广泛应用对计算机技术和各行各业的发展产生了深刻影响,从网上不仅可以获得数据,还可以获得方法或服务。把包括海洋数据管理、时空分析和可视化等数据处理方法的集成和复用从单机、局域网环境下扩展到 Internet 环境下,显然能够突破这些方法复用的空间和时间限制,加强这些方法使用的快捷性和简便性,从而极大地提高这些方法的复用能力和复用程度。

① Web Services 的定义。一个 Web Services 就是一个可以被 URI 识别的软件应用,它的接口可以被 XML 描述和发现,并可通过基于 Internet 的协议直接支持与其他基于 XML 消息的软件应用交互。或者 Web Services 可定义为一个包括资源对象集、服务对象集、角色集、协议栈、操作指令集等五元数组组成的一个分布式有机智能软件体。

② Web Services 的体系结构。其架构由 3 个参与者和 3 个基本操作构成。3 个参与者分别是服务提供者、服务请求者和服务代理;而 3 个基本操作分别为发布、查找和绑定。服务提供者将其服务发布到服务代理的一个目录上,当服务请求者需要调用该服务时,他首先利用服务代理提供的目录去搜索该服务,得到如何调用该服务的信息,然后根据这些信息去调用服务提供者发布的服务。当服务请求者从服务代理得到调用所需服务的信息之后,通信是在服务请求者和提供者之间直接进行,而无须经过服务代理,如图 3-19 所示。

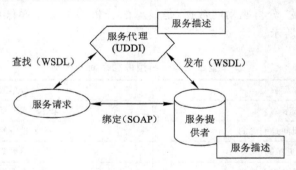

图 3-19　Web Services 体系架构图

③ Web Services 在海洋数据集成中的适用性。基于 Web Services 的架构,如图 3-20所示。提升互操作性,Web Services 将服务提供程序与服务请求程序之间的交互作用设计为完全不依赖于平台并且不依赖于语言。实现即时集成,当服务请求程序使用服务代理程序来查找服务提供程序时,发现就动态发生。通过封装来降低复杂性,服务请求程序和提供程序本身关注的是彼此相互作用所必需的接口,Web 服务将那些详细信息封装在请求程序和提供程序中。

(3)基于本体的海洋数据集成

本体论(Ontology)是近几年海洋数据集成的研究热点。本体是对概念体系明确的、形式化的、可共享的规范。它包含四层含义:概念模型、明确、形式化和共享。"概念模型"指通过抽象出客观世界中一些现象的相关概念而得到的模型;"明确"指所使用的概念及使用这些概念的约束都有明确的定义;"形式化"指能被计算机处理;"共享"意味着本体体现的是共

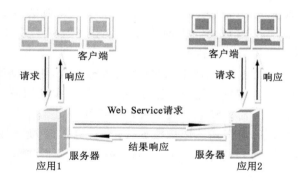

图 3-20　基于 Web Services 的应用架构

同认可的知识,反映的是相关领域中公认的概念集。

　　基于本体的海洋知识集成是可行的,本体比其他方法更适合表示海洋知识,比其他方法更适合解决语义异构,如图 3-21 所示。本体论在其他行业领域已经有成功案例,在海洋领域已经有学者进行了探索和研究。

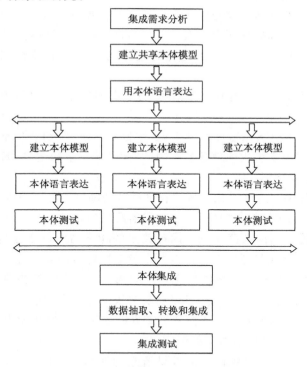

图 3-21　基于本体的海洋知识集成流程

3.4　海洋数据质量评定

　　数据是一种未经加工的原始资料,是客观对象的表示,是信息的具体表达形式,它可以是数字、文字、符号、图像等。一个海洋 GIS 包括空间数据、属性数据、空间数据之间的关系以及空间数据与属性数据之间的关联。数据是海洋 GIS 的"血液"，是组成系统的重要元素，数据质量的好坏是海洋 GIS 成功与否的关键。如果一个海洋 GIS 不能提供正确、可靠的数据，这个系统也就失去了意义和价值。

海洋 GIS 中数据获取方法多样、数据来源广泛、数据量大，在数据库建立过程中会出现许多人为和系统的误差，甚至还有可能产生数据错误，因此，在利用海洋调查观测数据进行海洋研究和决策支持之前，要对海洋数据质量进行分析和评定。

海洋相关数据主要包括：海洋遥感影像数据、海洋实测数据、海洋数值产品、海图、调查统计数据、文档数据等。下面分别对各种类型的数据可靠性分析和精度评定进行论述。

3.4.1　海洋遥感数据质量评定

遥感数据问题主要包括传感器在航线、航向上出现的误差、大气辐射产生的误差、地形和地貌等因素产生的误差、图像处理和解译误差等，因此必须对原始数据进行分析和质量评定。

海洋遥感数据质量评定的主要目的是用客观、定量的数学模型来表达人对图像的主观感受。对遥感数据质量进行评定的方法大致可分为主观评价和客观评价。前者主要通过人眼观察影像，不能完全客观地理解图像的质量信息。客观方法则以一系列的指标进行定量评定，所以客观方法更能准确地评定数据质量。结合目前遥感数据质量评定的现状，主要从图像辐射质量、图像几何质量这两方面进行定量评定。其中，图像辐射质量评定包括以下指标：

① 图像噪声。信噪比是图像中的有用信息与噪声信号的比值，值越大表明图像质量越好。

② 信息容量。从遥感图像数据本身来说，图像是一种二维信号，图像所发挥用处的大小，关键在于图像能够带来多大的信息量。因此，衡量信息量的度量"熵"也是用来评定图像质量的一个综合的重要指标。

③ 清晰度。图像细节边缘变化的敏锐程度反映清晰度。在图像细节的边缘处，光学密度或亮度随着位置变化越敏锐，则细节边缘的可辨程度就越高。

④ 图像波段能量。图像均值反映图像各波段的能量高低。通过与同一地区同期的卫星传感器的比较，以及合成彩图的对比可以评定各波段能量的均衡性。

⑤ 波段信息冗余。图像的不同波段之间一般都具有一定的相关性，协方差和相关系数就是定量表示这种相关程度的统计量，可以反映波段信息冗余程度。

⑥ 图像灰度层次。图像方差和图像灰度直方图反映了图像灰度层次的丰富程度。

图像几何质量评定包括以下指标的评定：

① 空间分辨率。可通过选取图像上较易清楚的地物，读取地物起始的行列值，然后根据实测数据或其他卫星数据进行对比评定。

② 几何纠正精度。几何纠正中 GCP 点的选取至关重要，GCP 点数越多，其拟合越好。

③ 波段配准精度。以传感器的一个谱段影像为基准，其他谱段作为待测影像，通过多点和多景影像统计分析来对传感器的配准精度进行评定。

图像的评定参数有多种，不同参数原理不同，在评定中起到的作用也必然不同。根据卫星传感器的实际情况，合理选择评定参数对数据质量评定起到了重要的作用。

3.4.2　海洋实测数据质量评定

海洋实测数据质量评定在海洋调查观测数据处理中发挥着重要作用,准确、及时地对实测数据进行质量评定,不仅可以对之前处理结果做出合理的分析,同时能为后续测量数据提供科学依据。以基于浮标数据的卫星雷达高度计波高数据评价为例,雷达高度计测量海面的数据质量与该位置点距离海岸的距离呈负相关性,利用两种浮标有区别地验证卫星雷达高度计数据,可以提高其精度验证评价的客观性。这个过程包括以下步骤:① 浮标数据预处理。首先,判断数据是否处于正常数据范围之内,设置上限范围,若大于设定值,则认为它为异常值应当予以剔除;其次,判断固定时间间隔内的数据之间的差是否大于预设值,若差大于,则剔除当前数值;最后,平均前两步校正得到的长时间序列的正常数据值,得到正常范围内的数值,剔除处于正常区间之外的数据。浮标数据经过以上处理后认为它可以用于对比验证浮标数据。② 遥感数据预处理。其处理流程和浮标数据处理过程类似。③ 数据匹配。匹配处理方法包括:最小二乘回归(Ordinary Least Squares,OLS)、正交回归和主成分回归等。最终对匹配结果进行精度评价,评价方法包括:偏差(Bias)、均方根误差(RMSE)、相关系数(Correlation Coefficient)和散度(Scatter Index,SI)。

3.4.3　海洋数值产品质量评定

随着航海、卫星观测、遥感、计算机技术的发展,基于这些技术的海洋数值产品层出不穷,然而数据质量却参差不齐。通过对海洋数值产品进行质量评定,以期为其后续应用提供依据。首先,选用实测数据作为海洋数值产品质量评价的验证数据。由于验证数据存在一定的误差,因此对验证数据进行二次质量控制(数据发布之前已经有质量控制)。首先,通过完整性检查获取缺失字段的相关记录并进行剔除;对原数据进行阈值设定、粗差检验和过滤处理;将验证数据根据各个产品特点进行处理;然后将各遥感产品与验证数据进行时空一致性匹配生成匹配数据集。数据质量评定方法包括采用绝对偏差(Bias)、均方根误差(RMSE)、温度绝对偏差分级占比(δ)、中值(Median)、众数(Mode)等参量对海洋数值产品进行质量评价。不同匹配数据之间具有时相差异,选取部分匹配数据做二维关系图,若产品回归系数均为 $0.90 \sim 1.01$,而且所有 R^2 在 0.95 以上,可以进一步说明产品质量较好。不同类型的海洋数值产品的数据质量存在一定的差异,这些差异可能来自于产品数据源、产品生成算法、质量控制方法等。因此加强数据融合与同化算法,改进质量控制方法以及融入更多精准实测数据有助于提高海洋数值产品的质量。

3.4.4　海图数据质量评定

海图的质量好坏是决定海图数据价值大小甚至是有用无用的关键,海图数据只有提供准确无误的信息,才能为船只安全航行等提供基础保障。由于海图数据具有空间特征和属性特征,因而需要分别针对两类特征进行质量评定。数据评定的内容包括数据的有效性、完整性、一致性、精度及美观性等方面。海图的质量评定一般以图幅为单位,对图幅的编辑设计、数学基础、数据精度、数据完整性、制图综合、错漏与工艺等进行全面评定。根据产品的质量给出编图设计、数学基础与资料录入精度、数据拼接、数据一致性与完整性、错漏、制图综合、工艺、图幅档案等分值与质量等级。可以通过建立针对矢量海图数据的质量检测及数据优化引擎,采用空间分析、属性分析、拓扑关系分析等多种技术手段,对矢量海图数据采用数字海图数据规范性评定、数据导入质量评定、数据逻辑质量评定、图形编辑质量评定等全要素分区域检测方式进行全面质量评定,进而分析成果数据是否存在问题、存在哪些问题、有没有错漏,存在问题的性质、数量、位置等。

纸质地图数字化过程的数据质量,包括数字化前的预处理,纸张变形、扫描数字化的分辨率和矢量化精度。数字化作业之前,通过仿射变换对纸质地图进行几何纠正,以减小工作底图变形产生的位置误差,达到相应的精度。影响扫描数字化质量的因素除原图质量外,还包括扫描精度、配准、矢量化精度损失等。复杂图形全自动化矢量效果极差,会产生众多的交叉线,导致多边形跟踪错误,对此,应采用交互式矢量化方法。所以,对纸质地图底图及矢量化后的数据进行精度评定也是海洋数据质量评定不可缺少的。

3.4.5 海洋调查统计数据质量评定

海洋 GIS 涉及大量的调查统计数据,例如构建海域管理信息系统,必须首先进行海域基本信息的搜集,开展海籍调查工作,核实宗海权属,掌握海域利用状况,获得宗海位置、形状及其面积的准确数据,为建库奠定基础。海洋调查统计数据是海洋 GIS 中非空间数据的重要来源,在使用海洋调查统计数据之前需要对其进行质量评价。数据的准确性是评定海洋统计数据质量的首要内容,不同时期对海洋统计数据质量有不同的侧重点。新时期海洋统计数据质量评定标准越来越高,朝着多维度、全方位的方向发展,主要包括可获性、及时性、准确性、完整性、衔接性、可读性、全面性、适用性和有效性等 9 个方面。海洋统计数据质量评定方法种类较多,总体来说,包含逻辑判断方法、计量经济方法、数量统计方法和多元分析方法等。从具体操作层面,可以归纳为以下 9 种方法:

① 目测法,主要检查统计数据填报是否工整清晰、内容是否完整、签字公章是否齐全等,通过数据表面现象,发现一些基本的资料问题。

② 逻辑平衡法,该方法是在能够以数学公式或定义为基础建立起相互关系的数据中进行的评定方法。

③ 趋势法,一般通过绘图来展现指标的时间序列运行轨迹。

④ 增长率法,它是趋势评定法的量化延伸,是评定数据质量的有效方法。

⑤ 对比法,计算各种相互影响的指标比例关系,对比海洋产品的使用与供给、生产与消费等,揭示数据的潜在问题。

⑥ 结构法,计算总量中不同项目的结构比重,反映总量构成情况,通常结构的变化情况应比较平稳。

⑦ 关联影响法,是对具有内在联系性的数据进行评定的方法。

⑧ 相关系数法,通过计算指标间的相关系数进行检验评定,是关联影响评定法的量化延伸,比关联影响评定法要求更严格。

⑨ 抽样调查法,确定出调查总体和样本总体,随机抽取若干数据提供者进行实地调查,汇总出样本数据,再通过样本数据推算出总体数据,对比分析被监控数据的可信度。

3.4.6 文档数据质量评定

文档数据质量可利用若干个具体的数据质量维度来衡量,主要包括正确性、准确性、一致性、完整性和时效性等,文档数据质量评定的本质就是从上述质量维度对数据进行评定和分析。文档的基本特征和文档的编辑历史是影响文档质量的主要因素,因此,基于这两个方面和以上几个数据质量维度,采用特定数据逻辑检验和其他验证方法来评定文档数据的质量。文档数据质量评定主要包括构建评定指标体系和确定评定方法的两个方面内容。在文档数据质量评定之前,要先对文档的属性进行特征提取,再使用合理的算法来评定文档的数据质量。网络来源的数据文档可以采用 QASA(Quality Assessment based on Simulated Annealing)方法进行质量评价,该方法可以满足实时响应的要求,实现在线评定文档质量。还可以采用基于事实的质量评定方法 FQA(Fact-based Quality Assessment),基于事实内涵来量化文档数据质量维度。这两种方法都是从文档中提取信息,根据文档内容事实进行数据质量评定。对于海洋 GIS 中涉及的历史文档数据的质量评价,还需要根据数据本身的逻辑关系、数据和实际情况的验证关系、历史数据的时效性、不同期数据的验证关系等进行数据质量的评价。

第4章 海洋 GIS 数据处理和集成

4.1 海洋数据处理方法

　　海洋蕴藏着人类生存所需的很多资源，人类要开发利用海洋资源，必须采取特定方法去了解海洋、研究海洋，而海洋数据是海洋研究必不可少的重要科学依据。海洋数据是海洋调查和观测的初步成果，包含了海洋要素空间分布和时间变化的重要信息，是建立海洋 GIS 的一个重要基础，也是海洋科学研究、开发利用、环境保护、环境预报和科学管理的必要依据。对这些海洋数据进行统计分析、压缩、提取、变换、空间插值、集成、数据挖掘等处理，进一步提高其使用价值，充分利用和发挥其作用，是当前海洋工作的一项重要任务。因此，本章重点论述海洋数据处理和集成方法。

4.1.1 统计分析方法

4.1.1.1 海洋数据统计方法

　　对于海洋属性数据、海洋经济数据、海洋普查文本数据等非空间数据可以采用一般数字统计的方法进行处理；对于海洋空间数据和非空间数据可以采用统计图表进行分析处理。海洋图表适合非空间数据的处理分析，也适合部分空间数据的处理分析，有时比其他方法更能反映空间数据的特点和本质，关键问题是找到适合各类数据的图表。

　　（1）数字统计方法

　　数字统计分析主要应用于属性数据的分析处理，和一般数字分析方法类似，关键是找出属性数据集的特征数。

　　表示数据集的集中分布位置的特征数包括以下几种：

　　① 平均数和数学期望。平均数反映了数据取值的集中位置，通常有简单算术平均数和加权算术平均数。数学期望本质上是平均数的理论值，从数学期望的公式可以看出其是对平均值求极限得到。数学期望反映了数据分布的集中趋势，是针对无限数据集而言，而平均数是针对有限样本而言。

　　② 中位数和众数。中位数是有序数据集中出现在中间部位的数据值。众数是出现次数最多（频率最高）或具有最大可能出现的数值。

　　③ 频数和频率。频数指变量值中代表某种特征的数（标志值）在数据集中出现的个数（或次数），按分组依次排列的频数构成频数数列，用来说明各组标志值对全体标志值所起作用的强度。频数的表示方法，既可以用表的形式，也可以用图形（频数分布直方图）的形式。频率是特定变量的频数和数据集所含数据总个数之比，或特定变量的出现频数和数据值总频数之比。

表示属性数据离散程度的特征数包括以下几种：

① 极差和离差。极差是一组数据中最大值与最小值之差。离差是一组数据中的各数据值与平均数之差。平均离差是将离差取绝对值，然后求和，再取平均数。离差平方是对离差求平方和。平均离差和离差平方和是表示各数值相对于平均数的离散程度的重要统计量。

② 方差与标准差。方差是均方差的简称，是以离差平方和除以变量个数求得的。标准差又称为均方根，是方差的平方根。数理统计中方差是在数学期望的基础上定义的，是针对无限数据值的，而数据处理中的方差实际是样本方差的概念。

③ 变差系数。变差系数用来衡量数据在时间和空间上的相对变化的程度，它是无量纲的量，为标准差除以平均数取百分比。

（2）静态数据统计图表

① 统计表格是详尽地表示非空间数据的方法，不直观，但可提供详细数据，便于对数据进行再处理，能被用户直观地观察和理解数据。

② 饼状图（Sector Graph 或 Pie Graph），显示一个数据系列中各项的大小与各项总和的比例。数据系列是在图表中绘制的相关数据点，这些数据源自数据表的行或列。图表中的每个数据系列具有唯一的颜色或图案并且在图表的图例中表示。可以在图表中绘制一个或多个数据系列。饼状图只有一个数据系列。除了普通饼状图外还有三维饼状图、堆叠饼状图、分离型饼状图等。图 4-1 是用饼状图表现的 ARGO 浮标类型分布情况（截至2004 年）。

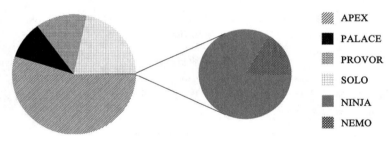

图 4-1　ARGO 浮标类型分布图

③ 柱状图（Bar Chart），是一种以长方形的长度为变量表达数据的统计报告图，由一系列高度不等的纵向条纹表示数据分布的情况，用来比较两个或两个以上变量的价值（不同时间或者不同条件）。柱状图亦可横向排列，或用多维方式表达。如图 4-2 所示，用柱状图表示的 2005 全球 ARGO 浮标中各国家浮标布放数量，从图表中可以清楚地看出美国布放浮标的数量远远超过其他国家。

④ 折线图（Line Chart），可以显示随时间（根据常用比例设置）而变化的连续数据，因此非常适用于显示在相等间隔下的数据趋势。在折线图中，类别数据沿水平轴均匀分布，所有值数据沿垂直轴均匀分布。如图 4-3 所示，利用折线图清楚地表示了不同潮时对应的潮高（潮汐折线图数据来源自中国海事服务网：http://ocean.cnss.com.cn/，请见原图）。

⑤ 盒须图（Boxplot），是为表示定量变量所常用的图形之一。如图 4-4 所示，采用盒须图表示 2017 年 6 月 22 日～2017 年 6 月 23 日渤海海浪高度，从图中可以看出最高海浪达到

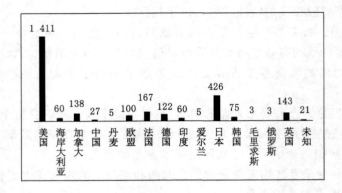

图 4-2　各国浮标数量柱状图

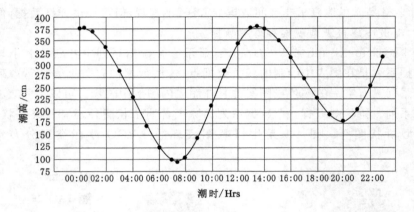

图 4-3　潮汐折线图

1.8 m，最低海浪高度为 1.3 m，海浪高度中位数为 1.55 m。根据该盒须图可以将大于 1.8 m 与小于 1.3 m 的海浪异常值进行筛选删除。

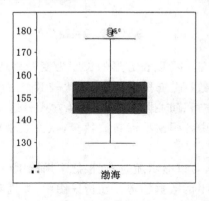

图 4-4　盒须图

⑥ 直方图（Histogram），又称质量分布图，是一种统计报告图，由一系列高度不等的纵向条纹或线段表示数据分布的情况，如图 4-5 所示。一般用横轴表示数据类型，纵轴表示分

布情况。在海洋 GIS 中可以用直方图来表示一天中海面温度随时间的变化的分布。

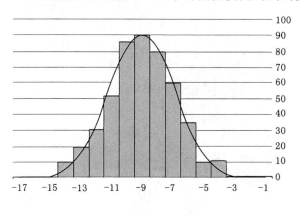

图 4-5　直方图

⑦ 散点图(Scatter Diagram),在回归分析中,数据点在直角坐标系平面上的分布图。如图 4-6 所示,利用散点图表示黄海海域某地潮汐一天内特定时段随时间的变化。

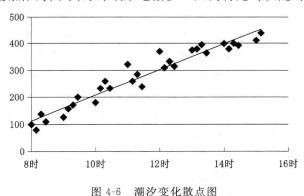

图 4-6　潮汐变化散点图

⑧ 数据分布图,是表现一些现象空间分布位置与范围的图形。如图 4-7 所示,可以用数据分布图展示 2017 年 6 月 24 日~2017 年 6 月 30 日海区表层水温分布状况(图片来源于国家海洋环境预报中心,http://www.nmefc.cn/haiwen/zhoudetail.aspx)。

(3)时序数据统计图

时序数据除了可以用上述统计图表统计分析外,还可以用其他图表进行分析处理,以突出数据的时序特征,具体方法见第 8 章。

4.1.1.2　海洋数据相关分析

相关分析(Correlation Analysis),是研究现象之间是否存在某种依存关系,并对具体有依存关系的现象探讨其相关方向以及相关程度,是研究随机变量之间的相关关系的一种统计方法。相关关系是一种非确定性的关系,分为线性相关、非线性相关、复相关和偏相关等。线性相关分析是比较常见的一种相关关系分析,分为正相关、负相关和零相关。一般用相关系数来计算相关关系,对定距连续变量数据采用 Pearson 相关系数计算;对离散顺序变量(等级变量)数据或变量值的分布明显非正态或分布不明时,采用 Spearman 和 Kendall 相关系数进行计算。

图 4-7　海区表层水温分布图

复相关分析是研究一个变量与另一组变量之间的相关程度,例如,南海海域的风暴潮和台风、温带气旋、高潮水位等因素之间的相关关系即为复相关。偏相关分析是研究在多变量的情况下,当控制其他变量影响后,剩下的一个变量和另一变量间的相关程度。例如,南海海域的风暴潮控制其他影响因素,其和台风要素之间的相关关系即为单相关。

回归分析(Regression Analysis)是确定两种或两种以上变量间相互依赖的定量关系的一种统计分析方法。回归分析应用十分广泛,按照涉及的变量的多少,分为一元回归和多元回归分析;按照因变量的多少,可分为简单回归分析和多重回归分析;按照自变量和因变量之间的关系类型,可分为线性回归分析和非线性回归分析。在大数据分析中,回归分析是一种预测性的建模技术,它研究的是因变量(目标)和自变量(预测器)之间的关系。这种技术通常用于预测分析、时间序列模型以及发现变量之间的因果关系。

相关分析与回归分析在实际应用中有密切关系,但回归分析所关心的是一个随机变量 Y 对另一个(或一组)随机变量 X 的依赖关系的函数形式;而在相关分析中,所讨论的变量的地位一样,分析侧重于随机变量之间的种种相关特征。回归分析可以用于预测,但相关分析一般不用于预测。

海洋现象之间的关系错综复杂,有些关系是隐性关系,有些关系是长实效的,短时间内难以确定,所以相关关系分析和回归分析在海洋分析中大有用途。对海洋要素数据进行相关性分析,可以得出反映要素之间关系的数学模型。比如海水温度与太阳辐射、风级与波级和流速、海雾的形成与气温差等之间的相关性,这种相关性反映出海洋变量之间的客观规律。对于已经明确知道具有确定关系的海洋要素之间可以采用回归分析方法进行数据分析处理,这样不仅能够得到海洋要素和现象之间确定的函数模型,而且还可以预测海洋现象的发展变化规律。对于尚不明确是否存在关联或存在怎样的关联的要素之间可以采用相关分析方法对其数据进行分析处理。

4.1.1.3　海洋数据聚类分析

聚类分析(Cluster Analysis)是将数据集中的数据聚集为相对同质的群组(Clusters)的

统计分析技术。聚类分析的作用一是根据数据本身的相似性得到类别,二是将数据分到上述类别中。聚类与分类的不同在于,聚类所要求划分的类是未知的,而分类是划分已知的。聚类分析是一种探索性的分析处理,在分类的过程中,人们不必事先给出一个分类的标准,聚类分析能够从样本数据出发,自动进行分类。聚类分析所使用方法的不同,常常会得到不同的结论。不同研究者对于同一组数据进行聚类分析,所得到的聚类数未必一致。从统计学的观点看,聚类分析是通过数据建模简化数据的一种方法。从机器学习的角度讲,簇相当于隐藏模式,聚类是搜索簇的无监督学习过程。从实际应用的角度看,聚类分析是数据挖掘的主要任务之一,聚类分析能够作为一个独立的工具获得数据的分布状况,观察每一簇数据的特征,集中对特定的聚簇集合作进一步分析。聚类分析还可以作为其他算法(如分类和定性归纳算法)的预处理步骤。

传统的聚类算法可以被分为五类:划分方法、层次方法、基于密度方法、基于网格方法和基于模型方法。

① 划分方法(Partitioning Around Method,PAM),首先创建 k 个划分,k 为要创建的划分个数;然后利用一个循环定位技术通过将对象从一个划分移到另一个划分来帮助改善划分质量。常用的 k-means、k-medoids 属于此类方法。

② 层次方法(Hierarchical Method),创建一个层次以分解给定的数据集。该方法可以分为自上而下(分解)和自下而上(合并)两种操作方式。为弥补分解与合并的不足,层次合并经常要与其他聚类方法相结合,如循环定位。典型的这类方法包括:综合的层次聚类算法(Balanced Iterative Reducing and Clustering using Hierarchies,BIRCH)、Rock 方法等。

③ 基于密度的方法,根据对象周围的密度,如基于密度的空间聚类算法(Density-Based Spatial Clustering of Applications with Noise,DBSCAN)不断增长聚类。典型的基于密度方法包括基于密度的空间聚类算法、Optics 方法等。

④ 基于网格的方法,首先将对象空间划分为有限个单元以构成网格结构,然后利用网格结构完成聚类。STING(STatistical INformation Grid)就是一个利用网格单元保存的统计信息进行基于网格聚类的方法。

⑤ 基于模型的方法,它假设每个聚类的模型并发现适合相应模型的数据。蛛网(Cobweb)统计方法是一个常用且简单的增量式概念聚类方法。它的输入对象是采用符号量(属性—值)来加以描述的,采用分类树的形式来创建一个层次聚类。

聚类分析作为探索性数据分析处理方法在海洋数据处理中必将发挥重要的作用。例如,利用聚类分析可以较准确地求出水团的核心和显示特征值,尤其在入海径流交集大的浅海水团的边界划定中,聚类分析方法有助于了解水团的运动和消长过程。还可以利用聚类分析研究海洋生物种群分布,和其他分析方法一起可以探索渔场的分布同对应的温度、盐度等环境因子之间的关系,并预测渔场随着季节变化的动态情况等。

4.1.1.4　海洋数据判别分析

判别分析方法又称"分辨法",是在分类确定的条件下,根据某一研究对象的各种特征值判别其类型归属问题的一种多变量统计分析方法。其基本原理是按照一定的判别准则,建立一个或多个判别函数,用研究对象的大量资料确定判别函数中的待定系数,并计算判别指标,据此即可确定某一样本属于何类。当得到一个新的样品数据,要确定该样品属于已知类型中哪一类,这类问题属于判别分析问题。判别分析方法中,判别函数的建立是关键,建立判别函数的方法一般有四种:全模型法、向前选择法、向后选择法和逐步选择法。

判别分析有多种类型,根据判别中的组数,可以分为两组判别分析和多组判别分析;根据判别函数的形式,可以分为线性判别和非线性判别;根据判别式处理变量的方法不同,可以分为逐步判别、序贯判别等;根据判别标准不同,可以分为最大似然法、距离判别法、Fisher判别法、Bayes判别法等。

① 最大似然法,用于自变量均为分类变量的情况,该方法建立在独立事件概率乘法定理的基础上,根据训练样品信息求得自变量各种组合情况下样品被称为任何一类的概率。当新样品进入时,则计算它被分到每一类中去的条件概率(似然值),概率最大的那一类就是最终评定的归类。

② 距离判别法,其基本思想是由训练样品得出每个分类的重心坐标,然后对新样品求出它们离各个类别重心的距离远近,从而归入离得最近的类,也就是根据个案离母体远近进行判别,最常用的距离是马氏距离。距离判别的特点是直观、简单,适合于对自变量均为连续变量的情况下进行分类,且它对变量的分布类型无严格要求,特别是并不严格要求总体协方差阵相等。

③ Fisher判别法,亦称典则判别,是根据线性Fisher函数值进行判别,使用此准则要求各组变量的均值有显著性差异。该方法的基本思想是投影,即将原来在 R 维空间的自变量组合投影到维度较低的 D 维空间去,然后在 D 维空间中再进行分类。投影的原则是使得每一类的差异尽可能小,而不同类间投影的离差尽可能大。

④ Bayes判别法,利用对各类别的比例分布的先验信息,也就是用样本所属分类的先验概率进行分析。Bayes判别就是根据总体的先验概率,使误判的平均损失达到最小而进行的判别,其最大优势是可以用于多组判别问题。但是适用此方法必须满足三个假设条件,即各种变量必须服从多元正态分布、各组协方差矩阵必须相等、各组变量均值均有显著性差异。

在海洋研究中,根据实测海洋数据可对海洋沉积物的物质来源、岩体成因、含矿和含油层分布类型进行评价,并根据沉积物的矿物组成,判断分析沿岸泥沙回淤规律。采用判别分析方法可找出海洋生物种群、区系分布和环境条件的密切关系,对海洋渔场等的开发环境做出评价;也可用在海洋水文气象预报中,根据所测气象影响因子的实测数据,进行海洋气候区划,海风、海雾等灾害天气的统计预报,台风路径活动规律和登陆可能性的预测,水温的趋势预报,上升流出现可能性的推测。

上述分析方法中,聚类分析和判别分析的主要区别是前者所有样品或个体所属类别是未知的,类别的个数一般也是未知的,分析的依据就是原始数据,没有任何事先的有关类别的信息可参考;后者的前提是已经知道分类情况,由若干个不同的样本来构造判别函数,判定新的观测样品到已知组中。

4.1.1.5 海洋数据主成分分析

主成分分析(Principal Component Analysis,PCA),通过正交变换将一组可能存在相关性的变量转换为一组线性不相关的变量的多元统计方法。转换后的这组变量叫主成分。主成分分析法是一种降维的统计方法,它借助于一个正交变换,将其分量相关的原随机向量转化成其分量不相关的新随机向量,这在代数上表现为将原随机向量的协方差阵变换成对角形阵,在几何上表现为将原坐标系变换成新的正交坐标系,使之指向样本点散布最开的 p

个正交方向,然后对多维变量系统进行降维处理,使之能以一个较高的精度转换成低维变量系统,再通过构造适当的价值函数,进一步把低维系统转化成一维系统。进行主成分分析主要步骤包括:指标数据标准化,指标之间的相关性判定,确定主成分个数 m,生成主成分 F_i 的表达式,对 m 个主成分进行综合评价。

主成分分析作为基础数学分析方法,在人口统计学、数量地理学、分子动力学模拟、数学建模、数理分析等学科中均有应用,是一种常用的多变量分析方法。主成分分子的主要作用包括:能降低所研究的数据空间的维数;通过因子负荷结论弄清变量间的某些关系;多维数据的一种图形表示方法;把各主成分作为新自变量代替原来自变量构造回归模型;筛选回归变量。其优点如下:

① 可消除评估指标之间的相关影响。因为主成分分析法在对原始数据指标变量进行变换后形成了彼此相互独立的主成分,而且实践证明指标间相关程度越高,主成分分析效果越好。

② 可减少指标选择的工作量,对于其他评估方法,由于难以消除评估指标间的相关影响,所以选择指标时要花费不少精力,而主成分分析法由于可以消除这种相关影响,所以在指标选择上相对容易些。

③ 主成分分析中各主成分是按方差大小依次排列顺序的,在分析问题时,可以舍弃一部分主成分,只取前面方差较大的几个主成分来代表原变量,从而减少了计算工作量。用主成分分析法作综合评估时,由于选择的原则是累计贡献率≥85%,不至于因为节省了工作量却把关键指标漏掉而影响评估结果。

主成分分析也存在一定缺点:

① 在主成分分析中,我们首先应保证所提取的前几个主成分的累计贡献率达到一个较高的水平(即变量降维后的信息量须保持在一个较高水平上),其次对这些被提取的主成分必须都能够给出符合实际背景和意义的解释(否则主成分将空有信息量而无实际含义)。

② 主成分的解释其含义一般多少带有点模糊性,不像原始变量的含义那么清楚、确切,这是变量降维过程中不得不付出的代价。因此,提取的主成分个数 m 通常应明显小于原始变量个数 p(除非 p 本身较小),否则维数降低的“利”可能抵不过主成分含义不如原始变量清楚的“弊”。

③ 当主成分的因子负荷的符号有正有负时,综合评价函数意义就不明确。

主成分分析的基本思想是为了减少与研究对象有关的因子的复杂性,抓住问题的主要矛盾,找出少数几个能代表原来所有因子作用的主导因子,这样既尽量多地反映原来因子的信息,又能使这些主导因子彼此独立不相关,大大减少了选择评价因子时的工作量。例如,在海洋地质灾害预报的决策问题中,通常影响因子包括关于海洋地质环境的多个随机变量,由于它们之间存在着相关性并且海洋地质环境是动态变化的,从而给数据分析造成了一定的困难。因此,利用主成分分析法的目的就在于选择少数相互无关或独立的新因子来尽可能地概括原来的多个因子所包含的海洋地质环境信息。通过对原始的监视监测数据和用主成分分析法得到的几个主成分分析可以找到合理的、有用的、综合的评价指标,提取对预报海洋地质灾害有用的信息,通过建立指标体系评价模型,对海洋地质灾害问题进行科学的评价分析和决策。

随着研究的深入,传统的统计方法和地学空间数据相结合,产生新的地学统计方法。要注意加强统计方法在地学和海洋 GIS 中的应用,特别当海洋 GIS 进入到大数据时代后,探索性统计方法在海洋数据分析处理中可以发挥前所未有的作用。

4.1.2　图像处理方法

遥感数字图像的基本处理过程和方法,如大气辐射校正、几何校正、图像增强等在第 3 章已经简单介绍,下面着重论述一些较深入的图像处理方法。

4.1.2.1　空间滤波

空间滤波本质上属于图像几何增强处理方法,是以重点突出图像上的某些特征为目的,如突出边缘或纹理等。空间滤波是通过像元与其周围相邻像元的关系,采用空间域中的邻域处理方法来实现的,包括图像平滑和锐化。

（1）图像平滑

图像平滑是通过图像卷积运算来实现的,当图像中出现某些亮度变化过大的区域,或出现不该有的亮点(即噪声),采用平滑方法可以减少变化,使亮度平缓或去掉不必要的“噪声”点。平滑包括均值平滑、中值滤波等方法。均值平滑是将每个像元在以其为中心的区域内取平均值来代替该像元值,以达到去掉尖锐“噪声”和平滑图像的目的。中值滤波是将每个像元在以其为中心的邻域内取中间亮度值来代替该像元值,以达到去尖锐“噪声”和平滑图像的目的。

（2）图像锐化

为突出图像的边缘、线状目标或某些亮度变化率大的部分,可采用锐化方法进行图像处理。图像锐化也是通过图像卷积运算实现的。空间域图像锐化方法很多,主要有罗伯特梯度、索伯尔梯度、拉普拉斯算法、定向检测等。梯度反映了相邻像元的亮度变化率,即图像中如果存在边缘,如河流边界、海岸线等,则边缘处会有较大的梯度值;对于没有边缘的部分,一般亮度值较平滑,亮度梯度值较小。以上图像锐化的方法都是利用各种模板和算法找到梯度较大的位置,也就找到了图像中的边缘,再利用不同的梯度计算值代替边缘处理像元的值,就突出了边缘,实现了图像的锐化。罗伯特梯度算法用交叉的方法检验出像元与其邻域在上下之间或左右之间或斜方向之间的差异,最终产生一个梯度影像,达到提取边缘信息的目的。索伯尔梯度算法是对罗伯特梯度算法的改进,与罗伯特梯度算法相比,较多地考虑了邻域点的关系。拉普拉斯算法不检测均匀的亮度变化,而是检测变化率的变化率,相当于二阶微分,计算出的图像结果更加突出亮度值突变的位置。当有目的地检测某一方向的边、线或纹理特征时,可采用定向检测方法。定向检测根据需要检测边界的方向,如垂直边界、水平边界等,可选择特定的模板进行卷积运算。

4.1.2.2　彩色变换

彩色变换属于图像增强处理的一种方法,其依据的原理是人眼对彩色的分辨能力要远远超过对黑白亮度的分辨能力,不同的彩色变换可大大增强图像的可读性。彩色变换的方法有很多种。

（1）单波段彩色变换

单波段黑白遥感图像可按亮度分层,对每层赋予不同的色彩,使之成为一幅彩色图像。此方法又称为密度分割,即按照图像的密度进行分层,每一层所包含的图像亮度值范围不同。如果分层方案与地物光谱差异对应得好,单波段变换可以区分出目标的类别。例如,在红外波段,水体的吸收很强,在图像上表现为接近黑色,如果取低亮度值为分割点并以某种颜色表现则可以分离出水体。

（2）多波段彩色变换

根据加色法彩色合成原理,选择遥感影像的某 3 个波段,分别赋予红、绿、蓝 3 种原色,就可以合成彩色影像。由于原色的选择与原来遥感波段所代表的真实颜色不同,所生成的合成色不是地物真实的颜色,因此这种合成叫作假彩色合成。多波段影像合成时,方案的选择十分重要,它决定了彩色影像能否显示较丰富的地物信息或突出某一方面的信息。实际应用时,应根据不同的应用目的经实验、分析,寻找最佳合成方案,以达到最好的目视效果。通常,以合成后的信息量最大和波段之间的信息相关最小作为选取合成的最佳目标。

（3）HLS 变换

HLS(Hue Lightness Saturation)代表色调、明度和饱和度的色彩模式。这种模式可以用近似的颜色立方体来定量化。从视觉的角度看,颜色包含这三种要素,色调是使一种颜色区别于另一种颜色的要素,饱和度则是指颜色的纯度,而亮度即光的强度。通过特定运算算法可以把 RGB 模式的图像转换成 HLS 模式的图像,这两种模式的转换对于定量地表示色彩特征,以及在应用程序中实现两种表达方式的转换具有重要的意义。

4.1.2.3　图像运算

图像运算是一种图像增强处理方法,两幅或多幅单波段影像,完成空间配准后,通过一系列运算可以实现图像增强,达到提取某些信息或去掉某些不必要信息的目的。

（1）差值运算

两幅同样行、列数的图像,对应像元的亮度值相减就是差值运算。差值运算应用于两个波段时,相减后的数值反映了同一地物光谱反射率之间的差,由于不同地物反射率差值不同,两波段亮度值相减后,差值大的被突出出来。因此图像的差值运算有利于目标与背景反差较小的信息提取。差值运算还常用于研究同一地区不同时相的动态变化。有时为了突出边缘,也用插值法将两幅图像的行、列各移动一位,再与原图像相减,也可起到几何增强的作用。

（2）比值运算

两幅同样行、列数的图像,对应像元的亮度值相除(除数不为 0)就是比值运算。该运算常用于突出遥感影像中的植被特征、提取植被类别或估算植被生物量,这种算法的结果称为植被指数。比值运算对于去除地形影响也非常有效。

4.1.2.4　多光谱变换

多光谱变换不仅是图像增强的方式,同时也是图像压缩的方式。其变换的本质是对遥感图像实行线性变换,使多光谱空间的坐标系按一定规律进行旋转。而多光谱空间就是一个 n 维坐标系,每一个坐标轴代表一个波段,坐标值为亮度值,坐标系内的每一个点代表一个像元。

（1）K-L 变换

K-L 变换是离散(Karhunen-Loeve)变换的简称,又被称为主成分变换。它是对某一多光谱图像利用 K-L 变换矩阵进行线性组合,而产生一组新的多光谱图像。K-L 变换的特点是,经过变换后的主分量空间坐标系与变换前的多光谱空间坐标系相比旋转了一个角度,而且新坐标系的坐标轴一定指向信息量较大的方向。就变换后的新波段主分量而言,它们所包括的信息量不同,呈逐渐减少的趋势。基于上述特点,在遥感数据处理时常常运用 K-L 变换作数据分析前的预处理,以实现:① 数据压缩。进行 K-L 变换后,多维的多光谱空间变换成多维的主分量空间,而前几个主分量已经包含了绝大多数地物信息,大大减少了数据量。② 图像增强。K-L 变换后的前几个主分量,信噪比大,噪声相对小,因此,突出了主要信息,达到了增强图像的目的。

(2) K-T 变换

K-T 变换是 Kauth-Thomas 变换的简称,也称缨帽变换。这种变换也是一种坐标空间发生旋转的线性变换,但旋转后的坐标轴不是指向主成分方向,而是指向与地面景物有密切关系的方向。K-T 变换的应用主要针对 TM 数据和 MSS 数据,该变换突出了地面景物,特别是植被和土壤在多光谱空间中的特征,这对于扩大陆地卫星 TM 影像数据分析在农业方面的应用有重要意义。

4.1.2.5 支持向量机分类

图像分类方法有很多种:非监督分类、监督分类、K-均值(K-means)分类、迭代自组织数据分析算法(Iterative Self Organizing Data Analysis Techniques Algorithm,ISODATA)法、平行六面体法、最小距离法、马氏距离法、最大似然法、波谱角法、二进制编码法、光谱信息散度法、神经网络方法、基于专家知识的决策树分类、面向对象的分类、基于贝叶斯的分类方法。下面着重介绍支持向量机分类方法。

支持向量机(Support Vector Machine,SVM)算法是一种可以进行训练的机器学习(Machine Learning)方法。SVM 算法是以统计学习理论(Statistical Learning Theory)作为其自身理论研究基础的一种模式分类算法。SVM 通过引入核函数,将样本向量映射到高维特征空间,然后在高维空间中构造最优分类面,获得线性最优决策函数。SVM 可以通过控制超平面的间隔度量来抑制函数的过拟合,通过采用核函数巧妙解决了维数问题,避免了学习算法计算复杂度与样本维数的直接相关。

由于 SVM 分类算法同神经网络方法一样具有很强的非线性学习特性,并且很多时候 SVM 分类算法具有更强的学习能力和推广能力,所以 SVM 分类算法的出现为广泛应用于海洋石油泄露、海洋环境保护等事故诊断问题提供了一种很好的途径,特别是对于难以建立数学模型的复杂系统。应用 SVM 分类算法进行海洋事故诊断,不仅可以处理复杂的非线性系统,而且 SVM 的多类别分类算法还可以进行多模式的海洋事故诊断。此外,应用 SVM 算法进行海洋事故诊断还有一个突出的优点:在处理实际问题时,海洋事故数据往往是很难获得的,这就决定了学习样本集不可能很大,而 SVM 分类算法是针对小样本的机器学习分类算法,即便是非常少量的故障样本,SVM 分类算法也能表现出优秀的模式识别性能。

4.1.2.6 图像分形压缩方法

图像压缩是图像处理中的一个重要问题,主要是将一些连续的、无延伸的实体图像,通过某种变换规则,表示成由有限参数确定的近似代替的图像,以实现图像的高效与经济存储。图像压缩方法可分为两大类型:无损压缩编码方法和有损压缩编码方法。常见的无损压缩编码方法有行程长度编码、熵编码、字典编码、算术编码,常见的有损压缩编码有色度抽样方法、变换编码、分形编码。下面详细介绍图像分形压缩方法。

图像分形压缩方法的基本原理是根据迭代函数系统理论,找到其吸引子或不变集,并用某个吸引子以任意的精度逼近。该方法的任务就是寻找求出迭代函数系统参数的方法及图像的分形码。图像分形压缩的过程包括两个部分:基于拼贴定理的编码过程和基于随机迭代的解码过程。由于图像分形压缩方法有新奇的视角和巨大的压缩比潜力,因此图像分形压缩方法被尝试与其他图像压缩法相结合,如小波理论、变换编码方法、神经网络模型、遗传算法等等。许多数学工具都能与图像分形压缩方法较好地结合,既保留了图像分形压缩方法的优良特性,又在一定程度上弥补了图像分形压缩方法的一些缺陷,最终可以得到较好的整体压缩效果。图像分形压缩算法压缩比通常很高,但是在处理非确定性分形结构时,重构图像质量会很差,且编码时间过长。

需要补充的是,PCA 是图像处理中经常用到的降维方法,同时也是一种图像压缩方法。在进行有关图像查询功能的数字图像数据处理时,通常的方法是对图像库中的图片提取相应的特征,如颜色、纹理、sift、surf、vlad 等特征,然后将其保存,建立相应的数据索引;最后对要查询的图像提取相应的特征,与数据库中的图像特征对比,找出与之最近的图片。为了提高查询的准确率,通常会提取一些较为复杂的特征,一幅图像有多个特征点,每个特征点又有一个相应的描述该特征点的 128 维的向量。如果一幅图像有 200 个这种特征点,那么该幅图像就有 200×128 维数据,如果数据库存有几百万张图像,那么存储量会很大,检索效率就会降低。采用 PCA 方法对每个向量进行降维处理,就起到压缩图像数据的作用。

4.1.3　GIS 数据处理方法

采用 GIS 空间数据处理方法进行海洋数据处理是最常用的方法。GIS 空间数据处理一般包括数据编辑、数据空间变换、数据重构、数据提取、数据集成等。数据变换一般包括几何纠正和投影变换,对于海洋数据来说尺度变换也是数据空间变换的重要内容。数据重构包括结构转换、格式转换、类型替换等。数据提取包括类型提取、窗口提取、空间内插等,海洋特征提取也是海洋数据提取的重要内容。数据集成从狭义上讲是 GIS 数据库中数据集成的具体方法,从广义上看是和 GIS 数据管理并列的空间数据集成,不仅包括数据集成的方法,还包括空间数据集成框架。

GIS 数据处理方法,是针对 GIS 中的基本数据结构——矢量数据和栅格数据的处理方法,不包括遥感影像数据处理方法(前面已经介绍)。GIS 数据处理方法是本章的重点,在本章后续章节将详细讲解。

4.1.4　数学原理和方法

4.1.4.1　数学形态学

数学形态学是分析几何形状和结构的数学方法,是建立在集合代数基础上,用集合论方法定量描述几何形状的科学。数学形态学是有一组形态学的代数运算子,最基本的形态学算子有腐蚀、膨胀、开和闭运算。用这些算子及其组合来进行图像形状和结构的分析与处理,包括图像分割、特征提取、图像滤波、图像增强和恢复等方面的工作。它可应用于各类海洋图像形状和结构的分析与处理,方便人们研究海洋生态系统的物质循环和能量流动,例如在对海洋浮游植物显微图像进行分析与处理时,应用此算法可自动识别微小浮游植物的细胞形状,鉴定其种类,获取它们的数量和繁殖等信息;海洋锋的时空变化对中心渔场、渔期、渔获量和渔业资源评估都有重要影响,在海洋锋形态特征提取中应用形态学可探索结构元素尺寸与海洋锋横断面宽度和海流流幅的空间尺度之间的最佳定量关系,确保海洋产业良好发展。

4.1.4.2 傅立叶变换

傅立叶变换(Fourier Transform)是一种对连续时间函数的积分变换,即通过某种积分变换,把一个函数转化成另一个函数,同时还具有对称形式的逆变换。它通过对函数的分析来达到对复杂函数的深入理解和研究。它既能简化计算,如求解微分方程、化卷积为乘积等等,又具有非常特殊的物理意义。傅立叶变换被广泛应用于海洋卫星图像配准领域,该技术很好地解决了图像配准中平移参数的确定问题,从而可以准确地对两个仅存在平移的图像进行配准。基于傅立叶变换的海洋遥感图像配准方法具有以下优点:① 精度高。相位相关技术能很准确地检测两幅海洋卫星影像之间的平移关系,通过一个脉冲函数,很容易找到脉冲函数的峰值,这个峰值所处的位置恰好就是两幅图像存在的平移量,而该脉冲函数在其他地方都接近于零。② 鲁棒性强。光照强度不同,相机成像时会产生各种噪声,基于傅立叶变换域的配准方法都可以很好地处理。噪声在傅立叶变换域中影响不大,因此这种方法可以克服空间域中难以克服的噪声问题。③ 卷积理论说明傅立叶变换域配准方法对一些模糊的海洋影像配准效果也较好。

4.1.4.3 小波变换

小波变换的基本思想是将原始信号通过伸缩和平移后,分解为一系列具有不同空间分辨率、不同频率特性和方向特性的子带信号,这些子带信号具有良好的时域、频域等局部特征。这些特征可用来表示原始信号的局部特征,进而实现对信号时间、频率的局部化分析,从而克服了傅立叶分析在处理非平稳信号和复杂图像时所存在的局限性。它在空域和频域同时具有良好的局部化特性,突出局部特征,检测瞬态突变,是获得图像边缘在各个频段的分量以及保留边缘位置信息的有力手段,应用领域越来越广泛。例如在检测 SAR 海洋图像船舶目标时,可利用图像灰度直方图小波变换检测信号突变点来分割图像,有效地检测出舰船目标。

4.1.4.4 马尔科夫链模型

马尔科夫过程是随机过程理论中的一种,其主要原理是:若系统的随机过程 $X(t)$ 在时刻 t 的状态用 E 表示,则在时刻 $\tau(\tau > t)$ 系统所处状态与 t 以前所处状态无关。根据柯尔莫哥洛夫—开普曼定理,某一状态经过 n 步转移后到其他状态的概率是一阶转移概率矩阵的 n 次自乘,当 n 趋向于无穷大时,各状态的出现概率处于某一稳定值,即为下一时刻出现该状态的概率。并非任何状态序列均可用马尔科夫链模型进行分析,若非独立事件,其可构成一个状态之间有联系的随机状态序列,可用马尔科夫链模型进行分析。马尔科夫链模型必须建立在大量的统计数据基础之上,才能保证预测的精度与准确性。根据大量往年的数据,可以利用马尔科夫链模型模拟出海面各级温区所占比例的变化情况。运用相同的方法,可以预测各级温区所占的比例,从而对海面厄尔尼诺现象进行预测与防范。

4.1.4.5 贝叶斯定理

贝叶斯定理是由条件概率推导而来,用来描述两个条件概率之间的关系,其公式如下:

$$P(B/A) = \frac{P(A/B)P(B)}{p(A)} \propto P(A/B)P(B) \tag{4-1}$$

可以表示为:

$$后验概率 = (似然度 \times 先验概率) / 标准化常量 \tag{4-2}$$

其含义是后验概率与先验概率和似然度的乘积成正比。后验概率是基于一定条件对先验概率的修正，对统计更有意义，一般基于似然度进行修正。对于给定观测数据，一个推测是好是坏，取决于这个推断本身独立的可能性大小——先验概率（Prior）和这个猜测生成我们观测到的数据的可能性大小——似然性（Likelihood）的乘积。

如此简洁的原理，蕴藏着高深的智慧，在诸多领域得到广泛应用。基于贝叶斯理论的方法在海难空难搜救实践中多次成功应用，现在已经成为该领域的通行做法。

天蝎号核潜艇搜救就是应用的贝叶斯定理。1968 年 5 月，美国海军的天蝎号核潜艇在大西洋亚速海海域突然失踪，为了寻找天蝎号的位置，美国海军特别计划部首席科学家 John Craven 提出使用基于贝叶斯公式的搜救方案。他召集了数学家、潜艇专家、海事搜救等各个领域的专家，让各位专家按照自己的知识和经验对潜艇向哪一方向发展进行猜测，并评估每种情境出现的可能性，然后，把各位专家的意见综合到一起，得到了一张 20 英里海域的概率图。如图 4-8 所示，整个海域被划分成很多个小格子，每个小格子有两个概率值 p 和 q，p 是潜艇躺在这个格子里的概率，q 是如果潜艇在这个格子里，它被搜索到的概率。按照经验，第二个概率值主要跟海域的水深有关，在深海区域搜索失事潜艇的"漏网"可能性会更大。如果一个格子被搜索后，没有发现潜艇的踪迹，那么按照贝叶斯公式，这个格子潜艇存在的概率就会降低，由于所有格子概率的总和是 1，这时其他格子潜艇存在的概率值就会上升。每次寻找时，先挑选整个区域内潜艇存在概率值最高的一个格子进行搜索，如果没有发现，概率分布图会被"洗牌"一次，搜寻船只就会驶向新的"最可能格子"进行搜索，这样一直下去，直到找到天蝎号为止。

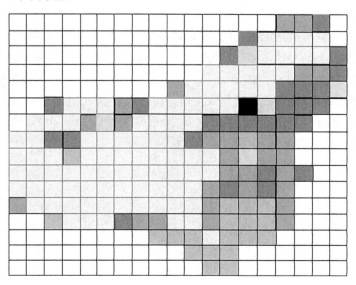

图 4-8　海难搜救中的海域概率图

贝叶斯理论还用于分类中，朴素贝叶斯分类的思想基础是：对于给出的待分类项，求解在此项出现的条件下各个类别出现的概率，哪个最大，就认为此待分类项属于哪个类别。除此之外，基于贝叶斯理论发展出更复杂的分类算法，树增强型贝叶斯算法（Tree Aug-mented Nave Bayes，TAN）、贝叶斯分类算法（Association Rule Clustering System，ARCS）、网络贝叶斯分类算法（Bayesian Networks）、贝叶斯神经网络算法等。

4.2 海洋数据编辑

4.2.1 数据编辑概述

海洋数据编辑是将输入系统的海洋数据进校验、检查、修改、处理、净化、组织成便于内部处理的格式的过程。在 GIS 中，因处理对象为空间实体，故图形编辑是数据编辑的主要方式。通常在人机交互环境下进行点、线的增删和属性数据修改等操作，为下一步分析处理建立符合要求的数据基础。

由于海洋数据获取和处理等存在误差，造成数据在内容和空间上不完整、重复，空间位置不正确，数据比例尺不准确，数据变形，几何和属性连接有误，属性数据不完整等。因此，必须进行数据编辑，来修正数据输入错误、维护数据的完整性和一致性、更新海洋地理信息，使其满足海洋 GIS 要求。

4.2.2 几何编辑

几何编辑是纠正数据采集错误的一种手段，几何编辑的关键是点、线、面的捕捉，及如何根据光标的位置找到需要编辑的要素以及图形编辑的数据组织等。

4.2.2.1 点线面捕捉

（1）点的捕捉

几何编辑是在计算机屏幕上进行的，因此首先应把图幅的坐标转换为当前屏幕状态的坐标系和比例尺。如图 4-9(a)所示，设光标点 $P(x,y)$，图幅上某一点要素的坐标为 $N(X,Y)$，则可设捕捉半径为 L。若 P 和 N 的距离 $d=\sqrt{(X-x)^2+(Y-y)^2}<L$，则认为捕捉成功，即认为找到的点是 N；否则失败，继续搜索其他点。但是由于在计算 d 时需进行乘方运算，所以影响了搜索的速度。因此，把距离 d 的计算改为：$d=\max(|X-x|,|Y-y|)$，即把捕捉范围由圆改为矩形，这可大大加快搜索速度，如图 4-9(b)所示。

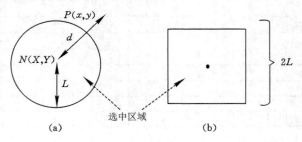

图 4-9　点的捕捉

（2）线的捕捉

如图 4-10(a)所示，设光标点坐标 $P(x,y)$，L 为捕捉半径，线的坐标为 (x_1,y_1)，(x_2,y_2)，…，(x_n,y_n)，计算 P 到该线的每个直线段的距离 d，若 $\min(d_1,\dots,d_2)<L$，则认为光标 P 捕捉到了这条线；否则认为没有捕捉到。在实际捕捉中，可以每计算一个距离 d_i 就

进行一次比较,若 $d_i < L$,则认为捕捉不成功,不需要进行下面直线段到点 P 的距离计算了。

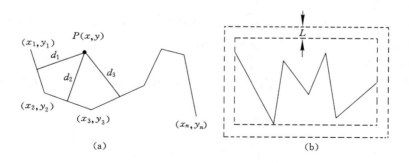

图 4-10　线的捕捉

为了加快线捕捉的速度,可以把不可能被光标捕捉的线以简单算法去除。如图 4-10(b)所示,对一条线可求出其最大最小坐标值 $X_{\min}$、$Y_{\min}$、$X_{\max}$、$Y_{\max}$,对由此构成的矩形再向外扩 L 的距离,若光标点 P 落在该矩形内,才可能捕捉到该条线,因而通过简单的比较运算就可去除大量的不可能捕捉到的情况。

对于线段与光标点也应该采用类似的方法处理。在对一个线段进行捕捉时,应先检查光标点是否可能捕捉到该线段。即对由线段两端点组成的矩形再往外扩 L 的距离,构成新的矩形,若 P 落在该矩形内,才计算点到该直线段的距离,否则应放弃该直线段,而取下一直线段继续搜索。如图 4-11 所示,点 $P(x,y)$ 到直线段 $(x_1,y_1)(x_2,y_2)$ 的距离 d 的计算公式为:

$$d = \frac{\mid (x-x_1)(y_2-y) - (y-y_1)(x_2-x_1) \mid}{\sqrt{(x_2-x_1)^2 + (y_2-y_1)^2}} \tag{4-3}$$

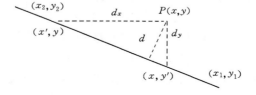

图 4-11　距离计算

可以看出计算量较大,速度较慢,因此可按如下方法计算。即从 $P(x,y)$ 向 (x_1,y_1) (x_2,y_2) 作水平和垂直方向的射线,取 d_x、d_y 的最小值作为 P 点到该线段的近似距离。由此可大大减小运算量,提高搜索速度。计算方法为:

$$\begin{cases} x' = \dfrac{(x_2-x_1)(y-y_1)}{y_2-y_1} + x_1 \\ y' = \dfrac{(y_2-y_1)(x-x_1)}{x_2-x_1} + y_1 \end{cases} \tag{4-4}$$

$$\begin{cases} d_x = \mid x'-x \mid \\ d_y = \mid y'-y \mid \end{cases} \tag{4-5}$$

$$d = \min(d_x, d_y) \tag{4-6}$$

（3）面的捕捉

面的捕捉实际上是判断光标点 P 是否在多边形内，若在多边形内则说明捕捉成功。判断点是否在多边形内的算法主要有垂线法或转角法。

垂线法的基本思想是，从光标点引垂线（实际上可以是任意方向的射线），计算与多边形的交点个数。若交点个数为奇数则说明该点在多边形内；若交点个数为偶数，则该点在多边形外，如图 4-12(a) 所示。

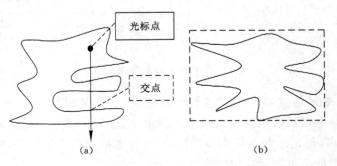

图 4-12　面的捕捉

为了加速搜索速度，可先找出该多边形的外接矩形，即由该多边形的最大最小坐标值构成的矩形，如图 4-12(b) 所示。若光标点落在该矩形中，才有可能捕捉到该面，否则放弃对该多边形的进一步计算和判断，即无须进行作垂线并求交点个数的复杂运算。通过这一步骤，可去除大量不可能捕捉的情况，大大减少了运算量，提高了系统的响应速度。

在计算垂线与多边形的交点个数时，并不需要每次都对每一线段进行坐标的具体计算。对不可能有交点的线段应通过简单的坐标比较迅速去除。对图 4-13 所示的情况，多边形的边分别为 1～8，而其中只有第 3、8 条边可能与 P 所引的垂直方向的射线相交。即若直线段为 $(x_1, y_1)(x_2, y_2)$ 时，若 $x_2 \leqslant x \leqslant x_1$ 或 $x_1 \leqslant x \leqslant x_2$ 时才能有可能与垂线相交，这样就可以不对 1、2、4、5、6、7 边继续进行交点判断了。

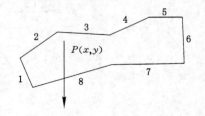

图 4-13　比较坐标去除线段

对于 3、8 边的情况，若 $y > y_1$ 且 $y > y_2$ 时，必然与 P 点所做的垂线相交（如边 8）；若 $y < y_1$ 且 $y < y_2$ 时，必然不与 P 点所做的垂线相交。这样就可以不必进行交点坐标的计算就能判断出是否有相交点了。

对于 $y_1 \leqslant y \leqslant y_2$ 或 $y_2 \leqslant y \leqslant y_1$，且 $x_1 \leqslant x \leqslant x_2$ 或 $x_2 \leqslant x \leqslant x_1$ 时，可求出铅垂线与直线段的交点 (x, y')，若 $y' < y$ 则是交点；若 $y' > y$ 则不是交点；若 $y' = y$ 则交点在线上，即光标在多边形的边上。

4.2.2.2　图幅拼接

在对底图进行数字化以后，由于图幅比较大或者使用小型数字化仪时难以将研究区域的底图以整幅的形式来完成，这时需要将整个图幅划分成几部分分别输入，在所有部分都输入完毕后需进行图形拼接。图幅拼接步骤如下：

（1）逻辑一致性的处理,交互编辑,使相邻图幅的属性相同,取得逻辑一致性。

（2）识别和检索相邻图幅的数据,并对图幅进行编号。

（3）相邻图幅边界点坐标数据的匹配,选择图幅边界 2 cm 内的数据,采用追踪拼接法,例如上下左右追踪法进行拼接。匹配衔接条件有两个:

① 相邻图幅边界两条线段或弧段的左右码相同或相反;

② 相邻图幅同名边界点坐标在某一允许范围内(± 0.5 mm)。

（4）相同属性多边形公共界线的删除,删除公共弧段,合并属性。

图 4-14 为图幅拼接过程,其中图(a)为拼接前的图形;图(b)为拼接中的边缘不匹配情况;图(c)为调整后的拼接结果。

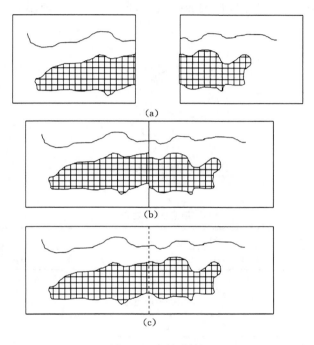

图 4-14　图幅拼接

4.2.3　拓扑编辑

拓扑关系是指图形在保持连续状态下变形,但图形关系不变的性质,是一种对空间结构关系进行明确定义的数学方法。拓扑编辑就是要建立矢量数据的拓扑关系,便于之后进行空间数据的查询与分析。

矢量数据自动拓扑关系建立的步骤(以具有公共边界的简单多边形为例):

（1）结点匹配

如图 4-15 所示,以任一弧段的端点为圆心,以给定容差为半径,产生一个搜索圆,搜索落入该搜索圆的其他弧段的端点,若有,则取这些端点坐标的平均值作为结点的位置,并代替原来各弧段的端点坐标。

（2）建立结点—弧段拓扑关系

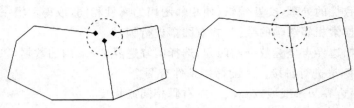

三个没有吻合在一起的弧段断点结点匹配处理后产生同一结点

图 4-15　结点匹配

结点匹配后,再对产生的结点进行编号,如图 4-16 所示,并产生两个文件表,一个记录结点所关联的弧段,一个记录弧段两端的结点,如表 4-1、表 4-2 所示。

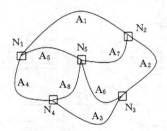

图 4-16　结点编号后的图形

表 4-1　　　　　　　　　　　　结点—弧段表

ID	N_1			N_2			N_3			N_4			N_5			
关联弧段	A_1	A_4	A_5	A_1	A_2	A_7	A_2	A_3	A_6	A_3	A_4	A_8	A_5	A_6	A_7	A_8

表 4-2　　　　　　　　　　　　弧段—结点表

ID	起始点	终结点
A_1	N_1	N_2
A_2	N_2	N_3
A_3	N_3	N_4
A_4	N_4	N_1
A_5	N_5	N_1
A_6	N_3	N_5
A_7	N_2	N_5
A_8	N_5	N_4

（3）多边形的自动生成

① 多边形的自动生成实际上就是建立多边形与弧段的关系,并将弧段关联的左右多边形填入弧段文件中。

② 建立多边形拓扑关系时,弧段是有方向性的,与其关联的两个多边形为左多边形和

右多边形。

③ 将所有弧段的左、右多边形置空,并将已建立的结点—弧段拓扑关系中各个结点所关联的弧段按方位角大小排序。

建立多边形拓扑关系的算法:

① 在弧段文件中得到第一条弧段,其为起始弧段;

② 以顺时针方向为搜索方向,搜索该弧段的后续弧段;

③ 直到搜索到弧段追踪的起点,则形成一个弧段号顺时针排列的闭合多边形,该多边形—弧段的拓扑关系表建立,然后将形成的多边形号填入弧段—多边形关系表的左、右多边形内。

注意:从起始弧段搜索后续弧段时,若起终点号相同,则搜索的弧段为一条单封闭弧段。与每个结点有关的弧段都已按方位角大小排序,下一个待连接的弧段就是该弧段的后续弧段。

4.3　海洋数据变换

海洋数据变换是指将海洋数据从一种数学状态转换为另一种数学状态,包括坐标转换、几何变换、投影变换、比例尺缩放等。海洋数据空间变换的意义在于:

① 海洋数据变换为海洋数据提供了统一的几何配准,通过几何变换解决了空间数据的几何配准问题,通过坐标变换、投影变换为海洋数据提供了统一的坐标系统和投影系统。

② 海洋数据变换是实现海洋数据集成和共享的基础。只有基于统一的时空基准和时空尺度,基于统一的空间数据格式,才能实现多源数据的无缝集成和共享。

③ 海洋数据变换是实现海洋 GIS 空间分析的基础。没有统一的空间参照系、空间尺度、空间数据格式,就无法实现两个图层的叠加和其他空间分析功能。

④ 海洋数据变换是海洋特征提取的需要。海洋现象的时空尺度跨越较大,对于不同的海洋特征提取,需要不同的时空尺度数据,只有经过尺度变换得到适合研究目的的尺度数据才能提出特定的海洋特征。

⑤ 海洋数据变换是实现海洋 GIS 成果输出和现实的需要。通过坐标转换能将不同的投影系统转换为同一投影形式,通过尺度转换能将不同尺度的数据转换为相同尺度,从而实现各种成果图之间的对比和拼接。

4.3.1　坐标转换

坐标转换是海洋数据最基本的空间变换,坐标转换是指采用一定的数学方法将一种坐标系的坐标转换为另一种坐标系的坐标的过程。投影变换本质上也是坐标转换,地图投影是从三维空间到二维空间的坐标转换,将在 4.3.3 单独介绍。几何纠正实质也是一种坐标转换,是利用一套控制点和变换方程,将数字地图或图像从一种坐标系转换成另一种坐标系,以实现对数字化数据的坐标系转换和图纸变形误差的纠正,具体在几何变换中讲解。

4.3.1.1　常见坐标类型

(1)地理坐标

地理坐标系(Geographic Coordinate System,GCS)是指地球表面上由经线和纬线两组正交的曲线构成的球面坐标系,是使用三维球面来定义地球上的位置。GCS 包括角度测量单位、本初子午线和基准面。地理坐标系以地轴为极轴,所有通过地球南北极的平面均称为子午面。子午面与地球椭球面的交线称为子午线或经线。通过伦敦格林尼治天文台原址的那条经线称为 0 度经线,也叫本初子午线。所有垂直于地轴的平面与地球椭球面的交线,称为纬线。对于地理坐标系统中的经纬度有三种描述:天文经纬度、大地经纬度和地心经纬度。

① 天文经纬度:天文经度在地球上的定义是本初子午面与过观测点的子午面所夹的二面角;天文纬度在地球上的定义是为过某点的铅垂线与赤道平面之间的夹角。天文经纬度是通过地面天文测量的方法得到的,其以大地水准面和铅垂线为依据。

② 大地经纬度:地面上任意一点的位置,也可以用大地经度 L、大地纬度 B 表示。大地经度是指过参考椭球面上某一点的大地子午面与本初子午面之间的二面角,大地纬度是指过参考椭球面上某一点的法线与赤道面的夹角。大地经纬度以地球椭球面和法线为依据。

③ 地心经纬度:地心即地球椭球体的质量中心,地心经度等同于大地经度,地心纬度是指参考椭球面上的任意一点和椭球体中心连线与赤道面之间的夹角。

（2）大地坐标

大地坐标是大地测量中以参考椭球面为基准面的坐标,用大地经度 L、大地纬度 B 和大地高 H 表示。大地经度是通过该点的大地子午面与起始大地子午面（通过格林尼治天文台的子午面）之间的夹角。规定以起始子午面起算,向东由 $0°$ 至 $180°$ 称为东经;向西由 $0°$ 至 $180°$ 称为西经。大地纬度是通过该点的法线与赤道面的夹角,规定由赤道面起算,由赤道面向北从 $0°$ 至 $90°$ 称为北纬;向南从 $0°$ 到 $90°$ 称为南纬。大地高是地面点沿法线到参考椭球面的距离。目前,我国经常使用的坐标系有:1954 年北京坐标系,1980 西安坐标系,CGCS2000 国家大地坐标系,WGS—84 世界大地坐标系统。

（3）空间直角坐标

过空间定点 O 作三条互相垂直的数轴,它们都以 O 为原点,具有相同的单位长度,分别称为 x 轴（横轴）、y 轴（纵轴）、z 轴（竖轴）,这样就建立了空间直角坐标系 $Oxyz$,三条轴统称为坐标轴,由坐标轴确定的平面叫坐标平面。

（4）地图坐标

地图坐标就是电子地图采用的坐标,一般分为两种,地理坐标和平面直角坐标。但因为正式出版的地图涉及保密,所以国内一般不直接采用地理坐标,如 GPS 所用的 WGS—84 坐标。国内正式出版的地图包括网络地图,必须至少采用 GCJ—02 对地理位置进行首次加密。GCJ—02 是由原中国国家测绘局 2002 年发布的地理信息系统坐标体系,又称"火星坐标",它是一种对经纬度数据的加密算法,即加入随机的偏差。现有地图商中,腾讯、高德的地图产品使用 GCJ—02 坐标体系,百度（例如 BD—09）、搜狗地图使用自己的坐标体系,由 GCJ—02 坐标经过偏移算法得到的,与其他坐标体系不兼容。

地图平面坐标中常用墨卡托坐标,主要用于程序的后台计算,相当于是直线距离,计算方便,但数字一般都比较大。ArcGIS 地图 API 就是直接使用的墨卡托坐标。平面坐标中存在很多自定义坐标。

（5）屏幕坐标

屏幕坐标系是显示设备常用的坐标系,如图 4-17 所示,一般坐标原点在左上角。

（6）数字化仪坐标

数字化仪将地图图形或图像的模拟量进行定位跟踪，并量测和记录运动轨迹的 X、Y 坐标值，获取离散的矢量式地图数据。数字化仪坐标系属于平面直角坐标，坐标原点在左下角，坐标单位为分辨率。设某 A0 幅面数字化仪分辨率为 0.025 mm，则：

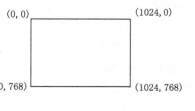

图 4-17　屏幕坐标

$$Y_{max} = \frac{900 \text{ mm}}{0.025 \text{ mm}} = 36\ 000 \qquad (4\text{-}7)$$

$$Y_{max} = \frac{1\ 200 \text{ mm}}{0.025 \text{ mm}} = 48\ 000 \qquad (4\text{-}8)$$

（7）扫描图像坐标

使用扫描仪对地图沿 X 或者 Y 方向进行连续扫描，获取二维矩阵的像元要素，形成栅格图像数据结构，然后利用数字化软件对栅格图像数据进行数字化。扫描图像坐标系以分辨率为坐标单位，栅格行列数计算如下：

$$行数 = \frac{宽度}{分辨率}；列数 = \frac{长度}{分辨率} \qquad (4\text{-}9)$$

（8）自定义坐标

当不需要考虑地图投影变形，把制图区域看成是一个平面时，或者当研究区域数据不与其他数据综合使用时，用户可自定义数字化原图的坐标，一般取左下角为坐标原点。很多局部区域地图，一般采用自定义坐标。

坐标转换（包括投影变换）的框架如图 4-18 所示。

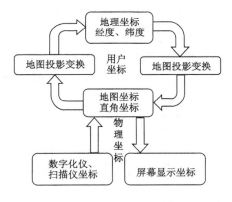

图 4-18　坐标和投影变换框架

4.3.1.2　坐标转换方法

坐标转换的实质是建立两个坐标系之间的数学关系，坐标转换的意义在于：① 将设备坐标转换为地理要素的实际坐标；② 减少各种变形产生的误差（投影变形、扫描变形、纸张变形等）；③ 实现多幅地图，包括不同投影、不同比例尺地图的拼接或叠置。

坐标转换包括不同的参心坐标系之间的转换，不同的地心坐标系之间的转换，参心坐标系与地心坐标系之间的转换，相同坐标系的直角坐标与大地坐标之间的转换，大地坐标与平面坐标之间的转换，任意两个平面坐标系之间的转换等。两个空间角直坐标系，如果坐标原点相同,通过三次旋转,就可以使两个坐标系重合;如果两个直角坐标系的原点不在同一个位置,通过坐标轴的平移和旋转可以取得一致;如果两个坐标系的尺度也不一致,就需要再增加一个尺度变化参数来实现转换。所以,不同参心坐标系之间、不同地心坐标系之间、参心坐标系和地心坐标系之间的相互转换可以通过空间直角坐标系进行转换,即采用平移、旋转和尺度变换等参数组成转换模型。相同坐标系的直角坐标与大地坐标之间的转换,有严密的公式,下面具体论述。

(1) 基于不同椭球模型的坐标系之间的转换

基于不同椭球模型的坐标系之间的转换方法有三种:

① 三参数法,是七参数模型的简化,只取三维平移参数,转换精度不高。

② 布尔莎七参数模型,使用三维平移参数、三维旋转参数和 1 个尺度变化参数进行转换,需要 3 个以上已知点,转换精度较高。

③ 四参数加高程拟合,使用二维平移参数、1 个旋转参数和 1 个尺度变化参数,再加上高程拟合参数进行转换。它是 RTK 常用的一种作业模式,通过四参数完成 WGS—84 平面到当地平面的转换,利用高程拟合完成 WGS—84 椭球高到当地水准的拟合。

参心直角坐标和地心直角坐标的转换可以归结为不同椭球体的转换,即采用以上三种方法进行转换即可。而参心大地坐标之间的转换、地心大地坐标之间的转换、参心和地心大地坐标之间的转换可以先转换为同一坐标系的空间直角坐标,再采用上述方法进行转换。

(2) 大地坐标(B,L,H)和空间直角坐标(X,Y,Z)的转换

大地坐标(B,L,H)和空间直角坐标(X,Y,Z)之间的转换是严密的,公式如下。

$$\begin{cases} X = (N+H) \times \cos B \times \cos L \\ Y = (N+H) \times \cos B \times \sin L \\ Z = [N \times (1-e^2) + H] \times \sin B \end{cases} \tag{4-10}$$

式中,N 为椭球面卯酉圈的曲率半径;e 为椭球的第一偏心率。

上式为由大地坐标转换为空间直角坐标的公式,由空间直角坐标转换为大地坐标的公式如下:

$$\begin{cases} L = \arctan\left(\dfrac{Y}{X}\right) \\ B = \arctan \dfrac{Z \times (N+H)}{\sqrt{(X^2+Y^2)} \times [N \times (1-e^2) + H]} \\ H = \dfrac{\sqrt{X^2+Y^2}}{\cos B} - N \end{cases} \tag{4-11}$$

(3) 大地坐标和平面坐标之间的转换

大地坐标和平面坐标之间的转换可以通过投影正算和反算进行转换,属于投影转换,在 4.3.3 中会详细介绍。

(4) 平面坐标之间的转换

平面坐标之间的转换,包括北京 54 平面坐标和西安 80 平面坐标之间的转换,以上坐标和当地坐标之间的转换。北京 54 和西安 80 平面坐标之间的转换可以采用严密的方法:① 由北京 54 平面坐标转换经投影反算转换为对应的大地坐标;② 采用(1)中的公式由北京 54 大地坐标转换为同一参考椭球的空间直角坐标;③ 再采用(2)的椭球转换由北京 54

空间直角坐标转换为西安 80 的空间直角坐标；④ 由西安 80 的空间直角坐标转换为对应的大地坐标；⑤ 由西安 80 大地坐标经投影正算转换为西安 80 平面坐标。如果精度要求不高可以采用强制坐标转换算法。

由北京 54、西安 80 等坐标转换为当地坐标一般采用强制坐标转换算法，采用包括平移、旋转、缩放的 4 参数或 6 参数模型，公式如下。

$$(X,Y) = r\begin{bmatrix} \cos\theta & -\sin\theta \\ \sin\theta & \cos\theta \end{bmatrix}\begin{bmatrix} x \\ y \end{bmatrix} + \begin{bmatrix} a_0 \\ b_0 \end{bmatrix} \tag{4-12}$$

$$\begin{cases} X = a_0 + a_1 x + a_2 y \\ Y = b_0 + b_1 x + b_2 y \end{cases} \tag{4-13}$$

（5）任意两空间坐标系的转换

任意坐标系之间的转换，如果有严密的几何关系，可以采用已有公式进行转换。否则可采用强制坐标转换方法进行转换，即采用多项式建立两坐标系的关联，利用已知点求出多项式的系数。多项式次数的选择根据需转换坐标的特点、精度要求、已知点个数确定。

4.3.2　几何变换

空间数据的几何变换（包括几何纠正）方法包括以下几种。

4.3.2.1　相似变换

相似变换属于线性变换，假定 X 轴和 Y 轴垂直，X 轴和 Y 轴的单位长度一致，是仿射变换的一种特殊情况，也就是在仿射变换中去除错位变换这个因子后的结果。相似变换综合考虑图像或图形的平移、旋转和缩放，其原理图如图 4-19 所示，假设缩放比例因子为 r，旋转角度为 θ，沿 X 轴和 Y 轴的平移距离分别是 a_0 和 b_0，其矩阵形式公式如下：

$$(X,Y) = r\begin{bmatrix} \cos\theta & -\sin\theta \\ \sin\theta & \cos\theta \end{bmatrix}\begin{bmatrix} x \\ y \end{bmatrix} + \begin{bmatrix} a_0 \\ b_0 \end{bmatrix} \tag{4-14}$$

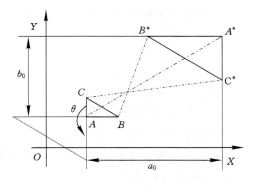

图 4-19　相似变换

变换为函数形式为：

$$\begin{cases} X = a_0 + ax + by \\ Y = b_0 - bx + ay \end{cases} \tag{4-15}$$

式中，$r = \sqrt{a^2 + b^2}$，为缩放比例；$\theta = \arctan(b/a)$，为旋转角度。

相似变换的特点：① 直线变换后仍为直线；② 平行线变换后仍为平行线；③ 不同方向

上的相似比相同；④ 相似变换后图形形状不变。

4.3.2.2　仿射变换

仿射变换为线性函数变换模型，可以对坐标数据在 X 和 Y 方向进行平移、旋转（图 4-20）和任意比例的缩放。仿射变换是基于仿射坐标系进行的，X 轴和 Y 轴可以不垂直，X 轴和 Y 轴的单位长度可以不一致。仿射变换特征包括：直线变换后仍为直线；平行线变换后仍为平行线；不同方向上的长度比发生变化；变换后的图形形状发生变化。相似变换不能进行 X、Y 轴不均匀缩放的变换，而仿射变换可以进行 X、Y 轴不均匀缩放，而且还可以进行错位变换。仿射变换综合考虑了图像或图形的平移、旋转和缩放，需要有 3 对以上控制点的坐标和理论值。其旋转变换公式为：

$$\begin{cases} X = x\cos\theta - y\sin\theta \\ Y = x\sin\theta + y\cos\theta \end{cases} \tag{4-16}$$

式中，θ 为旋转角度；X 和 Y 为旋转后的坐标；x 和 y 为旋转前的坐标。

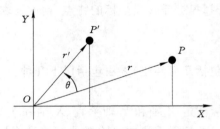

图 4-20　图形旋转

综合考虑平移、旋转和缩放，得到仿射变换的公式如下：

$$\begin{cases} X = a_0 + r_1 x\cos\theta - r_2 y\sin\theta \\ Y = b_0 + r_1 x\sin\theta + r_2 y\cos\theta \end{cases} \tag{4-17}$$

式中，a_0 和 b_0 分别是沿 X 轴和 Y 轴的平移距离；θ 为旋转角度；r_1 和 r_2 分别是沿 X 轴和 Y 轴的缩放比例。

简化上式得到：

$$\begin{cases} X = a_0 + a_1 x + a_2 y \\ Y = b_0 + b_1 x + b_2 y \end{cases} \tag{4-18}$$

上式为仿射变换公式，其中 a 为 X 轴的仿射变换系数，b 为 Y 轴的仿射变换系数。式中共有 6 个参数，所以仿射变换又称为六参数变换。经过仿射变换的空间数据，其精度可用点位中误差表示，已知 n 为数字化已知控制点的个数，设 Δx 为 X 的理论值和计算值之差，Δy 为 Y 的理论值和计算值之差，则坐标转换后的点位中误差为：

$$M_P = \pm\sqrt{\frac{\Delta x^2 + \Delta y^2}{n}} \tag{4-19}$$

4.3.2.3　二次变换

二次变换是采用二次多项式进行坐标转换，需要有 5 对以上控制点的坐标和理论值，其公式如下：

$$\begin{cases} X = a_0 + a_1 x + a_2 y + a_3 x^2 + a_4 y^2 + a_5 xy \\ Y = b_0 + b_1 x + b_2 y + b_3 x^2 + b_4 y^2 + b_5 xy \end{cases} \tag{4-20}$$

二次变换适用于原图有非线性变形的情况,在平面场内能将二阶曲线变成直线,在空间场内能将二阶曲面变成较简单的圆柱面或球面。

4.3.2.4　高次变换

高次变换是采用二次以上的高次多项式进行坐标转换,三次变换的公式为:

$$\begin{cases} X = a_0 + a_1 x + a_2 y + a_3 x^2 + a_4 y^2 + a_5 xy + a_6 x^3 + a_7 y^3 + a_8 x^2 y + a_9 xy^2 \\ Y = b_0 + b_1 x + b_2 y + b_3 x^2 + B_4 y^2 + b_5 xy + b_6 x^3 + b_7 y^3 + b_8 x^2 y + b_9 xy^2 \end{cases} \tag{4-21}$$

设 n 为变换多项式的次数,则需要已知坐标的控制点个数 k 至少应为:

$$k = (n+1)(n+2)/2 \tag{4-22}$$

如果控制点多于上述至少需要的控制点数,则可以称为有冗余观测,采用最小二乘法可以得到更精确的坐标值。

多项式坐标转换中并非次数越高越好,采用高次多项式容易出现过拟合现象,特别是已知控制点数目有限的情况下,高次变换精度反而会降低。根据欧卡姆剃刀定律,即简单有效原理,一般先取一次多项式,用足够多的控制点拟和、观察、分析,有必要再采用高次多项式。

4.3.3　投影变换

投影变换是实现由一种投影坐标变换为另一种投影坐标的过程,本质属于坐标转换。投影变换有两种含义:一种是由一种投影系统转换为另一种投影系统,即建立两个投影平面点之间的一一对应关系;另一种是指地图投影,把地球表面的任意点利用一定数学法则,转换到地图平面上的方法,实现客观世界的三维坐标到二维地图平面坐标的转换。地图投影将不可展平的曲面即地球表面投影到地图平面,保证了空间信息在区域上的联系与完整。地图投影过程将产生投影变形,不同的投影方法具有不同性质和大小的投影变形。地图投影方法很多,常用的包括正轴等角圆柱投影(墨卡托投影)、斜轴等面积方位投影、等面积伪圆柱投影(摩尔魏特投影)、双标准纬线等角圆锥投影、等差分纬线多圆锥投影、正轴方位投影等。我国基本比例尺地形图中,1∶100 万采用等角割圆锥投影,其原理如图 4-21 所示;其余大中比例尺地形图采用高斯—克吕格投影(横轴等角圆柱投影),其原理如图 4-22 所示。

投影变换方法通常分为三类:解析变换法、数值变换法和数值解析变换法。

4.3.3.1　解析变换法

解析变换法是找出两投影间坐标转换的解析计算公式。由于所采用的计算方法不同又分为正解变换法和反解变换法。

(1) 正解变换法

正解变换法,又称直接变换法,两个投影之间建立解析关系,由一种投影的 (x, y) 坐标直接求解另一种投影的 (X, Y) 坐标。其变换公式为:

$$\begin{cases} X = f_1(x, y) \\ Y = f_2(x, y) \end{cases} \tag{4-23}$$

式中,f 为解释函数关系。

(2) 反解变换法

反解变换法,又称间接变换法,反解变换无法直接建立两个坐标系之间的解析式,而是通过中间过渡的方法,求解对应新投影点的坐标。先解出原地图投影点的地理坐标对于

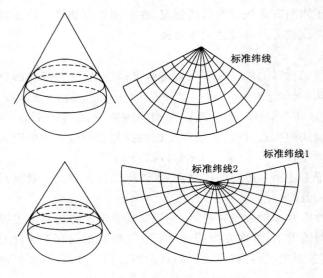

图 4-21　我国小比例尺地形图投影原理

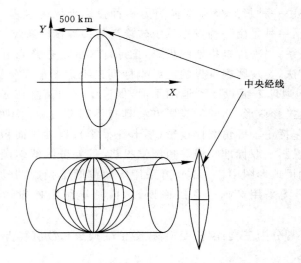

图 4-22　我国大中比例尺地形图投影原理

(x,y)的解析关系式,将其代入新图的投影公式中求得其坐标。其转换公式为:

$$\begin{cases} B = f_1(x,y) \\ L = f_2(x,y) \end{cases} \tag{4-24}$$

$$\begin{cases} X = F_1(B,L) \\ Y = F_2(B,L) \end{cases} \tag{4-25}$$

4.3.3.2　数值变换法

投影方程未知或无法建立两投影间直接或间接的解析关系时,可以采用数值变化法进行投影变换,即利用两投影间的若干离散点,如经纬线的交点等,通过同名控制点建立两坐标系之间的转换矩阵:

$$\begin{bmatrix} X \\ Y \end{bmatrix} = \begin{bmatrix} a_1 & b_1 & \cdots \\ \vdots & \vdots & \vdots \\ a_n & b_n & \cdots \end{bmatrix} \begin{bmatrix} x \\ y \end{bmatrix} \tag{4-26}$$

数值变换法属于二元函数的逼近范畴,常用方法是采用多项式进行逼近,例如采用三次多项式进行变换:

$$\begin{cases} X = a_0 + a_1 x + a_2 y + a_3 x^2 + a_4 xy + a_5 y^2 + a_6 x^2 + a_7 x^2 y + a_8 xy^2 + a_9 y^3 \\ Y = b_0 + b_1 x + b_2 y + b_3 x^2 + b_4 xy + b_5 y^2 + b_6 x^2 + b_7 x^2 y + b_8 xy^2 + b_9 y^3 \end{cases} \tag{4-27}$$

求解以上多项式的系数,至少需要 10 对两种投影之间的同名控制点,如果可以获得多于 10 对数据,为了使两坐标系之间在变换区域内实现最佳平方逼近,可建立最小二乘法的条件式来解算系数 a_i、b_j,即:

$$\begin{cases} \varepsilon_x = \sum\limits_{i=1}^{n} (x_i - X_i)^2 = \min \\ \varepsilon_y = \sum\limits_{i=1}^{n} (y_i - Y_i)^2 = \min \end{cases} \tag{4-28}$$

数值变换常用的方法包括插值法、有限差分法、有限元法、待定系数法。待定系数法主要有七参数转换和三参数转换,七参数转换法包括 3 个平移参数、3 个旋转参数和 1 个尺度参数。影响坐标转换的因素众多,而且影响程度有大有小,实际应用中应根据变换目的、区域大小、已知点密度、数据精度、所需变换精度及投影间差异大小来选择变换矩阵。

4.3.3.3　数值解析变换法

当已知新投影的公式,但不知原投影的公式时,可先通过数值变换求出原投影点的地理坐标 (φ, λ),然后代入新投影公式中,求出新投影点的坐标。即:

$$\begin{cases} \varphi = \sum\limits_{i=0}^{m} \sum\limits_{j=0}^{n} a_{ij} x^i y^j \\ \lambda = \sum\limits_{i=0}^{m} \sum\limits_{j=0}^{n} b_{ij} x^i y^j \end{cases} \tag{4-29}$$

式中,a_{ij} 和 b_{ij} 为待定系数,$i = 0,1,2,\cdots,m$,$j = 0,1,2,\cdots,n$。将 φ 和 λ 带入已知的投影方程,即可求出新投影坐标:

$$\begin{cases} X = F_1(\varphi, \lambda) \\ Y = F_2(\varphi, \lambda) \end{cases} \tag{4-30}$$

投影变换的三种方法各有特色,三种方法的比较分析如表 4-3 所示。

表 4-3　　　　　　　　　　　投影变换方法比较

变换名称		主要特点	适用范围
解析变换	正解变换	能够表达地图制图过程的数学实质,不同投影之间具有精确的对应关系,在解决多投影问题时存在计算冗余问题	受制图区域影响
	反解变换	方法严密,不受区域大小影响	任何情况

变换名称	主要特点	适用范围
数值变换	不能反映投影的数学实质,不能进行全区域的投影变换,常采用分块处理办法,给计算机自动处理带来困难	局部区域
数值—解析变换	不能反映投影的数学实质,不能进行全区域的投影变换,常采用分块处理办法,给计算机自动处理带来困难	局部区域

4.3.3.4 投影变换实现

目前,投影变换的实现可以基于成熟的 GIS 基础平台软件进行。

(1) ArcGIS 中投影变换实现

基于 ArcToolBox 实现投影变换的步骤如下:

① ArcToolBox —> Data Management Tools —> Projections and Transformations

② Define Projection

③ Feature —> Project

④ Raster —> Project Raster

⑤ Create Custom Geographic Transformation

当数据没有任何空间参考显示为 Unknown 时,先利用 Define Projection 给数据定义一个 Coordinate System,再利用 Feature—>Project 或 Raster—>Project Raster 对数据进行投影变换,最后在转换参数已知的情况下利用 Create Custom Geographic Transformation 定义一个地理变换方法,变换方法可以根据三参数或七参数选择基于 GEOCENTRIC_TRANSLATION 和 COORDINATE 方法。这样就完成了数据的投影变换。

(2) ArcMap 中投影变换实现

在 ArcMap 中通过改变 Data 的 Coordinate System 来实现投影变换,做完后按照 Data 坐标系统导出数据即可。

① 加载要转换的数据,右下角为经纬度。

② 查看数据属性,选择 Coordinate System 选项卡。

③ 导入或选择正确的坐标系,点击确定。

④ 选择数据右键—>Export,导出数据即可。

4.3.4 尺度变换

近年来发展起来的空间尺度理论表明,任何的地理实体或客观现象在形成信息的过程中都依赖于空间尺度的特征,只有在特定的空间尺度下来描述信息并在相应的尺度下进行信息提取才具有科学意义和现实价值。空间认知理论表明,信息在观察、理解和传播的过程中,其表现出来的特征不仅取决于自身特征,而且依赖于观察者所用的尺度和方向,因而进行一系列的尺度和方向分析则能有效地反映出信息的本质特征。海洋要素的空间属性在特定的尺度内观测和测量才有效,海洋现象在不同空间尺度下遵循不同的规律及体现不同的特征,尺度定义了人们观察海洋系统的一种约束,是人类揭示海洋现象规律性的关键因素。

4.3.4.1 尺度的含义

从广义来讲,尺度(Scale)是实体、模式或过程在空间或时间上的基准尺寸。GIS 中的尺度包含两层含义:① 指研究范围,如地理分布范围大小;② 指表达的详细程度,如地理分辨率的层次和大小,以及时间长短与频率。

(1) 尺度的内涵

尺度的内涵具有三要素:

① 广度:覆盖、延展、存在的范围、期间、领域。

② 粒度:记录、表达的最小阈值,如对象的大小、特征的分辨率。

③ 间隙度:采样、选取的频率。

尺度内涵的三要素如图 4-23 所示。

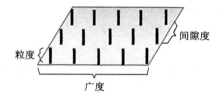

图 4-23　尺度内涵三要素

(2) 尺度的外延

尺度的外延又称为尺度的维数,包括 3 个维度,如 4-24 所示。

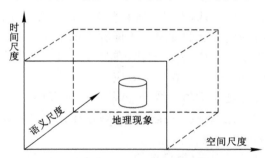

图 4-24　尺度的三个维度

① 空间尺度,数据表达空间范围的相对大小以及地理系统中各部分规模的大小。

② 时间尺度,数据表示的时间周期及数据形成的周期。

③ 语义尺度,主要描述地理实体语义变化的强弱幅度以及属性内容的层次性。

三种尺度在量化程度上是有所差异的,语义层次的尺度可以用命名量和次序量来表达,空间尺度和时间尺度可以用间隔量和比率量进行表达。

三种尺度在表达维度上是相互独立的三轴,但三者之间又有一定联系。在海洋某些物理和海洋生态现象研究中,空间尺度相对于时间尺度的变化具有相对稳定的值,称之为特征速率。一般大范围海洋现象其变化速率(频率)低,而小范围海洋现象变化快。语义层次分辨率越高的时空表达,往往其空间分辨率也越高,反之也成立。

(3) 尺度的分类

从现象的存在到认知表达,再到分析应用,尺度可分为以下几类:

① 本征尺度,属本体论概念,是指地理实体现象固有的、本质的大小、范围、频率(周期

性现象），不受观测影响。

② 观测尺度，用一定分辨率、一定范围大小的尺度去量测地理实体与地理现象，观测尺度受观测仪器的影响，对海洋测绘来讲主要受海洋遥感技术和海洋专业仪器分辨率的限制。观测尺度只有和本征尺度一致，才能正确量测、描述海洋地理现象。例如，量测海岸线：用"光年"度量单位，结果为零，用"纳米"度量，结果为无穷大。

③ 分析尺度，属于 GIS 尺度范畴，主要指对获取后的数据进行加工处理、分析、决策、推理所采用的尺度。分析尺度选择的是否合理直接关系到分析结果的有效性和精确性。

（4）地理学空间尺度

从地理学的角度看，空间尺度涉及以下概念：

① 地图比例尺，图上距离与实地距离之比。

② 地理尺度，研究区域的空间范围，一般地理尺度越大，其比例尺越小。

③ 有效尺度，分析某个海洋现象格局与过程所需的操作尺度，在这一尺度，海洋现象的特征最为明显。

④ 空间分辨率，目标的最小可分辨单元，一般尺度越大，空间分辨率就越低；尺度越小，空间分辨率就越高。

4.3.4.2　多尺度表达

（1）基于尺度的地理特征抽象

海洋现象具有复杂性和广袤性，不可能观察整个海洋系统所涵盖的所有细节，只能根据研究目的对地理特征进行一定程度的抽象。不同程度的抽象，即是不同的尺度问题。在某一个尺度上观察到的海洋现象特征、总结规律，在另一尺度上可能仍然有效，可能是相似的需要修正的，也可能是无效的，这就存在尺度效应。尺度效应是在一个时空尺度上是同质的现象到另一个时空尺度可能是异质的，时空尺度的改变显著影响着对海洋目标的观察结果和抽象结论，这就是所谓的尺度效应，这是一种客观存在并用尺度表示的限度效应。

（2）海洋空间数据多尺度表达

只有不同尺度的信息联系起来（尺度依赖），只有建立不同尺度之间的关联与互动机制（多尺度表达），才能对海洋现象进行有效的分析。

① 海洋空间数据的尺度依赖，是指在不同尺度上观察海洋现象，其空间形态的表示可能不同；在特定的尺度上，某些海洋现象的空间形态和过程可能会观察不到；研究海洋变量之间因果关系的方法受到观察尺度的影响，使获取的规律或知识出现偏差甚至错误。

② 海洋空间数据多尺度表达，是指随着计算机内存储、分析和描述的海洋地理实体的分辨率（尺度）的不同，所产生的同一地理实体在几何、拓扑结构和属性方面不同的数字表达形式。

海洋 GIS 数据库为了满足人们利用海洋空间数据集的不同需求，需要在系统中存放多种来源、版本、比例尺（空间分辨率）和详细程度的空间数据，同一海洋实体的多种表示共存于同一数据库中，形成多比例尺的异构空间数据库。但具有这种多比例尺异构空间数据的海洋 GIS 并非真正意义的多尺度海洋 GIS——无级比例尺海洋 GIS（Scaling MGIS）。无级比例尺海洋 GIS 是以一个大比例尺数据库为基础数据源，在一定区域内海洋对象的信息量随着比例尺的变化自动增减，实现海洋空间信息的综合和表达与要求尺度（比例尺）的自适应。

4.3.4.3　尺度变换方法

尺度变换（Scaling），也称作尺度推演，是指海洋信息在不同尺度范围（相邻尺度或多个尺度）之间的变换，包括尺度上推（Scaling Up）和尺度下推（Scaling Down）。尺度变换原理如图 4-25 所示。

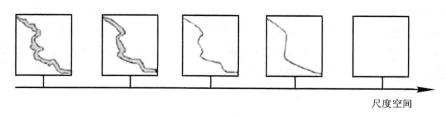

尺度空间

图 4-25　尺度变换

尺度变换方法包括以下几种。

（1）自动综合

空间数据自动综合是为了改进数据的易读性和易理解性而对空间目标的几何或语义表示所施行的一组量度变换。它包括空间变换和属性变换，一般通过模型综合和制图综合方法实现。

① 模型综合，强调空间数据的模型抽象和深层次的地理空间知识，按特定的抽象程度和空间结构的一致性以达到压缩表达细节，实现表达海洋地理现实的目的。

② 制图综合，狭义制图综合是指由大比例尺地图缩编成小比例尺地图时，根据地图的用途和制图区域的特点，抽象、概括制图对象带有规律性的类型和特征，而将那些相对次要的、非本质的目标和特征舍去的过程。包括目标形状、数量和类型的综合，主要涉及地理要素的内容选取和图形概括。

（2）小波变换

小波是指小区域、长度有限、均值为 0 的波形。满足 $\int_{-\infty}^{\infty} \psi(t)\mathrm{d}t = 0$ 的 $\psi(t)$ 为小波。小波变换同时具有时域和频域的良好局部化性质，与傅立叶变换相比，小波变换是时间（空间）频率的局部化分析，它通过伸缩平移运算对信号（函数）逐步进行多尺度细化，最终达到高频处时间细分，低频处频率细分，能自动适应时频信号分析的要求，从而可聚焦到信号的任意细节，解决了傅立叶变换的困难问题，被誉为数学显微镜。借助小波分析理论，可以检测和提取多源、多尺度、海量数据集的基本特征，并通过小波系数来表达，再作相应的处理和重构，从而可以获得数据集的优化表示。

（3）无级比例尺变换

现有的 GIS 数据处理技术已不能满足信息社会需要，其中一个重要方面就是 GIS 无法处理矢量空间数据随比例尺变化而自动增减信息量的问题。解决该问题的根本出路在于实现 GIS 制图综合自动化。

无级比例尺海洋数据处理技术是以一个大比例尺数据库为基础数据源，在一定区域内海洋对象的信息量随着比例尺的变化自动增减，实现海洋空间信息的综合和表达与要求尺度（比例尺）的自适应。无级比例尺数据处理技术的实质是数字制图综合。

无级比例尺变换的原理及方法如下：

① 地理坐标空间和 Windows 坐标空间的映射关系：地理原点的坐标使用地理坐标系中的坐标表示，取值范围为要表达的地理空间范围。地理原点可以在要处理的整个地理空间范围内移动，但无论怎样移动，在进行坐标转换时始终将地理原点变换到 Windows 的坐标原点，然后再依照所建立的映射公式转换其余的坐标点。

② 地理逻辑窗口和动态裁剪：在进行地图的输出显示时，采用动态的裁剪过程，只有当要素范围与地理逻辑窗口的边界相交才能进行裁剪。逻辑窗口裁剪的基本算法是针对一条线状要素的裁剪，对于非线状要素（如圆、矩形等）则要转化为线状要素或由线组成的面状要素，为精确起见也可直接采用几何解析方法。

③ 缩放漫游的实现：原理如图 4-26 所示。

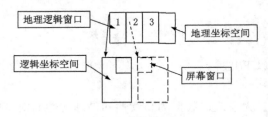

图 4-26　缩放漫游示意图

④ 多幅地图的缩放漫游及数据管理。

无级比例尺数据处理技术流程如下：

① 建立空间数据库：采用大比例尺地形图或专题图作为矢量数据的信息源，建立空间数据库，以满足 GIS 各专题领域的应用需求。

② 确定地理范围：在上述基本比例尺空间数据库中，确定需要进行信息处理的地理区域，然后确定该区域在新图中的面积。

③ 计算新图比例尺：具备了特定的地理区域范围及其在新图中的面积，即可推算出新的地图比例尺（M_b），这是 GIS 无级比例尺矢量数据信息压缩与复现的前提。

④ 确定地物要素选取数量：根据新图比例尺（M_b）、原图比例尺（M_a）、原图的地物数量（N_a）和地物要素的重要性（E），通过空间对象的数量选取模型确定地物要素的数量选取指标（N_b）。

⑤ 确定地物要素选取内容：通过地物要素数量选取指标（N_b）和内容选取模型确定选取的地物要素。

⑥ 地物要素的图形概括：通过图形概括模型进行图形化简，以突出地物的主要轮廓形态特征。

⑦ 地物要素的图形修饰：用曲线光滑模型对图形进行修饰，最后成图输出。

4.4　海洋数据重构

海洋数据重构是指对海洋相关数据从一种格式到另一种格式的转换，从一种几何形态到另一种几何形态的转换，包括结构转换、格式转换、类型替换（数据截取、数据裁剪、数据压缩等）等，以实现海洋空间数据在结构、格式、类型上的统一，实现多源和异构海洋数据的联接与融合。

4.4.1　海洋数据结构转换

4.4.1.1　海洋数据结构

数据结构是计算机存储、组织数据的方式,用于描述数据元素特定关系,可分为逻辑结构、存储结构和数据的运算。不同的结构会影响系统所能执行的数据与分析的功能,选择合适的结构可以带来更高的存储效率。GIS 空间数据结构是指适合于计算机系统存储、管理和处理的地学图形的逻辑结构,是地理实体的空间排列方式和相互关系的抽象描述。GIS 中常用的数据结构是矢量结构和栅格结构,两类结构都可用来描述地理实体的点、线、面三种基本的空间几何类型。这两种结构具有各自的优缺点:

（1）矢量数据结构的优点

① 便于面向实体的数据表达,用坐标的方式记录点、线、面等地理实体;

② 数据结构紧凑,数据量小,存储冗余度低;

③ 图形精度高,输出质量好;

④ 拓扑结构有利于网络分析、空间查询等。

（2）矢量数据结构的缺点

① 数据结构比较复杂;

② 软件与硬件技术要求比较高;

③ 多边形叠合、邻域搜索等分析比较困难;

④ 显示与绘图成本比较高。

（3）栅格数据结构的优点

① 数据结构简单;

② 空间分析和地理现象的模拟较容易实现;

③ 有利于遥感数据的匹配应用和分析。

（4）栅格数据结构的缺点

① 数据量大,冗余度高,需要压缩处理;

② 定位精度比矢量低,图形精度不高,输出质量低;

③ 现象识别的效果不如矢量方法,拓扑关系难以表达;

④ 投影转换较困难;

⑤ GIS 网络分析困难。

由于两种数据结构存在各自的优缺点,在数据处理阶段,经常要进行两种数据结构的相互转换。

4.4.1.2　矢量数据转换栅格数据

把点、线、面的矢量数据转换成对应的栅格数据,这一过程称为栅格化。矢量数据向栅格数据转换时,首先必须确定栅格元素的大小。即根据原矢量图的大小、精度要求及所研究问题的性质,确定栅格的分辨率。此外,必须了解矢量数据和栅格数据的坐标表示。一般矢量数据的基本坐标是直角坐标,原点位于左下方;而栅格数据的坐标是行列坐标,原点位于左上方。在进行两种坐标数据转换时,通常使直角坐标的 x、y 轴分别同栅格数据的行列平行。矢量数据和栅格数据的坐标转换关系如图 4-27 所示,栅格大小的计算公式如下:

$$\begin{cases} \Delta x = \dfrac{x_{\max} - x_{\min}}{m} \\ \Delta y = \dfrac{y_{\max} - y_{\min}}{n} \end{cases}$$

(4-31)

式中,Δx、Δy分别表示每个栅格单元的边长;$x_{\max}$、$x_{\min}$分别表示矢量坐标中x的最大值和最小值;$y_{\max}$、$y_{\min}$分别表示矢量坐标中y的最大值和最小值;m、n分别表示栅格的行数和列数。

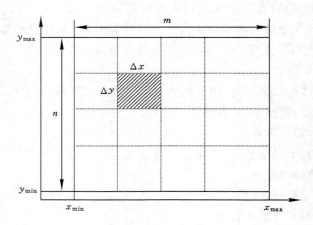

图 4-27 矢量和栅格坐标关系

(1) 矢量点的转换

矢量点的转换实质上是将点的矢量坐标转换成栅格数据中行列值i和j,从而得到点所在栅格元素的位置。公式如下:

$$\begin{cases} i = 1 + \left[\dfrac{y_{\max} - y}{\Delta y} \right] \\ j = 1 + \left[\dfrac{x - x_{\min}}{\Delta x} \right] \end{cases}$$

(4-32)

式中,$[\ ]$表示对运算值取整;x, y为需要转换的矢量点的平面直角坐标值。

(2) 矢量线的转换

GIS 数据库中曲线都是用折线来表示的,是在曲线上离散化取点形成折线数据,当折线取点足够多时,所形成的折线可以代表所对应的曲线。因此,线的变换实质上是完成相邻两点之间直线的转换。矢量线栅格化的方法常用的有两种:数字微分分析法(Digital Differential Analyzer,DDA)和 Bresenham 法。

若已知直线AB(图 4-28)其两端点坐标分别为$A(x_1, y_1)$和$B(x_2, y_2)$,则其转换过程不仅包括坐标点A, B分别从点矢量数据转换成栅格数据,还包括求出直线AB所经过的中间栅格数据。其过程如下:

① 利用上述点转换法,将点$A(x_1, y_1)$,$B(x_2, y_2)$分别转换成栅格数据,求出相应的栅格的行列值。

② 由上述行列值求出直线所在行列值的范围。

③ 确定直线经过的中间栅格点。若从直线两端点转换中,求出该直线经过的起始行号

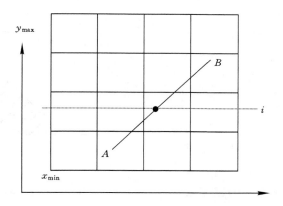

图 4-28　线的转换

为 i_1 ,终止行号 i_m ,其中间点行号必定为 i_2 , i_3 , $\cdots$, i_{m-1} 。现在的问题是求出相应行号相交于直线的列号,其步骤如下:

(a) 求出相应 i 行中心处同直线相交的 y 值:

$$y = y_{max} - \Delta y(i - \frac{1}{2})$$ (4-33)

(b) 用直线方程求出对应 y 值的点的 x 值:

$$x = \frac{x_2 - x_1}{y_2 - y_1}(y - y_1) + x_i$$ (4-34)

(c) 求出相应第 i 行的列值 j :

$$j = 1 + \left[\frac{x - x_{min}}{\Delta x}\right]$$ (4-35)

如上不断求出直线所经过的各行的列值,最后完成直线的转换。

以上是 DDA 算法的原理。Bresenham 算法构思巧妙,只需根据由直线斜率构成的误差项的符号就可以确定下一列坐标的递增值。根据直线的斜率,把直线分给 8 个卦限,如图 4-29 所示,以斜率在第一卦限为例,其余情况类似。算法的基本思路是当直线的斜率 $1/2 \leqslant \Delta y/\Delta x \leqslant 1$ 时,则下一点取 $(1,1)$ 点;若 $0 \leqslant \Delta y/\Delta x \leqslant 1/2$ 时,则下一点取 $(1,0)$ 点,如图 4-30 所示。算法实现时,令起始误差项为 $e=1/2$,推断出下一点后,令 $e=e+\Delta y/\Delta x$,若 $e \geqslant 0$,则取 $(1,1)$ 点,并令 $e=e-1$;若 $e<0$,则取 $(1,0)$ 点。该算法不仅速度快、效果好,而且理论上可以证明是目前同类算法中最优的。

曲线的转换或多边形轮廓的转换实质上是通过直线转换而成的。但对面数据而言,在转换的同时还需要解决面域数据(多边形数据)的填充。

(3) 多边形栅格化

在矢量数据结构中,通常以不规则多边形来表示区域,多边形栅格化是通过矢量边界轮廓的转换实现的,主要有内部点扩散法、射线法、扫描法、边界点跟踪法、复数积分法和边界代数法等。对于多边形内填充的晕线或符号,只是图形输出的表示方法,它并不作为空间数据参加运算。在栅格数据结构中,栅格元素值直接表示属性值。因此,当矢量边界线段转换

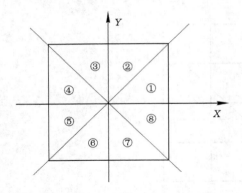

图 4-29　Bresenham 算法的八个卦限

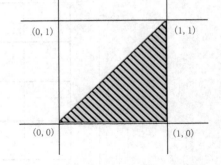

图 4-30　Bresenham 算法原理

成栅格数据后,还须进行面域的填充。

① 内部点扩散法。该算法的基本步骤是:在多边形内部任取一个栅格(内部点或者种子点)为起点;向起点周围相邻八个方向的栅格扩散,判断各个新加入的栅格是否在多边形边界上,如果不在,则可用该栅格和原起点一起进行新的扩散运算,并将该单元赋以该多边形的属性值。如果在边界上,该栅格不再作为起点参与新运算;重复上述过程直到所有的邻域栅格都填充为止。其原理如图 4-31 所示。

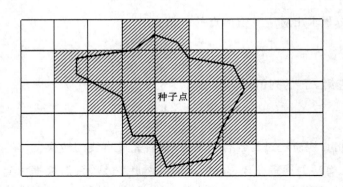

种子点

图 4-31　内点扩散法

② 射线法和扫描法。原理是逐点判断数据栅格点在某多边形外还是在多边形内,判断时由待判点向图外某点引射线,判断该射线与多边形所有边界相交的总次数,如相交偶数次,则待判点在该多边形外部,如为奇数次,则待判点在该多边形内部,如在内部,则赋予栅格属性。但上述情况中常出现一些例外,称为奇异性,如图 4-32(a)中射线 i_1、i_2 分别遇到了极值点 A、B,从而可能出现判断错误。对这种情况常采用扫描算法,将射线改为沿栅格阵列的列或行方向的扫描线。假如在行方向扫描,当用直线段逼近曲线时,极值点必定是两条直线的交点,如图 4-32(b)中 P_1、P_2 点,但两直线的交点不一定是极值点,如点 P_3、P_4。为此,需要判断与顶点相交的两个直线段是否在扫描线的同一侧,若在同一侧则为极值点,否则是非极值点。这样,当扫描线遇到多边形顶点时分两种情况:一种是该顶点为极值点,另一种是非极值点。对极值点看作 2 个同值交点,对非极值点看作 1 个交点,从而解决奇异

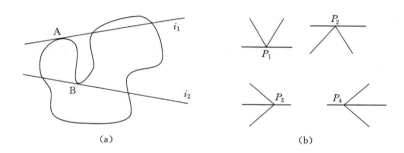

图 4-32　射线法的特殊情况

性问题。

③ 边界点跟踪法，以多边形为单位，按顺时针方向跟踪单元格，上行标记为 L、横行标记为 N，下行标记为 R；逐行扫描，填充 L 和 R 之间的单元格。其原理如图 4-33 所示。

④ 复数积分法。复数积分法是对每个栅格单元逐个判定其是否包含在多边形之内，并将多边形内部的栅格单元进行填充，判断方法是由待判断点对每个多边形的封闭边界计算复数积分。构造复变函数：

$$f(x) = \frac{1}{x - x_0} \tag{4-36}$$

x_0 为待判定的点，当 x_0 位于区域 P 外时，如图 4-34 所示，复变函数 $f(x)$ 在区域 P 内处解析，根据柯西—古萨定理 $f(x)$ 沿区域边界 B 的积分为 0，即：

$$\oint_B f(x) = 0 \tag{4-37}$$

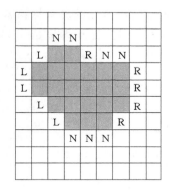

图 4-33　边界点跟踪法

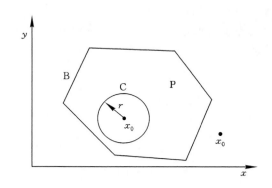

图 4-34　复变区域

如果 x_0 位于区域 P 内，则复变函数 $f(x)$ 在区域 P 内 x_0 点不解析，以 x_0 点为圆心，以足够小的实数 r 为半径，在区域 P 内作闭路圆 C，根据复合闭路积分定理可得：

$$\oint_B f(x) = \oint_C f(x) \tag{4-38}$$

因为：

$$x = x_0 + r\mathrm{e}^{i\theta}, \quad 0 \leqslant \theta \leqslant 2\pi \tag{4-39}$$

所以可得：

$$\oint_B f(x) = \oint_C f(x) = \oint_C \frac{1}{x - x_0} dx = \int_0^{2\pi} \frac{ir\mathrm{e}^{i\vartheta}}{r\mathrm{e}^{i\vartheta}} d\theta = i \int_0^{2\pi} d\theta = 2\pi i \qquad (4-40)$$

根据以上原理可以采用判断点和区域连线的角度来判断该点是否位于区域内,如图 4-35所示。

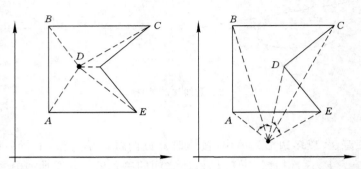

图 4-35　角度法判断原理

⑤ 边界代数算法。矢量向栅格转换的关键是对矢量表示的多边形边界内的所有栅格赋予多边形编码,形成栅格数据阵列,为此需要逐点判断与边界关系。边界代数法不必逐点判断同边界关系即可完成矢量向栅格的转换。边界代数法面的填充是根据边界的拓扑信息,通过简单的加减运算将边界位置信息动态地赋予各多边形的编码。实现边界代数法填充的前提是已知组成多边形边界(弧段)的拓扑关系,即沿边界前进方向的左右多边形编号。设某多边形编号为 a,模仿积分求多边形区域面积的过程,初始化的栅格阵列各栅格值为 0,以栅格行列为参考坐标轴,由多边形边界上某点开始顺时针搜索边界线,当边界上行时[图 4-36(a)],位于该边界左侧的具有相同行坐标的所有栅格被减去 a;当边界下行时[图 4-36(b)],该边界右侧所有栅格加 a,边界搜索完毕即完成了多边形的转换。

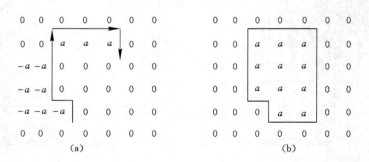

图 4-36　单个多边形边界代数法栅格化

对于多个多边形,当边界弧段上行时,该弧段与左图框之间栅格增加一个值(左多边形编号减去右多边形编号);当边界弧段下行时,该弧段与左图框之间栅格增加一个值(右多边形编号减去左多边形编号)。

矢量多边形栅格化各种方法的原理和优缺点,如表 4-4 所示。

表 4-4　　　　　　　　　　　　　　**多边形栅格化方法的原理与特点**

方法	基本原理	优点	缺点
内部点扩散法	由多边形一个内部点（种子点）开始向其 4 个或 8 个方向的邻域扩散，直到区域填满、无种子点为止	用于栅格图像提取特定区域	算法复杂，占内存较大，特殊情况下会造成扩散不能完成
射线法	由待判断点向图外某点引射线，如果射线与多边形相交偶数次，则在多边形外部，否则在内部	算法原理简单	计算交点运算量大，某些特殊情况下会增加编程的复杂性
扫描法	该算法是对射线算法的改进，沿栅格阵列的列或行方向扫描，计算多边形与扫描线的相交区间，再用相应的属性值填充	避免了奇异性，省略了计算交点的大量运算	要预留一个较大的数组来存边界点
边界点跟踪法	追踪边界，标记上行、横行和下行，逐行扫描，填充上下行之间的单元格	稳定性较好	需要追踪边界，还要逐行扫描
复数积分法	对全部的栅格阵列逐个栅格单元判断栅格归属的多边形编码，即待判断点对每个多边形的封闭边界计算复数积分	设计简单，可靠性较好	涉及大量乘除运算，运算时间长，难以在低档计算机上采用
边界代数法	由某点开始顺时针搜索边界线，上行时位于边界左侧的栅格减去多边形编号，下行时边界右侧所有栅格加上编号	不必逐点判断，根据拓扑信息自动完成栅格赋值，算法简单	对于复杂图形，增加了运算量

矢量数据转换成栅格数据后，图形的几何精度必然要降低，所以选择栅格尺寸的大小要尽量满足精度要求，使之不过多地损失地理信息。为了提高精度，栅格需要细化，但栅格细化，数据量将以几何指数递增，因此，精度和数据量是确定栅格大小需要衡量的主要因素。

4.4.1.3　栅格数据转换矢量数据

栅格数据转换为矢量数据的过程称为矢量化，矢量化的目的包括以下几点：① 将栅格数据加入矢量数据库；② 压缩数据；③ 进行网络分析等空间分析的需要；④ 由栅格数据分析的结果需通过矢量绘图机输出等。矢量化要保证以下两点：① 转换空间对象的边界形状；② 拓扑关系转换，即保持栅格表示出的连通性和邻接性，否则，转换出的图形是杂乱无章的，没有实用价值。

矢量化分为图像数据矢量化和栅格矩阵数据矢量化。

（1）图像数据矢量化方法

图像矢量化分为纸质图的矢量化和电子图像的矢量化。纸质图的矢量化一种为手扶跟踪矢量化，采用手扶跟踪数字化仪对纸质图进行矢量化，现在已经很少使用。另一种是扫描矢量化，现在一般采用这种方法，将纸质图先扫描为电子图像，再按照电子图像数据矢量化方法进行。扫描后的光栅数据或电子图像数据的矢量化方法如下：

① 二值化，一般情况下，栅格数据是按 0～255 的不同灰度值来表达的，为了简化追踪算法，需把 256 个灰阶压缩为 0 和 1 两个灰阶来得到二值图，二值化公式如下：

$$B(i,j) = \begin{cases} 1, & G(i,j) \geqslant T \\ 0, & G(i,j) < T \end{cases} \tag{4-41}$$

有些情况下,在二值化之前还需要进行边缘检测。

② 细化,是为了消除线划横断面栅格数的差异,使得每一条线只保留代表其轴线或周围轮廓线(对多边形而言)位置的单个栅格的宽度。对细化的一般要求包括:保证细化后曲线的连通性;保留原图的细节特征;细化结果是原曲线的中心线;保留曲线的端点;交叉部分中心线不畸变。细化方法有骨架法和剥皮法等经典算法以及 Deutsch 算法、Pavlidis 异步细化算法等。

常用剥皮法,其实质是逐步剥掉一个栅格宽的一层,直到最后留下彼此连通的由单个栅格点组成的图形,如图 4-37 所示。但要注意不能剥去会导致曲线不连通的栅格,这是该方法的关键所在。

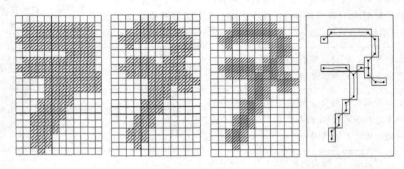

图 4-37　剥皮细化法

骨架法原理是确定图像的骨架,将非骨架上的多余栅格删除。具体做法是扫描全图,凡是像元值为 1 的栅格都用 f 值取代。f 值是该栅格与北、东和东北 3 个相邻栅格像元值之和,即:

$$f = f(i,j) + f(i-1,j) + f(i,j+1) + f(i-1,j+1) \tag{4-42}$$

在 f 值图上保留最大 f 值的栅格,删去其他栅格,但必须保持连通。因为最大 f 值的栅格只能分布在图形的中心线上,即骨架线,所以此过程达到细化的目的。

③ 边界追踪,跟踪的目的是把细化后的栅格数据整理为从结点出发的线段或闭合的线条,并以矢量形式加以存储。追踪时,根据人为规定的顺时针或逆时针搜索方向,从起始点开始,在保证趋势的情况下对八个邻域进行搜索,依次得到相邻点,最终得到完整的弧段或多边形。

④ 线的简化与平滑,由于搜索是逐个栅格进行的,所以弧段或多边形的数列十分密集。为了减少存储量,在保证线段精度的情况下可以删除部分数据点,简化曲线。去除多余点可以采用矢量数据压缩算法,如垂距法、道格拉斯—普克算法(Douglas-Peucker Algorithm)等。最后对曲线进行平滑处理。

⑤ 拓扑关系的生成,判断弧段与多边形间的空间关系,以形成完整的拓扑结构并建立与属性数据的关系。

(2) 栅格矩阵数据的矢量化方法

可以利用上述扫描光栅数据矢量化的转换方法。通常遥感获取的栅格数据都是栅格图像,栅格矩阵数据一般是再生栅格数据,即由弧段数据或多边形数据生成的栅格数据。再生栅格数据矢量化和扫描图像矢量化的区别在于属性数据的转换。在扫描图像中,只有空间数据信息,一般没有属性信息,通常需要在空间数据转换结束后由人工给定矢量数据的属性。再生栅格数据的各格网是带属性值的,不需人工给定。一种可行的方法是根据属性值先将栅格数据分层,再分别转换,经空间拓扑关系建立后自动赋予属性值。对栅格数据按行扫描,找出位于各类型边界的栅格单元,并将边界内部具有同值或同质的栅格单元用一种显著不同的符号进行填充,产生只记录类型边界栅格值的文件。建立对类型边界栅格单元的追踪算法,寻找同质区的闭合界线,同时计算其坐标,并整理成有序的坐标数组。最后,处理相邻类型的公共边界,将按区域单元建立的数据结构转换为按线段链建立的数据结构,以便实现任意区域或类型数据的提取、综合、分析和制图输出。相对而言,由栅格数据结构向矢量数据转换要比矢量数据转换为栅格数据复杂。再生栅格数据矢量化的步骤如下:

① 多边形边界提取,采用高通滤波将栅格图像二值化或以特殊值标识边界点。

② 边界线追踪,对每个边界弧段由一个结点向另一个结点搜索,通常对每个已知边界点需沿除了进入方向的其他 7 个方向搜索下一个边界点,直到连成边界弧段。

③去除多余点及曲线圆滑,由于搜索是逐个栅格进行的,必须去除由此造成的多余点记录,以减少数据冗余;搜索结果,曲线由于栅格精度的限制可能不够圆滑,需采用一定的插补算法进行光滑处理。

④ 拓扑关系生成,对于矢量表示的边界弧段数据,判断其与原图上各多边形的空间关系,以形成完整的拓扑结构并建立与属性数据的联系。

4.4.2　海洋数据压缩

数据压缩属于数据重构的一种,指从所取得的数据集合中抽出一个子集,这个子集作为一个新的信息源,在规定的精度范围内最好地逼近原集合,而又取得尽可能大的压缩比。压缩的目的是为了简化数据记录,减少存储空间,提高访问效率,提高处理效率。

4.4.2.1　矢量数据压缩

常用矢量数据的压缩方法主要有垂距限值法、光栅法、Douglas-Peucker 算法等。常用图像数据压缩算法有小波变换、JPEG2000、离散余弦变换(DCT)等方法。

（1）垂距法

算法原理如图 4-38 所示,在给定的曲线上每次顺序取三个点,计算中间点与其他两点连线的垂距 d,并与限差 L 比较。若 $d \geqslant L$,保留中间点;若 $d \leqslant L$,则舍去中间点。图中 $d_2 > L, d_3 < L, d_4 > L$,所以舍去 P_3,简化后的曲线为 P_1、P_2、P_4、P_5 组成的折线。

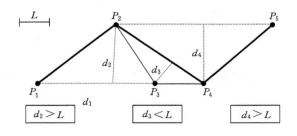

图 4-38　垂距法原理

该方法的优点是只考虑删除共线和近似共线的点,算法简单,速度快;缺点是有时会将曲线的夹角去掉，压缩精度不高。

（2）光栏法

光栏法的原理是定义一个扇形区域，通过判断曲线上的点在扇形外还是在扇形内，确定该点保留还是舍去。如图 4-39 所示，① 以 P_1 为起点，连接 P_1 和 P_2，过 P_2 做 P_1P_2 的垂线 a_1a_2，使得 $a_1P_2 = a_2P_2 = L/2$，定义扇形区域 $a_1P_1a_2$。② 判断 P_3 是否在扇形内，若在则舍去 P_2，连接 P_1P_3，过 P_3 作 P_1P_3 的垂线 b_1b_2，使 $b_1P_3 = b_2P_3 = L/2$。若 b_1 或 b_2 落在扇形 $a_1P_1a_2$ 外，则用 b_1b_2 与扇形的交点 c_1 或 c_2 代替，定义扇形 $b_1P_1c_2$。③ 判断下一个结点是否在扇形内，如果是则重复，直到下一结点在最新定义的扇形外。④ 当发现在扇形外的结点，如图 P_4，此时保留 P_3，并以 P_3 为新的起点，重复①～③的步骤。直到整个点列处理完，保留的结点顺序构成新的点列。

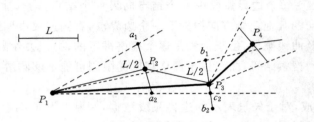

图 4-39　光栏法原理

光栏法的优点是以曲线上相邻三点为处理范围，速度快，能够根据前点删除与否动态调整限差，精度较高；缺点是算法复杂，对曲线上的某些整体特征点的保留精度不高。

（3）Douglas-Peucker 算法

该算法的原理是对给定曲线的首末点连一条直线，求中间所有点与直线间的距离，并找出最大距离 $d_{\max}$，用 $d_{\max}$ 与限差 L 比较。若 $d_{\max} \geqslant L$，则保留对应点，以该点为界将曲线分为两段，对每一段重复使用该方法。若 $d_{\max} < L$，则舍去所有中间点。图 4-40 中曲线经压缩后 P_7 和 P_8 点被舍去，其余点保留。

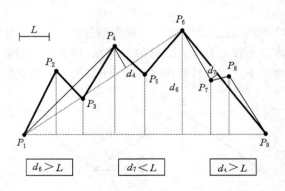

图 4-40　Douglas-Peucker 算法原理

Douglas-Peucker 算法的优点是具有平移、旋转不变性，给定曲线限差后，抽样结果一致，且编程简单，执行效率较高，尤其是针对弯曲起伏较小的曲线，速度较快，如直线，只需找一次距离最大点就可得到结果。缺点是对于较复杂的曲线，重复判断次数多，造成速度较慢;没有考虑目标曲线之间的相互关系,压缩时只是按照曲线自身的特点对每一目标进行独立处理。

以上三种是对矢量线的压缩算法。

(4) 字典数据压缩方法

基于字典数据压缩的过程:① 在原始地图上指定直线或多边形矢量,把矢量的坐标转换成一连串的微分矢量描述的点 $\Delta_{i,i-1}(x_i-x_{i-1},y_i-y_{i-1})$。② 对微分矢量编码进行数据压缩。首先,应用聚类方法(K-mean 聚类)确定上述微分矢量数据构造容量的字典;其次,根据字典对原始数据编码,得到压缩后的数据。③ 解码,对压缩后的数据解码并进行误差分析计算。基于字典数据压缩可用于海洋矢量数据的压缩。

(5) Huffman 编码压缩

Huffman 编码压缩是针对 ASCII 码的数据压缩方法,可以用于矢量数据压缩;是一种比较有效的编码方法,最高压缩效率可达到 8∶1;也是一种长度不均匀的、平均码率可以接近信息源熵值的编码方法。其编码基本思想是对于出现概率大的信息采用短字长的码,对于出现概率小的信息用长字长的码,以达到缩短平均码长,从而实现数据压缩的目的。

对于海洋监测数据的压缩需要考虑两个问题:可靠地对数据流进行压缩和解压缩;根据数据特点简化数据压缩和解压缩程序代码,并尽可能减小压缩、解压缩子程序运行占用的内存空间。针对通过卫星发送的海洋监测数据的特点,采用 Huffman 数据压缩技术对数据进行压缩,可以提高通信效率,降低通信费用。

对海图数据的压缩可通过地图综合来实现,地图综合在海图制图一章进行介绍。广义的空间数据综合的内容包括重新分类、图形简化和图形特征的内插等。

4.4.2.2　栅格数据压缩

栅格数据结构是海洋科学资料存储交换的重要形式。随着各种先进技术不断被应用于海洋观测中,海洋资料量呈现爆炸性增长,给数据的存储、传输带来了巨大压力,而这些数据大部分是以栅格矩阵的形式存储,所以海洋栅格数据压缩势在必行。

(1) 栅格数据压缩编码

栅格数据的很多编码方式都能达到压缩数据的目的,例如游程编码、块码、链码、四叉树编码、八叉树编码等。这些编码方式简单、解码也容易,而且属于无损压缩。游程编码又称行程编码(Run Length Encoding,RLE),是压缩栅格数据最简单的编码方法之一,是把一系列的重复值用一个单独的值再加上一个计数值来取代。为了区别压缩数据与普通数据,计数值的最高位要作为压缩标志位来使用。例如矩阵编码的一行栅格数据为"000001111111001111",可编码为"05,17,02,14"。此编码方式压缩效果的好坏取决于原栅格数据的结构,如果数据栅格中存在大量重复,将获得很高的压缩比,否则压缩效果就差。即该编码对于具有大量重复值的栅格矩阵数据压缩很有效。

对于海洋栅格数据,如果没有连续相同的数据,单纯的行程编码效果是有限的,所以有时会采用增量编码的方法。基本思路是:在存储时只将第一个数据保存为原数据而后面的只保存增量部分,由于增量值很小,因此只需占用较少的比特即可,从而达到压缩数据占用空间的作用。由于负数存储格式的特殊性,增量数据的正负交替,对后面的熵编码很不利,同时为了限制全正数增量序列的最大值过大,还要进行增量数据标准化。

由于游程编码具有良好的编码和解码优势,用于海洋雷达数据压缩效果良好。在进行海洋数据压缩时，首先考虑采用栅格编码方式进行数据压缩。需要根据海洋数据的特点、格式等，选择不同的栅格数据编码方式，以达到压缩海洋栅格数据的目的。

（2）JPEG2000

JPEG2000 图像编码系统的核心算法是 EBCOT（Embedded Block Coding with Optimized Truncation），采用两层编码策略，其基本原理如图 4-41 所示。

① 在编码时，先对图像的无符号分量进行类似于 JPEG 的电平位移。若无符号图像分量（如 RGB 分量）用 r 位二进制数表示，则对这些无符号分量样本值减去 $2r-1$。

② 进行分量变换，在图 4-41(a)中用虚线框表示，分量变换是可选的。JPEG2000 采用两种变换：可逆的分量变换和不可逆的分量变换。不可逆的分量变换只能用于有损压缩，可逆的分量变换既可用于无损压缩也可用于有损压缩。

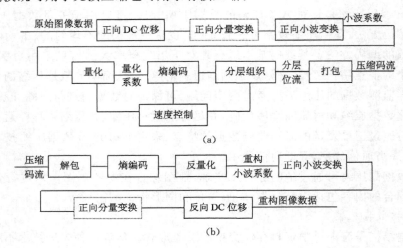

图 4-41　JPEG2000 方法原理

(a) 编码器框图；(b) 解码器框图

③ 进行离散小波变换，该变换可将图像信号分解成不同空间分辨率、不同频率特征和方向性特征的子图像信号，便于在失真编码中综合考虑人的视觉特性，同时也利于实现图像的渐进传输。

④ 根据变换后的小波系数的特点进行量化，量化的关键是依据变换后图像的特征、重构图像质量要求等因素设计合理的量化标准，这是图像压缩特别是有损压缩的关键一步。

⑤ 图像经过变换、量化后在一定程度上减少了空域和频域上的冗余度，但是这些数据在统计意义上还存在一定的相关性，为此采用熵编码来消除数据间的相关。

⑥ 熵编码之后的流数据被按照一定的意图组织在不同的"层"里，"层"对应的是图像的质量级别（或精度级别），将码流分层组织，形成不同质量的层。图像的这种分层累进式传输可以让网络用户根据自己的需要控制图像的分层传输，当用户得到满意的图像效果时，便可终止传输。

⑦ 最后，对每个分层码流以包为单元进行组织，输出最终的压缩码流。解码过程相对比较简单，如图 4-41(b)所示，根据压缩码流中存储的参数，对应于编码器的各部分，进行逆向操作，输出重构的图像数据。

JPEG2000 图像压缩方法的优点是具有良好的低比特率压缩性能、可实现渐进传输、可进行有损和无损压缩两种；具有感兴趣区编码特性，具有良好的误差稳定性。其缺陷是 JPEG2000 的编码计算复杂性明显高于 JPEG，这不利于 JPEG2000 的软件实现；对于文本图像及合成图像，JPEG2000 的无损图像压缩性能明显劣于 JPEG-LS。

（3）DCT 压缩算法

离散余弦变换（Discrete Cosine Transform，DCT）算法由 Ahmed 和 Rao 于 1974 年提出，至今已取得比较成熟的结果。DCT 是一种实数域变换，属于正交变换的一种，其变换核为余弦函数。对于一个 $M \times N$ 的像素块 A，其二维离散余弦变换定义为：

$$B_{pq} = a_p a_q \sum_{m=0}^{M-1} \sum_{n=0}^{N-1} A_{mn} \cos \frac{\pi(2m+1)p}{2M} \cos \frac{\pi(2n+1)q}{2N} \qquad (4\text{-}43)$$

$$a_p = \begin{cases} \dfrac{1}{\sqrt{M}} & p = 0 \\ \sqrt{\dfrac{2}{M}} & 1 \leqslant p \leqslant M-1 \end{cases} \qquad (4\text{-}44)$$

$$a_q = \begin{cases} \dfrac{1}{\sqrt{N}} & q = 0 \\ \sqrt{\dfrac{2}{N}} & 1 \leqslant q \leqslant N-1 \end{cases} \qquad (4\text{-}45)$$

B_{pq} 称为矩阵 A 的 DCT 系数，得到全部 DCT 系数后便形成了一个与 A 相同大小的矩阵 B。通过下面的反离散余弦变换（Inverse Discrete Cosine Transform）公式，可以由矩阵 B 恢复原来的矩阵 A：

$$A_{mn} = \sum_{p=0}^{M-1} \sum_{q=0}^{N-1} a_p a_q B_{pq} \cos \frac{\pi(2n+1)p}{2M} \cos \frac{\pi(2n+1)q}{2N} \qquad (4\text{-}46)$$

DCT 的算法流程包含编码和解码过程，编码过程执行四种操作：子图分解、变换、量化、编码，解码器执行的步骤（除了量化函数以外）与编码器是相反的。

DCT 算法是目前广泛应用于多媒体数据压缩的技术，其优点是信息压缩能力强，其信息压缩能力超过了 DFT（离散傅立叶变换）和 WHT（沃尔什变换），接近于最佳 KL（正交变化）变换方法的能力；在信息压缩能力和计算复杂性之间提供了一种很好的平衡，DCT 变换允许使用各种快速算法，且编码简单；对比其他输入独立的变换方法，DCT 变换使用单一的集成电路就可以实现，可以将最多的信息包含在最少的系数中。其缺点是复原图像存在方块效应，比特率不能严格控制；在高压缩比时，DCT 方法的图像质量急剧下降。

（4）小波变换算法

基于小波变换的图像压缩沿袭了变换编码去相关性的基本思想，其内容包括小波变换、量化和熵编码三个主要部分。其基本原理是将原始图像进行二维小波变换后分成 4 个子带：低频子带，水平方向的高频子带，垂直方向的高频子带和对角线方向的高频子带。可对低频子带进行进一步分解，得到更低分辨率的 4 个子带。如此反复，图像就被分解成不同分辨率级和不同方向的子带。图像经过小波变换后并没有实现压缩，只是对整个图像的能量进行了重新分配，其中低频系数分量包含了大部分能量，而其他高频系数分量大多为零值，这为高倍率压缩提供了可能。通过选择合适的具有平滑特性的小波基再对小波系数进行量化,就可消除重建图像中出现的方块效应,减小量化噪声。常用的量化方法有标量量化、矢量量化、零树量化等。然后对量化区间的符号流进行编码,编码的目的是用适当的无损压缩来编码量化系数,尽量减少需要的存储空间,最终达到数据压缩的目的。常用的方法有 Hoffman 编码、游程编码等。

解码可以通过反向执行编码操作完成,但量化过程除外,量化过程是不能逆向执行的。其基本原理如图 4-42 所示。

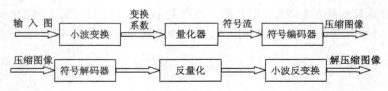

图 4-42　基于小波变换的数据压缩原理

该算法的优点是作用于图像的整体,可以克服方块效应;压缩比高,压缩后能保持信号与图像的特征不变,且在传递过程中可以抗干扰。缺点是对各子带采用相同的门限量化,不能充分利用人眼的视觉特性,限制了图像压缩比的进一步提高。

（5）人工神经网络编码

人工神经网络编码（Artificial Neural Network Coding）是一种模仿及延伸人脑功能的信息处理系统,它具有许多优良特性,如自学习特性、大规模并行处理、非线性处理特性和分布式存储特性等。人工神经网络在图像压缩编码中已经获得了初步研究和应用,主要用于实现变换编码、非线性预测编码和矢量量化中的码书设计。由于现实图像内容变化的随机性,对图像的分割以及平稳区域与非平稳区域的数学描述还没有有效的手段和方法,试图用一种图像模型来描述自然界千奇百怪的图像是不现实的,而人工神经网络在解决类似的黑箱上特别有效,故可以用神经学习图像中规律性的东西,通过神经网络自适应机制,如结构自适应、学习率参数的变化和连接权值的变化等进行调整。因此,可以利用神经网络的特点对图像信息进行有效的分解、表征和编码,从而取得传统方法无法比拟的结果。基于神经网络的数据压缩方法的一个显著特点是可以获得较高的数据压缩比,且解压速度快,但它的一个弱点是对网络的训练需要一定的时间,且对数据需要两次扫描,这给实时数据压缩造成了困难。

（6）分形编码方法

基于分形方法的主体思想是先把图像（无论是空域还是其他变换域）分为若干个子块,通过找到与这些子块相似度最高的值域块,然后整个图像可用这些值域块来表示。这些值域块通常是由图像原始子块不断地训练出来或存储在系统中的,越大的值域块,压缩比越高,误差也越大。这类算法压缩比通常很高,但是在处理非确定性分形结构时,重构图像质量会很差,且编码时间过长。

（7）基于三元组压缩算法

基于三元组（3-Tuples）的压缩算法是用三元<row, col, data>来记录存储稀疏矩阵中的一个非 0 元素<data>,即记录该非 0 元素在原矩阵中的行、列位置和元素的值,从而压缩掉了所有值为 0 数据。因为压缩过程中,每个有效数据又要增加两个元的空间来记录,因而 0 元越多,压缩比越高。由于海洋遥感数据文件通常以矩阵方式存储,因天气等原因缺失相对较大,0 值元素所占比例大,因而具有稀疏矩阵的特点,故可利用三元组方式实现数据文件的压缩。

（8）算术编码方法

算术压缩方法与 Huffman 压缩方法相似,都是利用比较短的代码取代图像数据中出现比较频繁的数据,而利用比较长的代码取代图像数据中出现频率较低的数据,从而达到数据压缩的目的。其基本原理是任何一个数据序列均可表示成 0 和 1 之间的一个间隔,该间隔的位置与输入数据的概率分布有关。算术编码是图像压缩的主要算法之一,是一种无损数据压缩方法,也是一种熵编码的方法。和其他熵编码方法不同的地方在于,其他的熵编码方法通常是把输入的消息分割为符号,然后对每个符号进行编码,而算术编码是直接把整个输入的消息编码为一个数,一个满足（$0.0 \leqslant n < 1.0$）的小数。使用算术编码的压缩算法通常先要对输入符号的概率进行估计,然后再编码,这个估计越准,编码结果就越接近最优的结果。算术编码的优点在给定符号集和符号概率的情况下,可以给出接近最优的编码结果;压缩比高,可以达到 100：1。

以下方法为有损压缩。

（9）预测编码方法

预测编码方法基于图像数据的空间和时间冗余特性,用相邻的已知像素（或图像块）来预测当前像素（或图像块）的取值,然后再对预测误差进行量化和编码。如果预测比较准确,误差就会很小,在同等精度要求的条件下,就可以用比较少的比特进行编码,达到压缩数据的目的。预测编码是根据离散信号之间存在着一定关联性的特点,利用前面一个或多个信号预测下一个信号,包括线性预测、自适应预测、差分脉冲编码调制（Differential Pulse Code Modulation,DPCM）等。这种方法通常属于有损压缩,但此方法也能实现无损压缩。基于预测的压缩方法得到的图像的整个压缩比较小,因此该方法在海洋高光谱图像无损压缩方面得到一定应用。

（10）子带编码

子带编码（Subband Coding,SBC）,是一种以信号频谱为依据的编码方法,即将信号分解成不同频带分量来去除信号相关性,再将分量分别进行取样、量化、编码,从而得到一组互不相关的码字合并在一起后进行传输。子带编码是先将原始图像用若干数字滤波器（分解滤波器）分解成不同频率成分的分量,再对这些分量进行亚抽样,形成子带图像,最后对不同的子带图像分别用与其相匹配的方法进行编码,在接收端将解码后的子带图像补零、放大,并经合成滤波器的内插,将各子带信号相加,进行图像复原。子带编码与离散余弦变换编码相比,最大优点是复原图像无方块效应,因此得到了广泛的研究,是一种有潜力的图像编码方法。子带编码可以利用人耳对不同频率信号的感知灵敏度不同的特性,在人的听觉不敏感的部位采用较粗糙的量化,在敏感部位采用较细的量化,从而可以充分地压缩语音数据。

（11）矢量量化编码

矢量量化编码（Vector Quantization,VQ）是在图像、语音信号编码技术应用中的新型量化编码方法,它的出现不仅仅是作为量化器设计,更多的是作为压缩编码方法。在传统的预测和变换编码中,首先将信号经某种映射变换变成一个数的序列,然后对其逐个地进行标量量化编码。而在矢量量化编码中,则是把输入数据分成组,成组地量化编码,即将这些数看成一个 k 维矢量,然后以矢量为单位逐个矢量进行量化,从而压缩了数据而不损失多少信息。矢量量化编码指从 N 维空间 R_N 到 R_N 中 L 个离散矢量的映射，也可称为分组量化，标量量化是矢量量化在维数为 1 时的特例。基于矢量量化的光谱图像压缩基本思路是将图像的数据分解为一个矢量的集合，最后对矢量集合里的每一个矢量进行量化编码的过程。对于图像压缩，矢量量化的方法是不需要对光谱图像进行去相关性处理。由于高光谱图像相似的地表具有相似的光谱曲线，因此矢量量化是高光谱图像压缩的一种理想压缩方法。

矢量量化可以充分利用各分量间的统计依赖性，包括线性的和非线性的依赖关系，并可以充分利用信号概率分布密度函数形状中存在的剩余度，还可以充分利用信号空间维数增加所带来的益处。在维数足够高时，可以接近任意失真理论所给出的极限，而这在标量量化时是做不到的。即使对无记忆信源，矢量量化编码也总是优于标量量化。

（12）拉普拉斯金字塔变换

拉普拉斯金字塔变换（Laplacian Pyramid Blending）原理和方法：首先对源图像分别进行拉普拉斯金字塔分解，然后对分解后的各层图像采用不同的融合准则进行融合，最后对融合金字塔做拉普拉斯金字塔反变换得到最终的融合图像。基于金字塔分解的图像融合算法的融合过程是在不同尺度、不同空间分辨率和不同分解层上分别进行的，与简单图像融合算法相比能够获得更好的融合效果，同时能够在更广泛的场合使用。离散傅立叶变换、离散余弦变换、奇异值分解和小波变换都以拉普拉斯金字塔和其他采样变换为基础。

4.5 海洋数据提取

海洋数据提取是指对海洋数据进行某种有条件的提取，包括类型提取、窗口提取、布尔提取、空间内插等，以解决不同应用目的和用户对数据的特定需求。数据提取是指对数据从全集到子集的条件提取。

海洋数据提取的类型提取、窗口提取、布尔提取等一般比较简单。例如，布尔提取就是根据布尔逻辑运算符进行数据的子集提取。窗口提取是采用特定窗口对数据进行提取，包括空间窗口提取、时间窗口提取、专题窗口提取等。因此，此类数据提取不再详细讲述，本章主要详细讲解空间插值和海洋数据特征的提取。

4.5.1 数据插值概述

4.5.1.1 空间插值的概念

空间插值是针对具有连续变化特征的现象而进行的，如地形、气温、气压等。设已知一组空间数据，它们可以是离散点的形式，也可以是分区数据的形式，要从这些数据中找到一个函数关系式，使该关系式最好地逼近这些已知空间数据，并能根据该函数关系式推求出区域范围内其他任意点或任意分区的值。这种通过已知点或分区的数据，推求任意点或分区数据的方法称为空间数据插值。

海洋数据插值是时空过程处理和分析的关键技术，它可以确保获得较好或者较全面的过程，实际应用中对于线过程、面过程和体过程都可以运用插值方法来弥补因为缺值而带来的缺陷。目前的插值方法主要针对空间插值，海洋空间插值方法的主要目标：

（1）对不足或缺失数据的估计

由于观测台站分布的密度及分布位置的原因，不可能任何空间地点的数据都能实测得到,需要用空间插值获得部分数据,以了解区域内观测变量的完整空间分布。

（2）连续曲面数据模型的变换

现有连续曲面的数据模型与所需的数据模型不符,需要重新插值。如将一个海表温度连续曲面从一种空间切分方式变为另一种空间切分方式,从 TIN 到栅格、栅格到 TIN 或矢量多边形到栅格。

（3）数据的网格化

规则格网能够更好地反映连续分布的空间现象,并对他们的变化做出模拟。对已知观测台站的观测数据进行空间内插,便可得到格网化数据。

（4）内插等值线

通过空间数据插值获得等值线,以等值线的形式直观地显示数据的空间分布。

（5）对区域中不完全覆盖数据的推算

如果现有的数据不能完全覆盖所要求的区域范围,就需要空间插值计算。如将海洋观测离散的采样点数据内插为连续的海洋数据表面。

（6）对不同分区未知数据的推求

根据已知数据,通过空间插值方法推求未知区域的数据。

对于一些在时间序列上呈规律性变化的海洋时间序列数据,使用时间插值甚至可以取得更好的效果。时空插值方法不但考虑了空间因素的影响,也考虑了数据在时间上的相互关系,两种因素共同考虑,所得的结果更加接近真实值。虽然时空插值的研究刚刚起步,但是作为插值方法的一类,它将会越来越受到人们的关注。

4.5.1.2 空间插值原理

空间插值的理论依据是地理学第一定律。地理学第一定律（Tobler's First Law 或者 Tobler's First Law of Geography）的内容是:地理事物或属性在空间分布上互为相关,距离相距邻近的事物比距离较远的事物联系更为紧密,存在集聚（Clustering）、随机（Random）、规则（Regularity）分布。即空间位置上越靠近的点,越可能具有相似的特征值;而距离越远的点,其特征值相似的可能性越小。正因为此才可以对连续变化的特征进行空间插值。

空间插值的数据源包括以下几类:

① 海洋现象的航片或海洋卫星光学影像。

② 海洋卫星或航天飞机的 SAR 或 INSAR 影像。

③ 海洋台站的观测点数据,包括水深和海洋温度、盐度、密度等水文采样点数据。

④ 海洋数值产品。

⑤ 数字化的多边形图、等值线图等。

在海洋研究和应用领域中,所获得的数据有一部分是分布不规则的离散点数据,仅靠这些数据很难逼真、直观、准确地展现海洋空间实体的分布及特征。为将海洋离散点数据转换成连续的曲面数据,以便进行空间分析和建模,常需要进行空间插值。进行空间插值的一般过程如下。

① 空间插值数据源的获取。

② 对数据进行分析,找出源数据的分布特性、统计特性、便于选择最恰当的插值方法。

③ 根据数据特点选择几种适用的插值方法。

④ 按照选定的插值方法进行插值计算。

⑤ 对插值结果进行检验和精度评价。

⑥ 对各种方法的插值结果进行比较、分析并选择最佳的插值方法。

⑦ 插值结果的输出。

4.5.1.3　空间插值分类

（1）按插值区域分类

空间插值按照插值的区域可以分为空间内插和外推。空间内插是通过已知点的数据推求同一区域未知点数据。空间外推是通过已知区域的数据，推求其他区域数据。空间内插和外推的区别如图 4-43 所示。

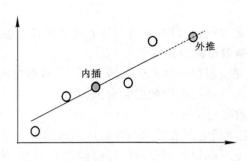

图 4-43　空间内插与外推

（2）按参与插值的采用点的范围分类

① 整体插值

基于研究区域内所有采样点特征值建立的插值方法称为整体插值方法，其特点是不能提供内插区域的局部特性，结果具有粗略性特点。整个区域的数据都会影响单个插值点，单个数据点变量值的增加、减少或者删除，都对整个区域有影响。代表性的基于整体的插值方法包括边界内插法、趋势面分析、变换函数插值等。

由于整体插值方法将短尺度的、局部的变化看作随机的和非结构的噪声，从而丢失了这一部分信息。因此，整体插值方法通常不直接用于空间插值，而是用来检测不同于总趋势的最大偏离部分，在去除了宏观地物特征后，可用剩余残差来进行局部插值。

② 局部插值

局部插值方法是仅用于邻近位置点或者局部的少数已知采样点的特征值来估计未知点的特征值的插值方法。局部插值方法恰好能弥补整体插值方法的缺陷，可以提供内插区域内的局部特性，而且不受插值表面上其他点的内插值影响，即单个数据点的改变只影响其周围有限的数据点，结果具有精确性特点。常用局部插值方法包括最近邻点法、移动平均插值法、样条函数插值法、克里金插值等。

（3）按随机性的不同分类

根据插值方法是否提供预测的误差评估，空间插值可分为确定性插值和统计插值法。

① 确定性插值，是基于未知点周围点的值和特定的数学公式，来直接产生平滑的曲面，但不提供插值预测的误差评价，如趋势面分析、倒数距离加权插值、样条函数法。

② 统计插值，基于自相关性（测量点的统计关系），根据测量数据的统计特征产生曲面；由于建立在统计学的基础上，不仅可以产生预测曲面，而且可以产生误差和不确定性曲面，

用来评估预测结果的好坏,如克里金法。

（4）按对采样点的拟合分类

按插值后的表面对采样点的拟合情况,即插值后的表面是否通过采样点,空间插值可以分为精确插值和近似插值。

① 精确插值,产生通过所有观测点的曲面。在精确插值中,插值点落在观测点上,内插值等于估计值,即预测的样点值与实测值相等,采用的方法如倒数距离加权插值、样条函数法、克里金法。

② 近似插值,插值产生的曲面不通过所有观测点。当数据存在不确定性时,应该使用近似插值,由于估计值替代了已知变量值,近似插值可以平滑采样误差。常用的方法有趋势面分析等。

4.5.2　空间插值方法

4.5.2.1　整体插值方法

（1）边界内插法

边界内插法常用于土壤和景观制图,表达土壤、景观的分布特征。其假设前提:① 属性值 z 在"图斑"或景观单元内是随机变化的,不是有规律的;② 同一类别的所有"图斑"存在同样的类方差（噪声）;③ 所有的属性值都呈正态分布;④ 所有的空间变化发生在边界上,是突变而不是渐变。边界内插方法最简单的统计模型是标准方差分析（ANOVAR）模型:

$$z(x_0) = u + \alpha_k + \varepsilon \tag{4-47}$$

式中,z 是 x_0 位置的属性值;u 是总体平均值;α_k 是 k 类平均值与 u 的差;ε 为类间平均误差。

（2）趋势面分析法

趋势面分析是利用数学曲面模拟海洋系统地理要素在空间上的分布及变化趋势的一种数学方法。海洋特征在空间上是连续变化,因此可以用一个平滑的数学平面加以描述。思路是先用已知采样点数据拟合出一个平滑的数学平面方程,再根据该方程计算无测量值的点上的数据。这种只根据采样点的属性数据与地理坐标的关系,进行多元回归分析得到平滑数学平面方程的方法,称为趋势面分析。趋势面分析的理论假设是地理坐标(x,y)是独立变量,属性值 Z 也是独立变量且是正态分布的,回归误差也是与位置无关的独立变量。

趋势面分析一般采用多项式进行回归分析,多项式回归分析是描述长距离渐变特征的最简单方法。其基本思想是用多项式表示线和面,按最小二乘法原理对数据点进行拟合,当 n 个采样点方差和为最小时,则认为线性回归方程与被拟合曲线达到了最佳配准。线或面多项式的选择取决于数据是一维的还是二维的。

多项式的次数并非越高越好,超过 3 次的多元多项式往往会导致奇异解,因此,通常使用二次多项式,其一般形式为:

$$f(x,y) = \sum_{r+s=0}^{r+s=p} b_{rs} x^r y^s \tag{4-48}$$

其中,b_{rs} 为回归系数;p 为趋势面方程的次数。当 $p=0$ 时,为水平面 $f(x,y)=b_0$;当 $p=1$ 时,为倾斜平面:$f(x,y)=b_0+b_1 x+b_2 y$,可用于模拟边坡、倾斜煤层、断层等情况。当 $p=2$ 时,为二次曲面:$f(x,y)=b_0+b_1 x+b_2 y+b_3 x^2+b_4 xy+b_5 y^2$,可用于模拟地形起伏、褶曲煤

层等。

该二元函数必须满足观测值与拟合值之差的平方和最小,即:

$$\sum_{i=1}^{n} \left[z(x_i, y_i) - f(x_i, y_i) \right]^2 = \min \tag{4-49}$$

可以用多重回归技术确定上述各式的系数。

用二元函数进行趋势面内插,具有以下特点:

① 当 $n>3$ 时,拟合曲面常产生异常大或异常小的值;

② 拟合残差属正常分布的独立误差,具有一定的相关性;

③ 用于局部内插之前,要事先对宏观异常的采样值进行处理。

趋势面分析通过回归分析原理,运用最小二乘法拟合一个二维非线性函数,过滤掉一些局域随机因素的影响,使地理要素在空间上的分布规律明显化。其最有成效的应用是揭示区域中不同于总趋势的最大偏离部分,所以趋势面分析的主要用途是,在使用某种局部插值方法之前,可用趋势面分析从数据中去掉一些宏观特征,不直接用它进行空间插值。

(3)变换函数插值法

根据一个或多个空间参量的经验方程(变换函数),进行整体空间插值,称为变换函数插值法。经验方程称为变换函数,例如冲积平原的土壤重金属污染距污染源(河流)的距离和高程两个因子有关,其变换函数如下:

$$z(x) = b_0 + b_1 p_1 + b_2 p_2 + \varepsilon \tag{4-50}$$

式中,$z(x)$ 是某种重金属的含量;b_0, b_1, b_2 是回归系数;p_1 是距河流的距离因子;p_2 是高程因子。

4.5.2.2 局部插值方法

(1)最邻近点法

最邻近点法又称为泰森多边形方法,其假设前提是属性变化只发生在边界上,在边界内都是均质的和无变化的,其基本原理是未知点的最佳值由最邻近的观测值产生。

插值过程包括三个步骤:① 生成泰森多边(Voronoi);② 用最近的单个点进行区域插值;③ 对样本点构造 Delaunay 三角网。气象数据一般根据最近的气象站采用最邻近点法进行插值。

(2)移动平均插值法

移动平均插值法是假设局部邻域内所有数据点都对未知点的属性值有贡献,距离越近贡献越大。其综合了泰森多边形的邻近点方法和趋势面分析的渐变方法的长处,假设未知点 x_0 处属性值是在局部邻域内所有数据点的距离加权平均值。距离倒数加权插值方法是加权移动平均方法的一种。

移动平均加权插值函数为:

$$\hat{z}(x_0) = \sum_{i=1}^{n} \lambda_i \cdot z(x_i) \tag{4-51}$$

$$\sum_{i=1}^{n} \lambda_i = 1 \tag{4-52}$$

其中,$\lambda_i = \varphi[d(x, x_i)]$,当 $d \rightarrow 0, \varphi(d) \rightarrow 1$,一般取倒数或负指数形式 d^{-r}, e^{-d}, e^{-d^2}。

移动平均插值法的权重系数由函数计算,最常见的形式是距离倒数加权函数。距离倒

数插值方法是 GIS 软件由点数据生成栅格图层的最常见方法,其最简单的形式为线性插值,公式如下:

$$\hat{z}(x_0) = \frac{1}{n} \sum_{i=1}^{n} z(x_i) \qquad (4\text{-}53)$$

移动平均插值法的优点是:公式比较简单,特别适用于结点散乱、不属于网格点的数据插值。其缺点是:只能在结点上取到函数的最大最小值,因为这种插值是各结点上值的加权平均。

(3) 样条函数插值法

样条函数是一种分段函数,每一段是光滑的,各段交接处(桩点)也有一定光滑性的函数。样条函数中桩点控制曲线的位置,如图 4-44 中 P_1、P_2、P_3 为样条函数的桩点,各分段边界可导,在数学上用分段的多项式函数来描述。采用多项式样条函数进行插值的方法称为样条函数插值法,样条函数插值克服了高次多项式插值可能出现的振荡现象,具有较好的数值稳定性和收敛性。

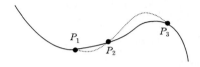

图 4-44　样条函数

样条函数分别有一次、二次、三次,常用的是三次样条函数,其本质上是一段一段的三次多项式连接而成的曲线。在连接处,不仅函数是连续的,且一阶和二阶导数也是连续的。样条函数法工具应用的插值方法是利用最小化表面总曲率的数学函数来估计值,从而生成恰好经过数据点的平滑曲线。

样条函数插值法有两种:规则样条函数法和张力样条函数法。规则样条函数法使用可能位于样本数据范围之外的值来创建渐变的平滑表面。张力样条函数法根据建模现象的特性来控制表面的硬度,使用受样本数据范围约束更加严格的值来创建不太平滑的表面。

对于 $n+1$ 个给定点的数据集 $\{x_i\}$,我们可以用 n 段三次多项式在数据点之间构建一个三次样条:

$$s(x) = \begin{cases} s_0(x), x \in [x_0, x_1] \\ s_1(x), x \in [x_1, x_2] \\ \quad\cdots\cdots \\ s_{n-1}(x), x \in [x_{n-1}, x_n] \end{cases} \qquad (4\text{-}54)$$

上式表示对函数 f 进行插值的样条函数,则需满足:

$$\begin{cases} s(x_i) = f(x_i) \\ s_{i-1}(x_i) = s_i(x_i) \\ s'_{i-1}(x_i) - s'_i(x_i) = s''_{i-1}(x_i) - s''_i(x_i) \end{cases} \quad i = 1, 2, \cdots, n-1 \qquad (4\text{-}55)$$

其中,$s(x_i) = f(x_i)$ 体现了插值特性;$s_{i-1}(x_i) = s_i(x_i)$ 体现了样条相互连接;$s'_{i-1}(x_i) - s'_i(x_i)$ 和 $s''_{i-1}(x_i) - s''_i(x_i)$ 体现了边界处的两次连续可导。

由于每个三次多项式需要四个条件才能确定曲线形状,所以对于组成 s 的 n 个三次多项式来说，这就意味着需要 $4n$ 个条件才能确定这些多项式。但是，插值特性只给出了 $n+1$ 个条件，内部数据点给出 $n+1-2=n-1$ 个条件，总计是 $4n-2$ 个条件。我们还需要另外两个条件，根据不同的因素我们可以使用不同的条件。其中一项选择条件可以得到给定 u 与 v 的桩点三次样条，$s'(x_0)=u,s'(x_k)=v$，另外我们可以设 $s''(x_0)=s''(x_n)=0$，这样就得到自然三次样条。自然三次样条几乎等同于样条设备生成的曲线。在这些所有的二次连续可导函数中，桩点与自然三次样条可以得到相对于待插值函数 f 的最小震荡。如果选择另外一些条件：

$$\begin{cases} s(x_0) = s(x_n) \\ s'(x_0) = s'(x_n) \\ s''(x_0) = s''(x_n) \end{cases} \tag{4-56}$$

可以得到周期性的三次样条。

如果选择：

$$\begin{cases} s(x_0) = s(x_n) \\ s'(x_0) = s'(x_n) \\ s''(x_0) = f'(x_0) \\ s''(x_n) = f'(x_0) \end{cases} \tag{4-57}$$

可以得到 Complete 三次样条。

由于样条函数离散子区间的范围较宽，可能是一条数字化的曲线，在这个范围内计算简单样条会引起一定的数学问题，因此在实际应用中都用 B 样条——一种特殊的样条函数。B 样条是感兴趣区间以外均为零的其他样条的和，因此可按简单的方法用低次多项式进行局部拟合。

样条函数插值的优点是：一次拟合只与少数点拟合，同时保证曲线段连接处连续；修改少数数据点时，而不必重新计算整条曲线；样条函数与趋势面分析和移动平均方法相比，它保留了局部的变化特征，在视觉上得到了令人满意的结果。缺点是：样条内插的误差不能直接估算，同时在实践中要解决的问题是样条块的定义以及如何在三维空间中将这些"块"拼成复杂曲面，又不引入原始曲面中所没有的异常现象等问题。

（4）克里金插值方法

克里金插值充分吸收了地理统计的思想，认为任何在空间连续性变化的属性是非常不规则的，不能用简单的平滑数学函数进行模拟，可以用随机表面给予较恰当的描述，这种应用地理统计思想进行空间插值的方法，被称为克里金（Kriging）插值。连续性变化的空间属性称为"区域性变量"，可以描述像气压、高程及其他连续性变化的指标变量。克里金插值是法国地理数学学家 Georges Matheron 和南非矿山工程师 D. G. Krige 研究提出，被广泛地应用于地下水模拟、土壤制图等领域，成为 GIS 软件地理统计插值的重要组成部分。

地理统计方法为空间插值提供了一种优化策略，即在插值过程中根据某种优化准则函数，动态地决定变量的数值。克里金插值方法着重于权重系数的确定，从而使内插函数处于最佳状态，即对给定点上的变量值提供最好的线性无偏估计。克里金插值方法的区域性变量理论假设任何变量的空间变化都可以表示为下述三个主要成分的和：① 与恒定均值或趋势有关的结构性成分；② 与空间变化有关的随机变量，即区域性变量；③ 与空间无关的随机噪声项或剩余误差项，如图 4-45 所示。

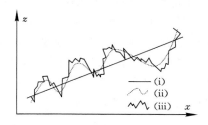

图 4-45 克里金插值

根据以上假设,克里金插值的公式为:

$$z(x) = m(x) + \varepsilon'(x) + \varepsilon''$$

(4-58)

式中,$m(x)$ 是描述 $z(x)$ 的结构性成分的确定性函数;$\varepsilon'(x)$ 是与空间变化有关的随机变化项,即区域性变量;ε'' 是剩余误差项,空间上具有零平均值、与空间无关的高斯噪声项。

区域性变量理论的两个内在假设条件是差异的稳定性和可变性,一旦结构性成分确定后,剩余的差异变化属于同质变化,不同位置之间的差异仅是距离的函数。因此,区域性变量计算公式可以写成下式的形式:

$$\hat{\gamma}(h) = \frac{1}{2n} \sum_{i=1}^{n} \left[z(x_i) - z(x_i + h) \right]^2$$

(4-59)

此式称为半方差函数,其估算公式如下:

$$2\gamma(h) = E\left[(z(x) - z(x+h))^2 \right] = E\left[(\varepsilon'(x) - \varepsilon'(x+h))^2 \right]$$

(4-60)

式中,n 为距离为 h 的采样点对的数目;h 为采样间隔,也叫延迟,对应于 h 的图被称为"半方差图"。

在半方差理论模型中,延迟 h 的值较大时曲线呈水平方向,曲线的水平部分称为"梁(Sill)",说明在延迟的这个范围内数据点没有空间相关性,因为所有的方差不随距离增减而变化。曲线从低值升到梁为止的延迟范围,称为"变程(Range)"。变程是半方差图最重要的部分,因为它描述了与空间有关的差异怎样随距离变化的。在变程范围内距离越近的点具有更相近的特征,变程给移动加权平均方法提供了一个确定窗口大小的方法。如图 4-46 所示,很显然数据点和未知点之间的距离大于变程范围,表明该数据点与未知点距离太远,对插值没有作用。图 4-46 中的拟合模型没有通过原点,而是在正方向与坐标轴相截,相截部分成为核方差。

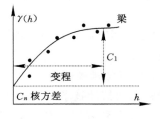

图 4-46 半方差图

半方差的拟合需要根据图像特点选择不同的函数。当存在明显的变程和梁，同时核方差数值不太大的情况下，可用球面模型进行半方差拟合，如图 4-47(a)所示。如果存在明显的核方差和梁，而没有明显的渐变变程，则可用指数模型进行拟合，如图 4-47(b)所示。如果核方差相对于与空间变化有关的随机变化很小的情况下，最好使用比较弯曲的曲线，如高斯曲线等拟合，如图 4-47(c)所示。如果空间变化随变程渐变，但没有梁，则可用线性模型进行拟合，如图 4-47(d)所示。以下分别为各模型的函数公式：

$$\gamma(h) = c_0 + c_1\left[\frac{3h}{2a} - (h/a)^3/2\right] \tag{4-61}$$

$$\gamma(h) = c_0 + c_1[1 - \exp(-h/a)] \tag{4-62}$$

$$\gamma(h) = c_0 + c_1[1 - \exp(-h/a)^2] \tag{4-63}$$

$$\gamma(h) = c_0 + bh \tag{4-64}$$

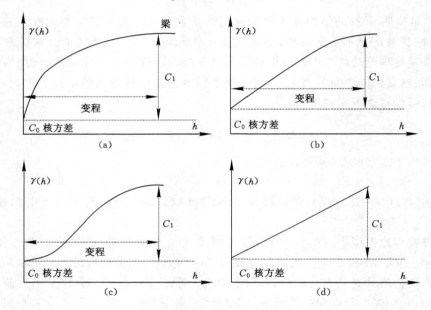

图 4-47　半方差图与函数拟合

克里金插值的步骤如下：

① 根据公式，首先确定 $m(x)$ 函数，最简单的情况是采用采样区的平均值。

② 样本点步长分组，计算半变异函数，根据半方差图的特点采用适当的模型拟合半变异函数方程。

③ 根据拟合后的半方差图确定局部内插需要的权重因子，计算克里金权系数。

④ 根据克里金系数进行插值计算。

⑤ 进行插值后的方差估计、插值方法精度的检验

克里金插值方法是一项实用的空间估计技术，是地质统计学的核心，分为普通克里金插值、泛克里金插值、简单克里金插值等多种方法。图 4-48 为对同一组数据采用不同插值方法得到的结果对比图，图(a)为反距离权重插值(Inverse Distance Weighting Interpolation)，图(b)为径向基函数插值(Radial Basis Function Interpolation)，图(c)为普通克里金插值

（Ordinary Kriging Interpolation）。

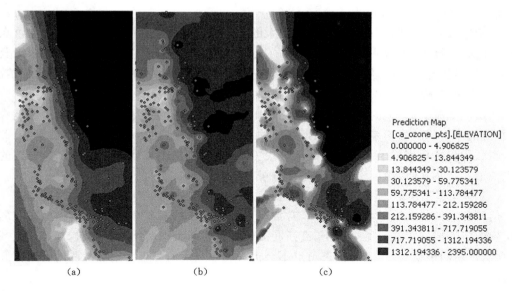

图 4-48　不同插值方法的插值结果

普通克里金方法是应用最广的方法,当空间变量的结构性成分确定后,剩余的差异变化属于同质变化,不同位置之间的差异仅是距离的函数,公式如下:

$$z^{*}(x_0) = \sum_{i=1}^{n} w_i z(x_i) \tag{4-65}$$

其中,$z(x_i)$ 为第 i 个位置处的测量值;w_i 为第 i 个位置处的测量值的未知权重;x_0 为预测位置;n 为测量值数。

权重不仅取决于测量点之间的距离、预测位置,还取决于基于测量点的整体空间排列。要在权重中使用空间排列,必须量化空间自相关。因此,在普通克里金法中,权重 w_i 取决于测量点、预测位置的距离和预测位置周围的测量值之间空间关系的拟合模型。

泛克里金方法假设数据中有主导趋势,它可以用一个确定性的函数或多项式来模拟。从原始已知点中减去这一多项式,从随机误差中模拟自相关。在进行预测运算前,需要先完成从随机误差中拟和自相关的工作,然后将多项式加回到预测模型以获得有意义的结果。对于插值精度的检验和验证一般采用两种方法:

① 交叉验证分析,重复从已知数值集中删除一个已知点的过程,用剩下的已知点估算被删除点的数值,并计算估算值与已知值之间的误差。

② 样本分离法,将已知点分成两部分样本,一部分样本用于给每种插值方法建模,另一部分样本用于检测各种方法的精度。

4.5.3　海洋特征提取

基于遥感图像的海洋特征提取包括图像特征的检测和拟合两个部分。

首先,针对图像中直线和椭圆曲线的特征检测,一般运用的是传统经典的边缘检测方法。边缘是图像的最基本特征,它指的是周围像素的灰度有阶跃变化或屋顶变化的那些像素的集合。边缘检测的方法主要有以下几种：

（1）检测梯度的最大值

由于边缘发生在图像灰度值变化比较大的地方，所以早期的边缘检测方法研究重点基于图像的差分算子，如 Robert 算子、Prewitt 算子、Sobel 算子等，它可以找出图像边缘及位置，但对噪声敏感，且其边缘的确定是通过对这些算子的输出取阈值进行的，存在重检情况。

（2）检测二阶导数的零交叉点

从最优滤波器的角度提出边缘检测三准则：信噪比准则、定位精度准则和单边缘响应准则，并给出了它们的数学表达式。高斯函数的一阶导数可以近似为最优边缘检测算子，此方法从函数优化的角度提出了面向问题的解决方法，是计算机视觉研究中"有目的视觉"的一种表现形式，因而在边缘检测的研究中取得了一定的成果。

（3）基于多尺度的方法

信号和它的前几阶导数的极值点，常常可以反映信号的基本骨架，是不同类型信号的一种精确的定性描述。在一维情况下，高斯滤波器是唯一满足单调性的滤波器，即当尺度减小时，会出现新的极值点，但已有的极值点不会消失。多尺度的思想为边缘检测的研究打开了更为广阔的空间。

（4）小波多尺度边缘检测

将计算机视觉领域中的多尺度分析引入到小波函数的构造和信号小波变换的分解及重构，并将该算法有效地应用于图像分解与重构中。

针对椭圆图像的特征拟合，人们提出了很多算法，例如基于变换及其改进 Hough 算法的椭圆检测算法、最小二乘拟合算法、基于随机抽样一致性思想的算法、遗传算法以及结合椭圆几何特性的算法。这些算法大致可以分为聚类和最优化两大类。

Hough 变换、RANSAC 算法都是采用映射的方法，将样本点映射到参数空间，采用累加器或者聚类的方法来检测椭圆。这类算法具有很好的健壮性，能够一次检测多个椭圆，但是需要复杂的运算和大量的存储空间。

最优化方法包括最小二乘法、遗传算法以及结合椭圆几何特性的算法。这些方法中，基于最小二乘法适用于各种复杂的对象模型，在随机误差为正态分布时，由最大似然法推出的一个最优估计技术，它可使测量误差的平方和最小，并能直观地给出关于某种拟合误差的测度，达到很高的拟合精度。因此，最小二乘法也被视为从一组测量值中求出一组未知量的问题中最有效的方法之一。

4.6　海洋数据融合与集成

4.6.1　海洋遥感数据融合

遥感图像数据融合是将在空间、时间、波谱上冗余或互补的多源遥感数据按照一定的规则（或算法）进行运算处理，获得比任何单一数据更精确、更丰富的信息，生成具有新的空间、波谱、时间特征的合成图像数据。图像通过融合既可以提高多光谱图像空间分辨率又保留其多光谱特性。

4.6.1.1　海洋遥感图像融合的步骤

一般来说,遥感影像的数据融合分为预处理和数据融合两步。

（1）预处理

主要包括遥感影像的几何纠正、大气订正、辐射校正及空间配准。

① 几何纠正、大气订正及辐射校正的目的主要在于去除透视收缩、叠掩、阴影等地形因素以及卫星扰动、天气变化、大气散射等随机因素对成像结果一致性的影响。

② 影像空间配准的目的在于消除由不同传感器得到的影像在拍摄角度、时相及分辨率等方面的差异。

空间配准一般可分为以下步骤:

① 特征选择:在欲配准的两幅影像上,选择如边界、线状物交叉点、区域轮廓线等明显的特征。

② 特征匹配:采用一定配准算法,找出两幅影像上对应的明显地物点,作为控制点。

③ 空间变化:根据控制点,建立影像间的映射关系。

④ 插值:根据映射关系,对非参考影像进行重采样,获得同参考影像配准的影像。

（2）数据融合

根据融合目的和融合层次智能地选择合适的融合算法,将空间配准的遥感影像数据(或提取的图像特征或模式识别的属性说明)进行有机合成,得到目标的更准确表示或估计。对于各种算法所获得的融合遥感信息,有时还需要做进一步的处理,如"匹配处理"和"类型变换"等,以便得到目标的更准确表示或估计。

4.6.1.2　海洋遥感图像融合的方法

遥感影像的数据融合方法分为三类:基于像元(Pixel)级的融合、基于特征(Feature)级的融合、基于决策(Decision)级的融合。融合的水平依次从低到高,如表 4-5 所示。

表 4-5　　　　　　　　　　　三级融合层次的特点

融合框架	信息损失	实时性	精度	容错性	抗干扰力	工作量	融合水平
像元级	小	差	高	差	差	小	低
特征级	中	中	中	中	中	中	中
决策级	大	优	低	优	优	大	高

常用的融合算法有 Brovey 变换、图像回归法、主成分变换、K-T 变换、小波变换等。

（1）Brovey 变换

Brovey 变换融合(色彩标准化变换融合),是较为简单的融合方法。它是将多光谱图像的像元分解为色彩和亮度,其特点是简化了图像转换过程,又保留了多光谱数据的信息,同时提高了融合图像的视觉效果;缺点是存在一定的光谱扭曲,且没有解决光谱范围不一致的全色影像和多光谱影像融合的问题。

（2）图像回归法(Image Regression)

图像回归法是首先假定影像的像元值是另一影像的一个线性函数,通过最小二乘法来进行回归,然后再用回归方程计算出的预测值来减去影像的原始像元值,从而获得影像的回归残差图像。经过回归处理后的遥感数据在一定程度上类似于进行了相对辐射校正,因而能减弱多时相影像中由于大气条件和太阳高度角的不同所带来的影响。

（3）主成分变换

也称为 W-L 变换，数学上称为主成分分析。主成分变换是应用于遥感诸多领域的一种方法，包括高光谱数据压缩、信息提取与融合及变化监测等。主成分变换的本质是通过去除冗余，将其余信息转入少数几幅影像（即主成分）的方法，对大量影像进行概括和消除相关性。主成分变换使用相关系数阵或协方差阵来消除原始影像数据的相关性，以达到去除冗余的目的。对于融合后的新图像来说各波段的信息所作出的贡献能最大限度地表现出来。主成分变换的优点是能够分离信息，减少相关，从而突出不同的地物目标。另外，它对辐射差异具有自动校正的功能，因此无须再做相对辐射校正处理。

（4）K-T 变换

即 Kauth-Thomas 变换，简称 K-T 变换，又形象地称为"缨帽变换"。它是线性变换的一种，它能使坐标空间发生旋转，但旋转后的坐标轴不是指向主成分的方向，而是指向另外的方向。目前对这个变换在多源遥感数据融合方面的研究应用主要集中在 MSS 与 TM 两种遥感数据的应用分析方面。

（5）小波变换

小波变换是一种全局变换，在时间域和频率域同时具有良好的定位能力，对高频分量采用逐渐精细的时域和空域步长，可以聚焦到被处理图像的任何细节，从而被誉为"数学显微镜"。小波变换常用于雷达影像 SAR 与 TM 影像的融合。它具有在提高影像空间分辨率的同时又保持色调和饱和度不变的优越性。

4.6.2　海洋多源信息融合

海洋多源信息融合可有助于综合分析海洋问题，发现海洋客观规律，提高海洋遥感解译的效果，是海洋数据处理的重要手段之一。海洋多源信息融合主要指海洋遥感数据与非遥感数据的融合，其过程包括以下步骤。

4.6.2.1　海洋数据网格化

为了使非遥感的海洋数据与海洋遥感数据融合，必须使地理数据作为遥感数据的一个"波段"，这就是说通过一系列预处理，使海洋地理数据成为网格化的数据，地面分辨率与遥感数据一致，并且对应地面位置与遥感影像配准。

（1）网格数据生成

原始采集的海洋数据多种多样，不能以统一的数学模型生成网格，但在某一局部仍可用近似的数学函数来表达，因此常采用拟合法进行逐点内插。

（2）与遥感数据配准

海洋数据生成网格时，网格所对应的地面分辨率应与遥感数据的地面分辨率一致。如果分辨率不一致，则需采用配准的方法同时调整分辨率与位置。

4.6.2.2　最优遥感数据选取

融合时的遥感数据常常只需一个或两个波段，应选择适合的波段使分辨率优化，以达到减少数据量、保持信息量的目的。

4.6.2.3　数据融合

（1）栅格数据与栅格数据融合

在完成分辨率与位置配准后,多采用两种方法:① 非遥感数据与遥感数据共组成三个波段,实行假彩色合成;② 两种数据直接叠加,波段之间可作加法或其他数学运算,也可在波段之间做适当的"与"、"或"等布尔运算。

（2）栅格数据与矢量数据融合

常采用不同数据格式的融合和不同数据层的融合:① 只要坐标位置配准,栅格数据与矢量数据也可以叠加,如在遥感影像上加上海域边界或等高线等;② 不同层面的融合,这里的层面指计算和记录时将不同的图像记录到不同的层上,显示时可以分别显示,也可以一起叠合显示,达到复合的效果。如需在遥感影像的背景上突出河流湖泊等水体部分,或突出其他地理特征,则被突出的部分可单独记录为一层。

4.6.3　数据集成概述

数据集成是把不同来源、格式、性质和特点的数据在逻辑上或物理上有机地集中,从而为提供全面的数据共享服务。物理集成可实现将多源数据存储于同一数据库系统中,即在存储结构上实现了数据集成;逻辑集成,在统一的操作层面上对矢量数据、栅格数据和 DEM 数据分别采用不同的存储方案来实现管理。数据集成的核心任务是要将互相关联的分布式异构数据源集成到一起,使用户能够以透明的方式访问这些数据源。集成是指维护数据源整体上的数据一致性、提高信息共享利用的效率;透明的方式是指用户无须关心如何实现对异构数据源数据的访问,只关心以何种方式访问何种数据。

在海洋数据集成过程中要考虑海洋空间数据的属性、时间和空间特征,考虑海洋空间数据自身及其表达的地理特征和过程的准确性等。需要对海洋数据的形式特征（如单位、格式、比例尺等）与海洋空间数据的内部特征（如属性等）进行全部或者部分变换、调整、分解、合并等操作,使其形成充分兼容的无缝海洋空间数据集。

从 20 世纪 70 年代开始至今,国内外数据集成的研究大概经历了以下几个阶段:

70 年代～80 年代中期,数据集成技术主要有多数据库系统和联邦数据库系统,使具有不同软硬件设备的计算机系统进行互连和通信,解决了一定程度上的语法和结构异构。

80 年代中期～90 年代中期,随着网络的出现、Internet 的发展及多重类型的数据的形成（结构化数据库、半结构化数据库、数字多媒体等）,出现了支持多种类型的异构数据集成技术,如中间件技术等。

90 年代中期～现在,这个阶段比较关注信息源集成过程中的语义异构的解决问题,更多地运用知识领域的有关技术如本体等来解决数据集成中的各种语义不一致问题,主要有信息的智能集成、数字化图书馆等。

4.6.3.1　数据集成的目的和意义

随着海洋科学的发展,我国保存了大量的海洋科学数据,这些数据涉及海洋科学的各个方面,比如海洋物理、海洋生物、海洋化学、海洋气象等许多研究领域。然而由于海洋数据采集的设备不同、信息处理的平台不同、数据标准不一致、数据存储的格式也不同、研究目的的不同,这些海洋数据成为异构数据,兼容性、可比性差,利用率低,造成了海洋信息的极大浪费。为了解决这一问题,人们开始关注数据集成的研究。海洋异构数据集成的目的就是提供一个统一的查询接口,屏蔽底层数据源的不同,使得用户不必再考虑底层数据模型不同、位置不同等问题,能够通过一个统一的查询界面实现对网络上异构数据源的灵活访问。用户只需要指定想要得到的数据要求,而不必关注数据的抽取、数据的合成等问题。

数据集成是最终实现数据共享和辅助决策的基础。随着人类对海洋探索的不断深入,海洋科学取得了显著发展,对海洋物理、海洋生物、海洋化学、海洋气象、海洋渔业等许多领域的研究取得了许多重大成果。因此,保存了大量的海洋科学数据,为人类对海洋的进一步研究提供了数据基础。但是,在海洋信息化系统应用的过程中,也暴露出一些问题,主要表现在:

① 由于海洋数据采集的部门不同、设备设施不同、数据处理的信息平台不同、数据标准不一致、数据存储的格式不同、研究目的的不同,这些海洋数据成为异构数据,不便管理,且难以实现共享。

② 海洋信息状况与各部门业务应用的需求存在差别,很多情况下不同部门大都针对自己的需要独立开发系统,造成系统整合程度低,系统间服务和功能相关性差,难以发挥整体效益。

③ 相同功能的系统模块重复开发造成软件复用程度低。

④ 由于不同部门间的数据表达和服务流程存在较大差异,导致跨领域协同业务体系建设难以推进。

以上问题造成了海洋信息的极大浪费,为了解决这类问题,海洋数据集成的研究成为主要途径。

4.6.3.2 集成需解决的问题

数据集成需要通过应用间的数据交换而达到,主要解决数据的分布性、异构性和自治性问题。

(1) 解决异构性问题

被集成的数据源通常是独立开发的,数据模型异构,给集成带来很大困难。这些异构性主要可分为四类:系统异构、语法异构、结构异构和语义异构。其中系统异构包括硬件和操作系统的异构,例如硬件、系统软件(如操作系统)和通信系统之间的差异;语法异构包括不同的语言和数据表示;结构异构主要指包括不同的数据类型。语义是指数据所代表的概念的含义以及这些含义之间的关系,是对数据的抽象或者更高层次的逻辑表示;特别地,在计算机领域中,语义是指用户对于那些用来描述现实世界的计算机表示的解释,即用户用来联系计算机表示和现实世界的途径。

在一定领域内专用词汇的意义需要基于语义进行共享和交流,语义异构使得专有词汇具有两方面的差异,由于不同团体对一定领域事物的认识和表达不同,来自不同数据源关于一定领域的词汇描述存在着冲突,即横向差异;即使是同一团体,随着时间变化,由于知识水平的提高或其他原因,对一定领域事物的认识也会有所变化,从而导致在不同时间产生的关于一定领域的词汇描述不一致,即纵向差异。语义异构包括用户信息请求的语义异构和数据源的语义异构。

造成海洋数据异构的因素包括:

① 海洋科学相对其他科学研究起步较晚,很多概念、公理、公式等还没得到业界的广泛认可和统一。

② 海洋科学具有明显的区域性特征,即使是同一区域,海洋、水文、化学要素及生物分布也是互相各异、多层次性的,适用的海洋规律也是不全一致。

③ 不同的海洋信息源可能使用多种术语（词汇）表示同一概念，同一概念也有可能在不同的信息源中表达不同的含义，而且各信息源也可能使用不同的结构来表示相同（或相似）的信息。

④ 各海洋信息源中的概念之间存在着各种联系，但因为各信息源的分布自治性，这种隐含的联系不能体现出来。对于语义异构问题的解决，基于本体的海洋数据集成方法研究已逐渐成为共识，并在国内外已经有了许多成功的实验和实践。

数据源的异构性一直是困扰很多数据集成系统的核心问题，也是人们在数据集成方面研究的热点。异构性解决的难点主要表现在语法异构和语义异构上。语法异构一般指源数据和目的数据之间命名规则及数据类型存在不同。对数据库而言，命名规则指表名和字段名。语法异构相对简单，只要实现字段到字段、记录到记录的映射，解决其中的名字冲突和数据类型冲突。这种映射都很直接，比较容易实现。因此，语法异构无须关心数据的内容和含义，只要知道数据结构信息，完成源数据结构到目的数据结构之间的映射就可以了。现实中数据集成系统的语法异构现象是普遍存在的。除了上面提到的可以用特定的映射方法解决的规则语法异构，还有一些不常见或不易被发现的语法异构，例如数据源在构建时隐含了一些约束信息，在数据集成时，这些约束不易被发现，往往会造成错误的产生。如某个数据项用来定义月份，隐含着其值只能在 1～12 之间，而集成时如果忽略了这一约束，很可能造成荒谬的结果。此外，复杂的关系模型也会造成很多语义异构现象。

当数据集成要考虑数据的内容和含义时，就进入到语义异构的层次上。语义异构要比语法异构复杂得多，它往往需要破坏字段的原子性，即需要直接处理数据内容。常见的语义异构包括以下一些方式：字段拆分、字段合并、字段数据格式变换、记录间字段转移等。语法异构和语义异构的区别可以追溯到数据源建模时的差异：当数据源的实体关系模型相同，只是命名规则不同时，造成的只是数据源之间的语法异构；当数据源构建实体模型时，若采用不同的粒度划分、不同的实体间关系以及不同的字段数据语义表示，必然会造成数据源间的语义异构，给数据集成带来很大麻烦。

（2）解决分布性问题

数据源是异地分布的，依赖网络传输数据，这就存在网络传输的性能和安全性等问题。

（3）解决自治性问题

各个数据源有很强的自治性，它们可以在不通知集成系统的前提下改变自身的结构和数据，给数据集成系统的鲁棒性提出挑战。

实现数据集成的系统称作数据集成系统，如图 4-49 所示，它为用户提供统一的数据源访问接口，执行用户对数据源的访问请求。

在企业级数据集成领域，已经有了很多成熟的框架可以利用。目前通常采用联邦式、基于中间件模型和数据仓库等方法来构造集成的系统。

4.6.3.3　数据集成的分类

数据集成可以分为下述 4 个层次。

（1）基本数据集成

基本数据集成面临的问题很多，通用标识符问题是

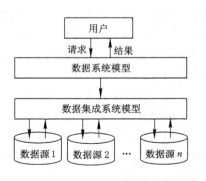

图 4-49　数据集成模型

数据集成时遇到的最难的问题之一。由于同一业务实体存在于多个系统源中，并且没有明确的办法确认这些实体是同一实体时，就会产生这类问题。处理该问题的办法如下。

① 隔离，保证实体的每次出现都指派一个唯一标识符。

② 调和，确认哪些实体是相同的，并且将该实体的各次出现合并起来。当目标元素有多个来源时，指定某一系统在冲突时占主导地位。数据丢失问题是最常见的问题之一，一般解决的办法是为丢失的数据产生一个非常接近实际的估计值来进行处理。

（2）多级视图集成

多级视图机制有助于对数据源之间的关系进行集成，底层数据表示方式为局部模型的局部格式，如关系和文件；中间数据表示为公共模式格式，如扩展关系模型或对象模型；高级数据表示为综合模型格式。视图的集成化过程为两级映射：

① 数据从局部数据库中经过数据翻译、转换并集成为符合公共模型格式的中间视图。

② 进行语义冲突消除、数据集成和数据导出处理，将中间视图集成为综合视图。

（3）模式集成

模型合并属于数据库设计问题，其设计的好坏常视设计者的经验而定，在实际应用中很少有成熟的理论指导。实际应用中，数据源的模式集成和数据库设计仍有相当的差距，如模式集成时出现的命名、单位、结构和抽象层次等冲突问题，就无法照搬模式设计的经验。在众多互操作系统中，模式集成的基本框架如属性等价、关联等价和类等价可最终归于属性等价。

（4）多粒度数据集成

多粒度数据集成是异构数据集成中最难处理的问题，理想的多粒度数据集成模式是自动逐步抽象。数据综合（或数据抽象）指由高精度数据经过抽象形成精度较低、但是粒度较大的数据，其作用过程为从多个较高精度的局部数据中获得较低精度的全局数据。在这个过程中，要对各局域中的数据进行综合，提取其主要特征。数据综合集成的过程实际上是特征提取和归并的过程。数据细化指通过由一定精度的数据获取精度较高的数据，实现该过程的主要途径有时空转换、相关分析或者由综合中数据变动的记录进行恢复。

4.6.3.4 数据集成模式

（1）联邦数据库系统集成模式

联邦数据库系统由半自治数据库系统构成，相互之间分享数据，联盟各数据源之间相互提供访问接口，同时联盟数据库系统可以是集中数据库系统或分布式数据库系统及其他联邦式系统。在这种模式下又分为紧耦合和松耦合两种情况，紧耦合提供统一的访问模式，一般是静态的，在增加数据源上比较困难；而松耦合则不提供统一的接口，但可以通过统一的语言访问数据源，其中的核心是必须解决所有数据源语义上的问题。典型的联邦数据库系统结构如图4-50所示。

（2）数据集成中间件模式

中间件集成模式通过统一的全局数据模型来访问异构的数据库、遗留系统、Web资源等。中间件位于异构数据源系统（数据层）和应用程序（应用层）之间，向下协调各数据源系统，向上为访问集成数据的应用提供统一数据模式和数据访问的通用接口。各数据源的应用仍然是完成它们的任务，中间件则主要为异构数据源提供一个高层次检索服务。中间件模式是比较流行的数据集成方法，其结构如图4-51所示，它通过在中间层提供一个统一的

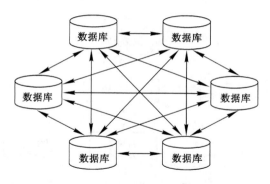

图 4-50　联邦数据库集成模式

数据逻辑视图来隐藏底层的数据细节,使得用户可以把集成数据源看为一个统一的整体。这种模型下的关键问题是如何构造这个逻辑视图并使得不同数据源之间能映射到这个中间层。

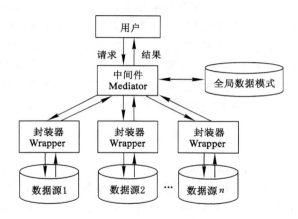

图 4-51　基于中间件的数据集成模式

（3）数据集成数据仓库模式

数据仓库是面向主题的、集成的、与时间相关的和不可修改的数据集合,其中,数据被归类为广义的、功能上独立的、没有重叠的主题。数据仓库方法是一种典型的数据复制方法,该方法将各个数据源的数据复制到同一处,即数据仓库。用户则像访问普通数据库一样直接访问数据仓库,如图 4-52 所示。数据仓库是在数据库已经存在的情况下,为了进一步挖掘数据资源和决策需要而产生的。数据仓库是一个环境,而不是一件产品,提供用户用于决策支持的当前和历史数据,这些数据在传统的操作型数据库中很难或不能得到。数据仓库集成技术是为了有效地把操作型数据集成到统一的环境中以提供决策型数据访问的各种技术和模块的总称,是为了让用户更快、更方便地查询所需要的信息,提供决策支持。

简而言之,从内容和设计的原则来讲,传统的操作型数据库是面向事务设计的,数据库中通常存储在线交易数据,设计时尽量避免冗余,一般采用符合范式的规则来设计。而数据仓库是面向主题设计的,数据仓库中存储的一般是历史数据,在设计时有意引入冗余,采用反范式的方式来设计。另一方面,从设计的目的来讲,数据库是为捕获数据而设计,而数据

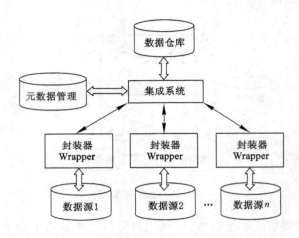

图 4-52　基于数据仓库的数据集成模式

仓库是为分析数据而设计，它的两个基本元素是维表和事实表。维是看问题的角度，例如时间、部门，维表中存放的就是这些角度的定义；事实表里放着要查询的数据，同时有维的 ID。

　　以上三种数据集成模式在一定程度上解决了应用之间的数据共享和互通问题，它们之间的区别和联系包括：联邦数据库系统主要面向多个数据库系统的集成，其中数据源有可能要映射到每一个数据模式，当集成的系统很大时，对实际开发将带来巨大的困难；数据仓库技术则在另外一个层面上表达数据之间的共享，它主要是为了针对某个应用专题提出的一种数据集成方法。

4.6.3.5　海洋数据集成方法

　　（1）基于数据格式转换的集成方法

　　海洋数据包括海面高度、海流、海浪、温度、盐度、密度、湿度、气温、潮流、气压等信息，这些信息对研究海水的物理特性和化学特性、分析水团和跃层等海洋水文状况有重要的作用。但数据在存储的时候采用不用的存储方式和逻辑结构，阻碍了信息的交流与共享。因此，对海洋数据的存储特点和逻辑结构进行分析，建立标准统一的格式描述规范和数据格式是海洋数据格式转换的基础。

　　一般来说，数据格式转换的基本过程是用户根据数据源文件的存储信息制定格式描述文件；根据格式描述文件的描述信息和标准格式信息生成转换规则文件；然后，根据源文件格式描述信息以及规则信息将数据转换为标准格式的数据。这种标准格式也可以被叫作交换格式，适用于多种不同原始数据格式之间的转换，方便实现数据共享，消除冗余数据，更快捷、高效地进行数据交换。

　　大多 GIS 软件为了实现与其他系统交换数据，制定了明码的交换格式，目前得到公认的几种空间数据格式有：ESRI 公司的 Arc/Info Coverage，ArcShape Files，E00 格式；AutoDesk 的 DXF 格式和 DWG 格式；MapInfo 的 MIF 格式；Intergraph 的 dgn 格式等。为了促进数据交换，美国国家空间数据协会（National Spatial Data Infrastructure，NSDI）制定了统一的空间数据格式规范 SDTS（Spatial Data Transformation Standard），许多软件利用 SDTS 提供了标准的空间数据交换格式。但在交换时采用的转换方法并不能解决所有的问题，由于缺乏对空间对象统一的描述方法，从而使得不同数据格式描述空间对象时采用的数据模型有所不同,因而转换后不能完全准确地表达源数据包含的信息,可能会丢失信息。另外,通过交换格式转换数据的过程较为复杂,当用户使用不同 GIS 软件建立的应用系统需要不断更新数据,为保证不同系统之间数据的一致性,需要频繁地进行数据格式转换。

（2）借助中间件的数据集成方法

使用中间件主要是为了解决分布式系统的复杂性和异构性问题,它是一种位于客户机/服务器的操作系统之上的独立系统软件或服务程序,分布式应用软件借助这种软件在不同的技术之间共享资源。中间件显著的特征就是实现资源共享、功能共享,使得空间数据处理可以跨平台或 OS 环境计算和管理、多用户空间数据同步处理、异构系统的互操作以及多级分布式系统协同工作等成为可能。即使相连接的系统具有不同的接口,但通过中间件相互之间仍能交换信息。由此,我们可以定义 GIS 中间件,在遵循开放 GIS 组织（Open GIS Consortium,OGC）标准的前提下,能够嵌入各类 GIS 软件。采用 GIS 数据中间件技术可有效屏蔽掉 GIS 空间数据各种复杂的结构和模型,向数据用户提供统一的操作接口,直接访问和操作其他 GIS 数据源,使 GIS 软件开发人员面对一个简单统一的开发环境不必考虑数据源结构的变动和新数据源的出现,减少了软件开发的代价,避免进行多番数据格式转换的工作。

GIS 中间件采用驱动化的设计思想,通用 GIS 中间件的设计模式有数据源驱动管理器和数据源驱动两层,前者与具体客户软件通信并分派数据源驱动。GIS 中间件完成与多源异构数据交互需要经历以下几个流程:

① 客户软件创建将被访问的数据源信息并交给数据源驱动管理器,其中数据源信息包括数据类型、连接属性等。

② 数据源驱动管理器根据数据源的信息加载相应的数据源驱动,例如,如果数据源是 ArcGIS 的 Shapefile 文件数据,则将数据源对象传给 Shapefile 驱动。

③ 数据源驱动直接访问数据源对象,并将数据源驱动句柄和数据访问结果返回给数据源驱动管理器,使数据源和相应的数据源驱动连接成功。

④ 客户软件请求动作,如浏览、更新、重建拓扑和空间分析等,数据源驱动管理器响应其请求,调用相应的数据源驱动完成对数据的实际处理工作。

⑤ 数据源驱动管理器返回处理结果,客户软件显示结果数据。

一次信息交互完成后,如果客户软件还需要对该数据源访问,重复②～⑤的步骤;如果不再需要进行数据源访问,用户也可以手动卸载掉数据源驱动。具体数据源类型对 GIS 客户软件是透明的,GIS 客户软件不需知道数据具体转换步骤,它只需要判断是否是异构数据源,是则调用中间件接口,否则按照正常步骤访问数据。目前,GIS 中间件支持的数据源有:ArcGIS 的 Shapefile、Coverage、Access、ArcSDE、大型关系数据库 Oracle 和 SQL Server 等。

（3）基于数据互操作的数据集成方法

互操作是 GIS 集成的基础,这种模式是 Open GIS Consortium 指定的规范,是指异构环境下两个或两个以上的实体,尽管它们实现的语言、执行的环境和基于的模型不同,但它们可以相互通信和协作,以完成某一特定任务。这些实体包括应用程序、对象、系统运行环境等。实际研究中,不同的学科和部门对地理真实世界的不同侧面感兴趣,对其信息的认知以及在系统中的表示有所不同,可将不同的学科间及其采用不同 GIS 间的互操作概括为 3 种

情况:

　　① 相同领域采用相同的 GIS 软件,但是对地理信息的数据定义用不同句法,也就是不同的分类等级,包括不同的数据项及其编码。这种句法和外延上的异构性可以通过制定行业内的标准加以解决。例如海底植被分类标准、设施内容标准、地址内容标准等。

　　② 相同领域采用不同的 GIS 软件,除了上面的句法异构外,主要是不同软件采用了不同的空间数据结构,为了解决这种系统间的集成和互操作,需要制定空间数据转换标准,例如空间数据传输标准(Spatial Data Transfer Standard,SDTS)等。

　　③ 不同领域采用相同的 GIS 软件,由于不同领域对同一区域或对象的不同侧面感兴趣,对同一对象给予不同的名称,这可以通过建立基础空间信息框架,对各领域共用的基础信息给予永久标识代码,在此基础上建立各专业领域信息,各领域间的集成是垂直片段的集成。但在集成中,存在不同领域对某一类别语义外延的不同。

　　为了更好地实现互操作 GIS 的功能,应遵守 6 条准则:

　　① 平等性,各 GIS 是平等的和自治的,对自身的信息和处理有控制权,有自己的模式规则。其开发和运行不依赖于其他系统,没有中心控制。

　　② 互利性,互操作 GIS 之间存在广泛的互利性,相互取长补短,一个系统的输出可以是另一个系统的输入,在广泛的应用中扮演不同的角色。在本领域 GIS 需要其他领域 GIS 的数据和处理资源,以便处理一个跨学科的问题。

　　③ 共享性,各系统间存在交集,需要共享一些基础信息,如基础的空间信息框架数据。通过协议,也可以共享系统资源。

　　④ 多样性,各系统有不同的学科规则,代表真实世界的多样性。各个系统有不同的模型内容和认知领域,对客观世界有不同的研究侧面。

　　⑤ 独立性,各系统是平等的,是自身完备的,是完整的个体。

　　⑥ 归属性,各系统属于一个信息界或一个部门,有其相应的管理机构,有自己的政策、法律、文化和价值观。

　　但由于不同学科有着不同的认知和规则,以及不同软件生产厂家的内部数据结构和类型的不同,使得不同部门采用了不同的 GIS 软件,应用不同的数据结构和数据模型,伴随着出现了一些 GIS 间互操作问题,造成地理数据的组织存在很大差异,不同 GIS 软件上开发的系统间的数据交换困难,即使采用数据交换标准也只能部分解决问题。另外,不同的应用部门对地理现象有不同的理解,对地理信息有不同的数据定义,加之出于行业管理和数据安全的原因,一些空间信息资源大都是面向行业的,依赖于特定的支撑环境和运行环境,这使得领域间在共同协作中进行信息共享和交流存在障碍,形成了空间信息孤岛,难以满足用户的决策要求。

　　(4) 直接数据访问的数据集成方法

　　直接数据访问是利用空间数据引擎的方法实现多源数据的无缝集成,即在一个 GIS 软件中实现对其他软件数据格式的直接访问、存取和空间分析。直接数据访问不仅避免了繁琐的数据转换,而且在一个 GIS 软件中访问某种软件的数据格式不要求用户拥有该数据格式的宿主软件,也不需要运行该软件。从上述角度来看,直接数据访问提供了一种更为经济实用的多源数据共享模式。很多 GIS 软件实现了直接数据访问,例如 Intergraph 的 Geo-Media、中国科学院地理信息产业发展中心的 SuperMap。

由于针对每一种要直接访问的数据格式,客户软件都要编写被访问的宿主软件数据格式的读写驱动,即数据引擎,所以直接数据访问必须建立在对宿主软件数据格式的充分了解之上。如果宿主软件数据格式不公开,或者宿主软件数据格式发生变化,为了获得对该数据格式的直接访问,客户软件就不得不研究该宿主软件的数据格式,这使得客户软件在开发过程中的难度大大增加,并且限制了软件的可扩展性,使得客户软件可直接访问的数据格式种类受限。更为重要的是,当每个 GIS 软件都实现了对其他流行 GIS 软件格式数据的直接访问时,每一个 GIS 软件都要在其内部实现读取相应数据的驱动程序。这样,除了单个 GIS 软件需考虑上述问题之外,从整个 GIS 行业来看,这样的数据集成模式必然要耗费大量的人力物力。

4.6.4　基于本体的数据集成

4.6.4.1　本体的概念和分类

（1）本体的概念

本体论(Ontology)是一个哲学概念,最早出现于 16 世纪后期,由德国经院学者郭克兰纽在其著作中第一次提出和使用了"Ontology"一词。Ontology 来源于希腊文 ont 和 ology,前者是"存在"的意思,等于英文的"being"一词,后者是"科学"或"学问"的意思,因此 Ontology 就是指关于"存在"的科学,即关于"存在"本质的哲学理论研究,是对客观存在的一个系统解释或说明,关心的是客观现实的抽象本质,属于形而上学理论的分支,与认识论(Epistemology)和方法论(Methodology)共同构成哲学的三大基本问题。

作为计算机或信息科学领域的专业术语,本体一词最早由人工智能界引入。Neches 等(1991)最早在 AI 领域使用"本体"这个术语,并将本体定义为"构成某个问题领域词汇的基本术语和关系以及组合这些术语和关系以规定词汇外延的各种规则"。Gruber 是将本体方法用于信息科学的先锋之一,他将本体定义为"概念模型(Conceptualization)明确的规范说明"(Gruber,1993)。Borst 在其博士学位论文中强调概念模型必须是公共认可的和形式化的,这样有利于本体的共享和重用及计算机处理,并将本体定义为"共享概念模型的形式化规范说明"(Borst,1997)。Studer 等在对本体做了深入研究后,综合了上述两个定义的优点,提出了一个被广泛接受的定义,即"本体是共享概念模型的明确的形式化规范说明"。该定义包括四层含义:概念模型、明确、形式化、共享。

① 概念模型,指客观世界的现象的抽象模型。通过抽象出客观世界中一些现象的相关概念得到的模型,其含义独立于具体的环境状态。

② 明确,指概念及它们之间的联系都被精确定义。所使用的概念及使用这些基于本体的海洋数据集成方法研究概念的约束都有明确的定义。

③ 形式化,精确的数学描述,指本体是计算机可读的,即能被计算机处理。

④ 共享,本体中反映的知识是其使用者共同认可的。指本体体现的是共同认可的知识,反映的是相关领域中公认的概念集,针对的是社会范畴而非个体之间的共识。

本体的研究对象是某一领域中所使用的词汇,它定义了组成这些词汇的基本术语和关系,同样,它也定义了一系列如何将术语与关系组合成词汇的规则。一个本体其实就是一套关于某一领域的规范而清晰的描述,它包含类,有时也被称作概念。每一个概念的属性描述了有关概念的各种特征和属性,还有属性的限制条件。一个完整的本体还要包含一系列与某个类相关的实例,这些实例组成了一个知识库。

(2) 本体的分类

Guarino 提出以详细程度和领域依赖度两个维度作为对本体划分的基础。详细程度是相对的、较模糊的一个概念,指描述或刻画建模对象的程度。详细程度高的称作参考本体,详细程度低的称为共享本体。依照领域依赖程度,本体可以细分为 4 类:

① 顶级本体,描述的是最普遍的概念及其概念之间的关系,如空间、时间、行为、事件等,与具体的应用无关,其他的本体均为其特例。

② 领域本体,描述的是特定领域(海洋、机械等)中的概念及概念之间的关系。

③ 任务本体,描述的是特定任务或行为中的概念及概念之间的关系。

④ 应用本体,描述的是依赖于特定领域和任务的概念和概念之间的关系。

4.6.4.2　本体论的优势

本体论在解决语义异构性方面具有明显的优势。现有一些传统方法都很难对异构数据在语义上的差异进行较好的解决,而本体通过建立某个领域的知识体系结构,对领域内的概念、规范、规则进行详细而显式的说明,可以屏蔽底层数据在语义上的差别。本体论解决语义异构性作用包括以下几个方面:

① 本体论通过对概念的严格定义和概念之间的关系来确定概念的精确含义,从一个概念出发可以根据一系列的规则推导出另一个概念,从而能够表示共同认可的、可共享的知识,使不同的数据源或不同的用户达成一致,实现数据的集成和共享。

② 本体论通过概念或类的明确说明,可以避免术语使用上的混乱和歧义,因而可以解决认知和命名这两种语义异质性。在数据库领域里,可以把"本体"看成是对局部领域的概念描述和相互关系的一种规范。

③ 本体论通过综合各局部 DBMS 所建立的不同应用本体来建立一个定义良好的领域本体,由此产生全局概念模式,即建立了一个丰富的、预定义的词汇库,可以作为与数据源的稳定的概念接口,并独立于数据模式,从而实现异构系统的语义互操作。

④ 本体在信息集成中主要起"知识库"的作用,一个本体域可以为一群用户设计一个一致的存储结构,通过数据匹配机制达到实例化。此时并不要求数据源的数据结构和本体库结构的一致性。在数据集成过程中,抽取了不同数据源的元数据方案后,集成处理程序可以通过与本体知识库的交互,实现对元数据概念中语义信息的辨别和联系。

⑤ 本体也有利于提高数据的查全率与查准率。传统数据库的查询大多基于关键字的匹配技术,主要借助于目录、索引和关键字技术,这样的方法虽然简单、灵活,但由于许多用户并不知道数据库的内部结构,并且对领域知识的表达可能不够完备,因此会影响查询效率和准确性。应加强对查询关键字的定义、基于本体的海洋数据集成方法研究,以便提高数据的查全率与查准率。

4.6.4.3　本体集成方式

本体论在数据集成中的应用方式主要有 3 种:单一本体、多本体、混合本体。

(1) 单一本体集成

单一本体信息系统集成是多个数据源共用一个全局本体,如图 4-53 所示。这种集成方法简单,系统中的每个数据源是独立的模型,并且每个数据源的对象与全局领域模型关联,关联关系声明了源对象的语义并帮助找到语义上相对应的对象。但此方法集成的数据源都是几乎相同的领域视图,所以集成后系统对信息源的变化敏感,一个信息源变化会引起全局的改变,难以添加新的信息源。

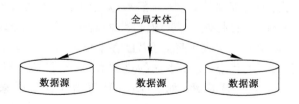

图 4-53　单一本体集成方式

(2) 多本体集成

多本体的信息系统集成是不同信息源有自己本地的本体,如图 4-54 所示,实例有 BOSERVER 和 SKC 系统。该方法的优点是各个本体彼此独立,单一本体的改变不会造成其他本体的改变,并且每个数据源都由各自的本体进行描述,提供本体之间映射的附加表示形式。单一本体都使用各自的词汇库,不需要一个统一所有源的公关本体,数据源的语义就是由不同的本体进行描述,可以使数据源的改变对集成过程的影响减少,易于增加/删除数据源。但由于不同本体各自完全独立地建立,缺乏公共词汇库会使比较不同的源本体变得困难,而且彼此之间没有显式联系,难于有效地集成系统。当本体数量很大时,要形成和存储两两本体间的内部映射关系,是非常庞大的任务。

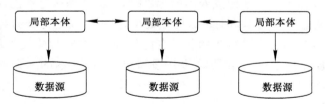

图 4-54　多本体集成方式

(3) 混合本体集成

混合方法是前面两种方法的综合,如图 4-55 所示,保留了单一本体集成和多本体集成两种集成方式的优点,克服了其缺点。一方面,不同的用户团体建立的本地本体与各自数据源相连,避免了局部结构改变对全局的影响;另一方面,在各个本地本体之上,存在一个共享

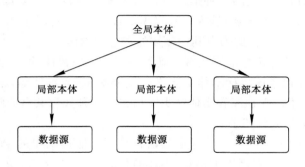

图 4-55　混合本体集成方式

的本体,该本体的概念被各个本体认可并作为构造本地本体的基础,使不同数据源的集成相对容易。领域中有一个公共本体来描述共享词汇库,每个数据源都根据这个全局共享的词汇库来建立描述自身语义的局部本体,这样局部本体之间就具有可比性。混合方法可以容易地增加新源,而不需要修改映射或者共享词汇库,同时也支持本体的获取和进化。但是由于所有的局部本体都必须指向共享词汇库,所以已存本体的重用不太容易。

混合方法综合了前两者的优点,易于本体的进化和维护,最适于处理语义集成问题,在面向语义的信息集成中得到广泛应用,如 BUSTER 系统 Ittl 就是采用混合本体的部署结构。

4.6.4.4 本体的构建

(1)本体构建规则

① 明确性和客观性:本体应该有效地说明所定义术语的内涵,即能用自然语言对所定义的术语给出明确、客观的语义定义,其中明确是指本体中所有的术语和关系都有明朗确定的定义,客观是指本体独立于背景而存在。

② 完全性:所给出的定义是尽可能完整的,完全能表达所描述的术语的含义。

③ 一致性:本体应该具有前后一致性,即由术语推理得出的推论应与术语本身的含义是相容的,不会产生矛盾,如果从一组公理推理出来的一个结论与一个非形式化的定义或实例有矛盾,那么该本体就是不一致的。

④ 最大单调可扩展性:本体应该可以为后期可预见的一些任务提供概念基础,使得本体建立使用后再向本体中添加通用或专用的术语时,不需要修改已有的内容。

⑤ 最小承诺:构建本体时本体的承诺应该最小,只需要满足特定的共享需求即可,让以后的共享者能按照各自的需求进行实例化和专门化,所以在对待建模对象时应给出尽可能少的约束,一般可通过只指定约束最弱的公理和定义、最基本的术语来实现本体的最小承诺。

(2)本体构建方法

骨架法步骤:

① 确定本体应用的目的和范围。该阶段需要确定建立本体的目的和范围。

② 建设本体。该阶段分为以下几个步骤:

(a)本体捕获。该阶段包括识别相关领域中关键概念和关系;产生概念和关系的精确无二义的文本定义;识别那些用来表达这些概念和关系的术语;在以上两点上达成一致。

(b)本体编码。该阶段是利用某种形式化语言显式地表现上个阶段的概念化成果,涉及到作为元本体的基本术语的确定:选择一种表现语言(能够支持元本体);编码。

(c)本体集成。该阶段要合成来自其他领域的概念和术语。

③ 评价。建立本体的评价标准应具有清晰性、一致性、完善性、可扩展性。

④ 文档化。这些文档应该包括本体中定义的主要概念、元本体等,某些编辑器可以自动生成这些文档。目前很多知识库和本体缺少文档也是一种知识共享的障碍。

METHONTOLOGY 方法步骤:

① 规格说明书:该阶段要产生一份以自然语言编写的非形式化的、半形式化的或者形式化的本体规格说明书,至少包括以下信息:本体的目的(预期的用途、场景和最终用户等)、实现本体的形式化程度、范围(包括要表达的术语集、它们的特性和粒度)。

②　知识获取：知识的来源很多，可以是专家、书籍、手册、数字、表格甚至是其他的本体。从这些数据源获得知识的技术包括头脑风暴法、访谈、文本的形式化或非形式化的分析和一些知识获取工具。

③　概念化：将获得的领域知识组织成概念模型，用规格说明书中明确的领域词汇表描述问题和解决方案。生成的概念模型允许最终用户确定一个本体是否可用，并且对于某个给定应用不需要查看源代码就是可用的，比较多个本体的范围、完整性、可重用性、共享性。

④　集成：重用其他本体中已经建好的定义时，可以通过查看元本体来选择适合自己的概念模型，也可以选择和自己的概念模型中的语义和实现一致的术语定义。

⑤　实现：用任何一种形式化的语言编码实现本体。需要一套开发环境的支持，至少包括词法和语法分析器、翻译器、编辑器、浏览器、搜索器、评价器、自动维护工具。

⑥　评价：评价是指在本体生命周期的每个阶段和阶段之间，利用某种参考框架对本体、软件环境、文档进行技术判断。评价包括正确性（Verification）和有效性（Validation）。

⑦　文档化：在本体建设的每个阶段都应该有对应的文档。

4.6.4.5　本体映射

不同的数据源对应不同的本体，它们之间的信息共享或者数据交换只能通过本体之间的映射来实现。解决语义异构问题必须要定义本体与本体之间、本体与数据源之间的映射，从而可以实现语义互操作。在基于本体的海洋数据集成方法中，研究语义互操作的主要方法是将其分解成一系列的映射和集成问题。本体映射的目的就是找到本体中概念之间的对应关系，并制定出相应的映射规则。

本体映射是指有两个本体 A、B，对于 A 中的每个概念我们试图在概念 B 中为它找到一个语义相同或相近的对应概念，对于概念 B 中的每个概念或结点亦是如此。正如同有的本体定义考虑实例而有的不把实例作为本体的一部分一样，有的文献把实例的转换作为映射过程的一部分，如两个本体存在概念级的语义关联，按照这些语义关系把源本体实例转换为目标本体实例的过程就是本体映射。本体映射并不是要统一本体和数据的表达，而是根据概念级的语义关系实现实例的转换。

（1）本体映射过程

①　范化，这一步把待映射的本体用同一种语言表示，"同一种语言的知识才能共享"，在进行映射前应该规范本体的表示，把所有的数据映射到同一表示水平，解决语法、结构、语言的异构。

②　相似度的计算，计算概念之间的语义相似度。其实，概念间的相似度很难计算，针对不同领域的本体有各自适用的计算方法。

③　根据概念间的相似度，按照一定策略确定映射关系。

④　领域专家根据领域约束对映射结果进行修正。

（2）本体映射方法

①　基于语法的方法：所谓基于语法的方法，是指进行概念相似度计算时没有考虑概念的语义的映射方法，常用的有计算概念名的编辑距离和两个结点间的基距离。

②　基于概念实例的方法：该方法是指在进行本体映射时利用概念的实例作为计算概念间相似度的依据。典型的如华盛顿大学的 GLUE 系统，是华盛顿大学的 An Hain 等提出的一种在语义 Web 环境下进行本体映射的方法。他们的 GLUE 系统通过机器学习对概念的

实例进行分类，然后利用实例在概念中出现的联合分布概率来计算概念间的相似度，并结合领域约束和启发知识确定映射关系。

③ 基于概念定义的方法：是指进行映射时主要参考了本体中概念的名称、描述、关系、约束等等。

④ 基于概念结构的方法：每种方法参照了本体定义的不同部分。如 M. Andrea 和 Max J. Egenhofer 提出了一种利用概念定义计算概念间相似度的方法。其基本思想是本体中的概念由 3 个部分组成：表示概念的同义词集、概念的语义关系集、刻画概念的特征集，对这 3 个部分进行相应匹配比较来自不同本体的概念，得到 3 个相似度值 S_w、S_n、S_u，然后 3 个值加权平均得到两个概念的语义相似度，进而确定他们间的映射关系。

⑤ 基于规则的方法：是指在本体映射中定义了一些启发式规则，这些启发式规则是由领域专家手工定义的。这些规则的抽取来自于概念的定义和结构信息。

⑥ 统计学的方法。

⑦ 机器学习的方法。

需要说明的是，每个映射方法往往是多种技术和多种参照对象的结合。

4.6.4.6 本体查询

基于本体的语义查询可以理解为对本体描述语言所描述信息的语义查询，以 RDF 本体描述语言，全局 RDF 本体为用户提供了统一的查询接口。从数据模型的层次来考察 RDF 描述信息，RDF 数据模型是由主题（Subject）、谓词（Predicate）和宾语（Object）所组成的三元组集合。RDF 数据模型是比 XML 更加抽象的数据模型。

（1）查询语言

① RDQL，是用来查询 RDF 模型的语言。RDF 提供一种结点可以为资源或是文本的有向图，RDQL 则提供一种方式，由用户定义一种图模式，使用这种模式对目标图集合进行匹配，获得所有符合定义模式的结果。RDQL 使用类似 SQL 的句法，其中 Select 子句说明要返回的变量；From 子句使用 URI 来指定 RDF 模型；Where 子句利用三元组来描述查询的条；And 子句指定布尔表达式；Using 子句提供了一种简写 URIs 的方式。

② XQuery，是一种从 XML 格式的文档中获取数据项的查询语言，每一个 XQuery 查询包括一个或多个查询表达式。FLWR 表达式是 XQuery 比较常用的语法，它看上去和 SQL 的 Select 语句类似，并且具有相似的功能，FLWR 代表"For-Let-Where-Return"，它包含了四个子句：For 子句通过将结点绑定到变量，以便继续去循环遍历序列中的每一个结点；Let 子句为一个变量赋一个值或一个序列；Return 子句定义每个元组要返回的内容，对于 Where 子句，如果其有效布尔值为真，那么该元组就被保留，并且它的变量绑定用在 Return 子句中，如果其有效布尔值为假，那么该元组就被废弃。

③ SPARQL，通过图形模式（Graph Pattern）匹配实现查询功能。最简单的图形模式是三元组模式，一个三元组模式与 RDF 的三元组类似，不同的是三元组模式允许查询变量出现在主体、谓词或者客体的位置上，三元组模式合并形成一个基本的图形模式。三元组模式和图的匹配过程并不复杂，绑定查询变量和 RDF 词汇，将变量替换成相应的 RDF 词汇，这样就得到了一个成功匹配的图的三元组。

（2）查询过程

① 用户在应用层通过统一的用户界面提交一个操作请求，由用户接口负责翻译成本体

查询语言形式,并将形式化的请求提交给中间层的查询处理组件进行处理。

② 查询处理组件首先对查询请求进行解析,然后在全局本体中进行检索,根据全局本体和局部本体的映射关系将对全局本体的本体查询语言查询转换为对局部本体的本体查询语言查询,然后交给数据层。次步骤中需要读入全局本体和局部本体的映射文件,根据预先定义好的全局本体和局部本体中的术语之间的映射关系,对针对全局本体的本体查询语言进行重写,直观上看就是用局部本体中的术语来替换全局本体中相应的术语,从而将该查询分解为对各个相关局部本体的局部查询。

③ 数据层的包装器接受来自中间层的查询,将对局部本体的查询转换为对数据源的 SQL 查询,并对数据源进行检索,最后将查询结果发送给结果收集器。此过程首先要根据局部本体中的术语与数据库中的具体表名,字段名之间的映射关系,将查询转换为对数据库的查询,关键是将针对 Owl 的查询语言 Sparql 表示的查询语句转换为对关系数据库的查询语句 SQL。

④ 结果收集器将交过来的查询结果根据需要进行处理,如并操作等,提交到应用层。

⑤ 应用层接受结果,以统一视图呈现给用户,查询完成。

第 5 章 海洋数据管理与共享

5.1 数据库与海洋数据管理

5.1.1 数据库概述

数据库技术出现最早可以追溯到 20 世纪 60 年代末,那时数据的管理较为简单、原始。初期的数据库发展缓慢,直到 1975 年,全世界的数据库的数量仅为数十个。之后,数据库才有了飞速的发展。我国数据库建设是在 70 年代中期才开始起步。1975 年,北京文献服务引进了英国两种磁带库;1986 年,国家海洋局首次引进光盘数据库,这也是我国第一个自然资源数据库。之后,我国引进数据库的种类不断增加,但直到"八五"之后,由于国家对数据库的发展逐渐重视,数据库技术才有了质的飞跃。

5.1.1.1 数据库相关概念

(1) 数据

数据(Data)是能够被输入到计算机中存储和处理的各种数字、字母、符号(包括汉字)及其组合,是指描述事物的符号、数字、文字、图表、图像、声音等。数据的形式本身并不能完全表达其内容,需要经过语义解释,数据与其语义是不可分的。

数据库中数据的组织方式包括:

① 数据项,可以定义数据的最小单位,也叫元素、基本项、字段等。

② 记录,由若干相关联的数据项组成,是处理和存储信息的基本单位,包括逻辑记录和物理记录。

③ 文件,是一给定类型的(逻辑)记录的全部具体值的集合,用文件名称标识,包括顺序文件、索引文件、直接文件和倒排文件等。

(2) 数据库

数据库(Database,简称 DB)是长期储存在计算机内、有组织的、可共享的大量数据的集合。

数据库的特征:① 数据按一定的数据模型组织、描述和储存;② 可为各种用户共享;③ 冗余度较小;④ 数据独立性较高;⑤ 易扩展。

(3) 数据库管理系统

数据库管理系统(DataBase Management System,DBMS)是位于用户与操作系统之间的数据管理软件。数据库管理系统使用户能方便地定义数据和操纵数据。数据库管理系统的主要功能包括:

① 数据定义功能:提供数据定义语言(Data Definition Language,DDL);定义数据库中

的数据对象。

② 数据组织、存储和管理功能：分类组织、存储和管理各种数据；确定组织数据的文件结构和存取方式；实现数据之间的联系；提供多种存取方法，提高存取效率。

③ 数据操作功能：提供数据操作语言（Data Manipulation Language，DML）；实现对数据库的基本操作（查询、插入、删除和修改）。

④ 数据库事务管理和运行管理功能：数据库在建立、运行和维护时由 DBMS 统一管理和控制，保证数据的安全性、完整性以及多用户对数据的并发使用发生故障后的系统恢复。

⑤ 数据库的建立和维护功能：数据库初始数据装载转换；数据库转储；介质故障恢复；数据库的重组织；性能监视分析等。

⑥ 其他功能：DBMS 与网络中其他软件系统的通信；两个 DBMS 的数据转换；异构数据库之间的互访和互操作。

（4）数据库应用系统

为了满足特定用户数据处理需求而建立起来的，具有数据库访问和操作功能的应用软件，它提供给用户一个访问和操作特定数据库的用户界面。

（5）数据库系统

数据库系统（DataBase System，DBS）是指在计算机系统中引入数据库后的系统构成，如图 5-1 所示。数据库系统包括：① 数据库；② 数据库管理系统（及其开发工具）；③ 数据库应用系统；④ 数据库管理员。

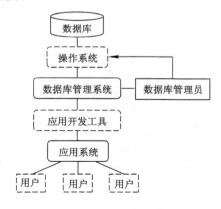

图 5-1　数据库系统的构成

数据库系统的特点：① 数据结构化；② 数据的共享性高，冗余度低，易扩充；③ 数据独立性高；④ 数据由 DBMS 统一管理和控制。

5.1.1.2　数据库数据模型

在数据库系统中，为了实现对数据的有效管理，必须按一定的方式把数据组织好，即采用一定的数据模型来建立数据库。一般而言，数据模型是一组严格定义的概念的集合。这些概念精确地描述了系统的静态特征（数据结构）、动态特征（数据操作）和完整性约束条件，这就是数据模型的三要素。

数据模型按不同的应用层次分为三类：

（1）概念数据模型

概念数据模型(Conceptual Data Model)是面向数据库用户的现实世界的模型。最常用的是实体—关系模型(E—R模型)。E—R模型提供不受任何DBMS约束的面向用户的表达方法,在数据库设计中被广泛用作数据建模的工具。

(2) 逻辑数据模型

逻辑数据模型是用户从数据库中所看到的模型,是具体的DBMS所支持的数据模型。目前,数据库领域中最常用的逻辑数据模型有层次模型(Hierarchical Model)、网状模型(Network Model)、关系模型(Relational Model)和面向对象模型(Object Oriented Model),其中层次模型和网状模型统称为非关系模型。各种逻辑数据模型的优缺点如表5-1所示。

表 5-1 三种逻辑数据模型比较

	层次模型	网状模型	关系模型
特点	将数据组织成一对多关系的结构	用连接指令或指针来确定数据间的显式连接关系,是具有多对多类型的数据组织方式	为非结构化的结构,用单一的二维表的结构表示实体及实体之间的联系
优点	① 存取方便且速度快; ② 结构清晰,容易理解; ③ 数据修改和数据扩展容易实现; ④ 检索关键属性十分方便	① 能明确而方便地表示数据间的复杂关系; ② 数据冗余小	① 结构特别灵活,满足所有的布尔逻辑运算和数学运算规则形成的查询要求; ② 能搜索、组合和比较不同类型的数据; ③ 增加和删除数据非常方便
缺点	① 结构呆板,缺乏灵活性; ② 同一属性数据要存储多次,数据冗余大(如公共边); ③ 不适合于拓扑空间数据的组织	① 增加了用户查询和定位的困难; ② 需要存储数据间联系的指针,使得数据量增大; ③ 数据的修改不方便(指针必须修改)	① 数据库大时,查找满足特定关系的数据费时; ② 空间关系体现困难

(3) 物理数据模型

物理数据模型(Physical Data Model)是面向计算机的物理表示的模型,描述了数据在存储介质上的组织结构,它不但与具体的DBMS有关,而且还与操作系统和硬件有关。

5.1.1.3 数据库系统分类

(1) 集中式DBS

如果DBS运行在单个计算机系统中,并与其他的计算机系统没有联系,这种DBS称为集中式DBS。

(2) 客户机/服务器式DBS

客户机/服务器式(C/S)DBS结构的关键在于功能的分布,如果大部分功能放在后端机(即服务器)上执行,很少的功能放在前端机(即客户机)上执行,这种C/S结构称为瘦客户端DBS;如果有相当一部分功能放在前段机(客户机)上,客户机可以和服务器分担DBS的部分功能,那这种C/S结构称为胖客户端DBS。

（3）分布式 DBS

分布式 DBS（Distributed DBS，DDBS）是一个用通信网络连接起来的节点（Site）的集合，每个节点都可以拥有集中式 DBS 的计算机系统。DDBS 的数据具有"分布性"特点，数据在物理上分布在各个场地，这是 DDBS 与集中式 DBS 的最大区别。DDBS 的数据具有"逻辑整体性"特点，分布在各地的数据逻辑上是一个整体，采用统一的逻辑管理系统进行管理，用户使用起来如同一个集中式 DBS，这是 DDBS 与非分布式 DBS 的主要区别。

（4）并行式 DBS

现在数据库的数据量急剧提高，巨型数据库的容量已达到 TB 或 PB 级，此时要求事务处理速度极快，每秒达数千个事物才能胜任系统运行。集中式和 C/S 式 DBS 都不能应付这种需求，并行式 DBS 的出现正是为了解决这个问题。并行 DBS 使用多个 CPU 和多个磁盘进行并行操作，提高数据处理和 I/O 速度。并行处理时，许多操作同时进行，而不是采用分时的方法。在大规模并行系统中，CPU 不是几个，而是数千个。即使在商用并行系统中，CPU 也可达数百个。

5.1.1.4　数据库系统结构

从数据库管理系统角度看，数据库系统通常采用三级模式结构，是数据库系统内部的系统结构。三级模式结构包括模式（Schema）、外模式（External Schema）、内模式（Internal Schema），如图 5-2 所示。

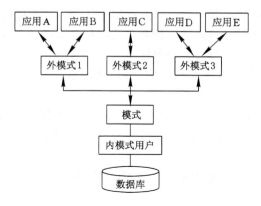

图 5-2　数据库系统的三级模式结构

（1）模式

模式（也称逻辑模式）是对数据库全局逻辑结构的描述，是数据库所有用户的公共数据视图。模式描述：① 所有实体、实体的属性和实体间的联系；② 数据的约束；③ 数据的语义信息；④ 安全性和完整性信息。

（2）外模式

外模式（也称子模式或用户模式）是用户观念下局部数据结构的逻辑描述，是数据库用户（包括应用程序员和最终用户）能够看见和使用的局部数据的逻辑结构和特征的描述。设置外部模式有如下优点：① 方便用户使用，简化了用户接口；② 保证数据的独立性；③ 有利于数据共享；④ 有利于数据安全和保密。

（3）内模式

内模式(也称存储模式)是对数据库中数据物理结构和存储方式的描述,是数据在数据库内部的表示形式。内部模式定义了所有内部记录类型、索引和文件的组织方式,以及所有数据控制方面的细节。内部模式与下面的工作相关:① 数据和索引的存储空间分配;② 用于存储的记录描述(数据项的存储大小);③ 记录放置;④ 数据压缩和数据加密技术。

为了提高数据库系统中的数据独立性,数据库系统在这三级模式间提供了两层映像:外部模式/概念模式映像和概念模式/内部模式映像。

(1) 外部模式/概念模式映像

外部模式/概念模式映像定义了各个外部模式与概念模式间的映像关系,这些映像定义通常在各自的外部模式中加以描述。

(2) 概念模式/内部模式映像

概念模式/内部模式映像定义了数据库全局逻辑结构与存储结构之间的对应关系,这些映像定义通常在内部模式中加以描述。

5.1.2 空间数据库

5.1.2.1 空间数据库概述

GIS 空间数据库,是指以特定的信息结构和数据模型表达、存储和管理从地理空间中获取的某类空间信息,以满足不同用户对空间信息需求的数据库。空间数据库管理系统能够对物理介质上存储的地理空间数据进行语义和逻辑上的定义;能够提供必要的空间数据查询、检索和存取功能;能够对空间数据进行有效的维护和更新的一套软件系统。

传统数据库管理空间数据时存在局限性:

① 传统数据库系统管理的是不连续的、相关性较小的数字和字符;而地理信息数据是连续的,并且具有很强的空间相关性。

② 传统数据库系统管理的实体类型较少,并且实体类型之间通常只有简单、固定的空间关系;而地理空间数据的实体类型繁多,实体类型之间存在着复杂的空间关系,并且还能产生新的关系(如拓扑关系)。

③ 传统数据库系统存储的数据通常为等长记录的数据;而地理空间数据通常是非结构化的,其数据项很大,很复杂,并且变长记录。

④ 传统数据库系统只是操作和查询文字和数字信息;而地理空间数据库中需要有大量的空间数据操作和查询,如特征提取、影像分割、影像代数运算、拓扑和相似性查询等。

⑤ 具有高度内部联系的 GIS 数据记录需要更复杂的安全维护系统,为了保证空间数据库的完整性,保护数据文件的完整性,保护系列必须与空间数据一起存储,否则一条记录的改变就会使其他数据文件产生错误。

所以要采用空间数据库进行海洋空间数据的管理。

(1) 空间数据库的特点

① 数据量特别大;

② 既有属性数据,又有空间数据;

③ 数据应用广泛。

(2) 空间数据库管理的特点

空间特征、抽象特征、空间关系特征、多尺度与多态性、非结构化特征、分类编码特征、海量数据特征。

（3）GIS 数据管理方法

① 开发独立的数据管理系统。

② 在商业化的 DBMS 基础上开发附加系统。

③ 使用现有的 DBMS,对系统的功能进行必要扩充。

④ 重新设计一个具有空间数据和属性数据管理和分析功能的数据库系统。

5.1.2.2　空间数据库模型

（1）语义数据模型——实体联系模型

① 实体:E—R 图中用矩形符号表示。

② 联系:客体间有意义的相互作用或对应关系,用菱形符号表示。

③ 属性:对实体和联系特征的描述,用椭圆符号表示。

④ 优点:易于理解,与计算机具体实现无关。

⑤ 缺点:不能在数据库中直接实现。

（2）面向对象的数据模型

为了有效地描述复杂的事物或现象,需要在更高层次上综合利用和管理多种数据结构和数据模型,并用面向对象的方法进行统一的抽象。这就是面向对象数据模型的含义,其具体实现就是面向对象的数据结构。

面向对象的概念起源于程序设计语言——面向对象的编程语言（Object-Oriented Programming Language,OOPL）,强调对象概念的统一。它以 OOPL 为核心,集各种软件开发工具为一体。其基本出发点就是以对象作为最基本的元素,尽可能按照人类认识世界的方法和思维方式来分析和解决问题。

面向对象的基本概念:对象、类、实例、消息。

面向对象的特性:继承、封装、多态。

四种核心技术:分类、概括、聚集、联合。

面向对象的核心工具:继承、传播。

5.1.2.3　空间数据库类型

（1）基于文件管理的方式

程序依赖于数据文件的存储结构,数据文件修改时,应用程序也随之改变,如图 5-3 所示。以文件形式共享,当多个程序共享一数据文件时,文件的修改,需得到所有应用的许可。因此不能达到真正的共享,即数据项、记录项的共享。

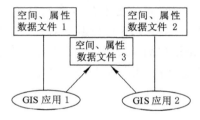

图 5-3　基于文件管理的方式

（2）文件与关系数据库混合管理

① 图形与属性各自分开处理模式:图形的用户界面和属性的用户界面是分开的,它们只是通过一个内部码连接。通常要同时启动两个系统,甚至两个系统来回切换。

② 图形与属性结合的混合处理模式:GIS 通过 DBMS 提供的高级编程语言接口,直接操纵属性数据,查询属性数据库,在同一个界面上显示查询结果。

③ 混合管理模式中,文件管理系统功能较弱,特别是数据的安全性、一致性、完整性、并发控制以及数据恢复方面缺少基本功能。因而需要能同时管理图形和属性数据的商用 DBMS。

（3）全关系型空间数据库管理系统

GIS 软件商在标准 DBMS 顶层开发一个能容纳、管理空间数据的系统功能。用关系数据库管理系统(Relation Database Management System,RDBMS)管理图形数据有两种模式:

① 基于关系模型的方式,图形数据按关系数据模型组织。由于涉及一系列关系连接运算,所以费时。

② 将图形数据的变长部分处理成 Binary Block 字段(多媒体或变长文本)。省去大量关系连接操作,但 Binary Block 的读写效率比定长的属性字段慢得多,特别涉及对象的嵌套时,速度更慢。

（4）对象—关系数据库管理系统

DBMS 软件商在 RDBMS 中进行扩展,使之能直接存储和管理非结构化的空间数据,如 Informix 和 Oracle 等都推出了空间数据管理的专用模块,定义了操纵点、线、面、圆等空间对象的 API 函数。主要解决空间数据的变长记录的管理,效率比二进制块的管理高得多,但仍没有解决对象的嵌套问题,空间数据结构不能由用户定义,使用上受一定限制。

（5）面向对象空间数据库管理系统

面向对象模型最适合于空间数据的表达和管理,它不仅支持变长记录,而且支持对象的嵌套、信息的继承和聚集,允许用户自己定义对象和对象的数据结构及操作。可根据 GIS 需要为空间对象定义合适的数据结构和操作,这种空间数据结构可含或不含拓扑关系。面向对象的地理数据模型的核心是对复杂对象的模拟和操纵。

面向对象模型的拓扑关系:将每条弧段的两个端点抽象出来,建立单独的结点对象类型,然后在弧段的数据文件中,设立两个结点子对象标识号,使用"传播"工具提取结点文件的信息。这样既解决了数据共享问题,又建立了弧段与结点的拓扑关系。也可用此方式处理面状地物对弧段的聚集方式。

面向对象空间数据库管理系统,可充分利用现有数据模型的优点。① 可扩充性,由于对象是相对独立的,容易新增对象,并对不同类型的对象具有统一的管理机制。② 模拟和操纵复杂对象,传统数据模型是面向简单对象的,无法直接模拟和操纵复杂实体,而面向对象的数据模型则可以实现。③ 具备引用共享和并发共享机制以及灵活的事务模型,支持大量对象的存储和获取等。

5.1.2.4 空间数据库设计

空间数据库设计的实质是将地理空间实体以一定的组织形式在数据库系统中进行表达的过程,也就是 GIS 中空间客体数据的模型化问题。实践中主要解决如何在现有商用数据库管理系统的基础上建立空间数据库的问题。

（1）空间数据库设计的原则

① 尽量减少空间数据存储的冗余量。

② 提供稳定的空间数据结构,在用户的需要改变时,该数据结构能迅速做出相应的变化。

③ 满足用户对空间数据及时访问的需要,并能高效地提供用户所需的空间数据查询结果。

④ 在数据元素间维持复杂的联系,以反映空间数据的复杂性。

⑤ 支持多种多样的决策需要,具有较强的应用适应性。

（2）空间数据库设计的内容

空间数据库设计的内容包括了数据模型的三个方面:数据结构、数据操作和完整性约束,具体分为:

① 静态特征设计,又称结构特征设计,就是根据给定的应用环境,设计数据库的数据模型（数据结构）或数据库模式。包括概念结构设计和逻辑结构设计两个方面。

② 动态特性设计,又称数据库的行为特性设计,设计数据库的查询、静态事务处理和报表处理等应用程序。

③ 物理设计,根据动态特性,即应用处理要求,在选定的数据库管理系统环境之下,把静态特性设计中得到的数据库模式加以物理实现,即设计数据库的存储模式和存取方法。

（3）空间数据库设计的步骤

① 需求分析,用系统的观点分析与某一特定的数据库应用有关的数据集合。

② 概念设计,把用户的需求加以解释,并用概念模型表达出来。

③ 数据结构设计,对数据在计算机中的组织形式进行设计,一般要根据数据模型和结构进行设计。

④ 数据层设计,数据层的设计一般是按照数据的专业内容和类型进行,同时也要考虑数据之间的关系,如需考虑两类物体共享边界（道路与行政边界重合、河流与地块边界的重合）等。不同类型的数据在分析和应用时往往会同时用到,因此在设计时应反映出这样的需求,即可将这些数据作为一层。设计结果为各层数据的表现形式、各层数据的属性内容和属性表之间的关系等。

⑤ 数据字典设计,数据字典用于描述数据库的整体结构、数据内容和定义等。一个好的数据字典可以说是一个数据的标准规范,它可使数据库的开发者依此来实施数据库的建立、维护和更新。数据字典的内容包括:数据库的总体组织结构、数据库总体设计的框架;各数据层详细内容的定义及结构、数据命名的规则。

⑥ 逻辑模型设计,把信息世界中的概念模型利用数据库管理系统所提供的工具映射为计算机世界中为数据库管理系统所支持的数据模型,并用数据描述语言表达出来。

逻辑模型的设计是将概念模型结构转换为具体 DBMS 可处理的空间数据库的逻辑结构（或外模式）,包括确定数据项、记录及记录间的联系、安全性、完整性和一致性约束等。逻辑模型设计的步骤包括:导出初始关系模式,将 E—R 图按规则转换成关系模式;规范化处理,消除异常,改善完整性、一致性和存储效率,一般要求达到 3NF 就可以满足使用;模式评价,检查数据库模式是否满足用户的要求,包括功能评价和性能评价;优化模式;形成数据库的逻辑设计说明书。

从 E—R 模型向关系模型转换的主要过程：确定各实体的主关键字；确定并写出实体内部属性之间的数据关系表达式（函数依赖关系），即某一数据项决定另外的数据项；把经过消冗处理（规范化处理）的数据关系表达式中的实体作为相应的主关键字；根据②、③形成新的关系；完成转换后，进行分析、评价和优化。

⑦ 物理设计，指数据库存储结构和存储路径的设计，即将数据库的逻辑模型在实际的物理存储设备上加以实现，从而建立一个具有较好性能的物理数据库，有效地将空间数据库的逻辑结构在物理存储器上实现，确定数据在介质上的物理存储结构，其结果是导出空间数据库的存储模式（内模式）。主要内容包括：确定记录存储格式，选择文件存储结构，决定存取路径，分配存储空间。物理设计的好坏将对数据库的性能影响很大，一个好的物理存储结构必须满足两个条件：地理数据占有较小的存储空间；对数据库的操作具有尽可能快的处理速度。

存储记录的格式设计；存储方法设计，顺序存储、散列存储、索引存储、聚簇存储；访问方法设计，为存储在物理设备上的数据提供存储结构和查询路径；完整性和安全性考虑；应用设计，包括人机界面的设计，输入、输出格式的设计，代码设计，处理加工设计等；形成物理设计说明书。

⑧ 测试，在完成物理设计后，要进行性能分析和测试。如图 5-4 所示。

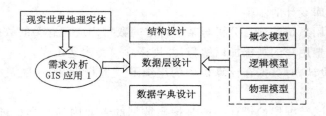

图 5-4 空间数据库的设计

5.1.2.5 空间数据库的实现

（1）建立空间数据库结构

利用数据库模式定义语言（Data Definition Language，DDL）描述逻辑设计和物理设计的结果，得到外模式，编写功能软件，建立实际空间数据库结构。

（2）调试运行

装入实验性的空间数据，执行空间数据库的实际应用程序各功能模块的操作，对空间数据库系统的功能和性能进行全面测试。

（3）加载实际数据

一般由编写的数据装入程序或 DBMS 提供的应用程序来完成。

（4）维护空间数据库

① 维护空间数据库的安全性和完整性；

② 监测并改善数据库性能，重组织（重构造和再格式化）；

③ 功能扩充；

④ 修改错误。

5.1.3　海洋数据库

5.1.3.1　海洋数据库概述

海洋数据库是指不同类型海洋数据按海洋现象时空关系和海洋要素间逻辑关系的组织结构,存放和管理计算机中大量的海洋数据,来实现数据共享,减少数据重复、冗余,使数据实现集中控制,保持数据一致性和可维护性。海洋数据库是不同类型海洋数据,按海洋现象时空关系和海洋要素间逻辑关系的组织结构,存放在计算机中的大量海洋数据应用系统。海洋数据库系统是通过提高海洋数据质量和管理效率来增加海洋资源信息的准确性和实用性。通过建立海洋资源基础数据库,可以把相关海洋信息整合成准确、规范的数据资料的集合。

海洋数据库的基本要求是:标准化、规范化、采用统一的编码和统一的格式。数据库的建立要满足海洋环境空间数据的管理和维护需求,让用户可以直观地对空间数据进行管理、检索、查询、分析和应用,提供可视化、多元的海洋环境空间信息服务。海洋数据库中的数据主要是海洋空间数据,是带有空间坐标的海洋相关数据,具有"空间、时间、属性"特征。海洋数据库包括海洋环境、海洋资源、海洋生物、海洋地质、海洋物理、海洋渔业等数据。常见的海洋数据类型有:

① 海洋遥感数据:通过航空、航天遥感平台获取的海洋相关的辐射计数据、散射计数据、卫星高度计数据、合成孔径雷达数据、中分辨率成像光谱仪数据等。

② 海洋调查资料:包括 ARGO 浮标资料、世界大洋环流实验(World Ocean Circulation Experiment,WOCE)资料、热带海洋与全球大气——热带西太平洋海气耦合响应试验资料以及温探测系统资料。

③ 海洋现场观测数据:包括海洋船舶报数据、海洋台站数据、海洋声呐数据、海底地形数据、船载测深数据、灾害浮标数据、潜标所获得的海洋物理、水文数据等。

④ 再分析资料:包括海表面资料(Comprehensive Ocean-Atmosphere Data Set,CO-ADS),NCEP 资料(全球气象资料数据库),提供天气实测数据和全球海/气模式运算所需的相关数据,包含温度、盐度、海流速度的资料,三维流速、温度、盐度、二维海表高度的资料等。

海洋空间数据库管理系统的实现是建立在常规的数据库管理系统之上的。它除了需要完成常规数据库管理系统所必备的功能之外,还需要提供特定的针对空间数据的管理功能。有两种空间数据库管理系统的实现方法:一是直接对常规数据库管理系统进行功能扩展,加入一定数量的空间数据存储与管理功能,如 Oracle 等系统;二是在常规数据库管理系统之上添加一层空间数据库引擎,以获得常规数据库管理系统功能之外的空间数据存储和管理的能力,如 ESRI 的 SDE(Spatial Database Engine,客户/服务器软件)等。

目前,主要海洋国家如美国、俄罗斯、法国、日本等国都在积极推进各自的"数字海洋"信息系统的建设。海洋的开发和利用正在逐步加快,海洋数据的准确性将成为统筹利用海洋资源的关键,随着"数字海洋"的逐步完善,海洋数据库的建设将成为当务之急。海洋数据库是海洋综合管理和宏观决策的依据,将成为海洋环境监测和海洋灾害防治的基础,是港口、海岸及近海工程建设的保障,是推动海洋技术发展的动力。

5.1.3.2 海洋动态数据库

(1) 动态数据库概述

动态数据库是存储有时间、空间以及相关属性等信息的数据库系统。动态数据库中的地理数据联系紧密且体积海量,时间变量把数据库中的数据有机地联系起来。动态数据库功能的完善对数据库模型提出了更高的要求。动态数据库模型不仅要能有效地表达、记录和管理现实世界的地理实体及其相互关系随时间不断发生的变化情况,而且要能反映现实世界中的空间实体及其相互间的动态联系,为时空数据组织和时空数据库模式设计提供基本的概念和方法。

按照数据库所符合的范式,可以将动态数据库分为以下两类:

① 第一范式(First Normal Form,INF)关系动态数据模型:按第一范式方法,一个对象的历史过程需要用几个元组表达,元组中每一个属性值必须具有时间标记。在 GIS 中,对于一个空间单元的表达,即使未发生空间拓扑变化,而仅一个属性特征值发生变化,就必须增加一个新的元组来表示,数据表中记录了大量重复数据。

② 非第一范式(Not First Normal Form,NINF)关系动态数据模型:非第一范式(NINF)关系时空数据模型中,元组可以采用不定长和嵌套方式,对于复杂的空间单元的变化或整个演变历史只需要一个元组来模拟。非第一范式关系时空数据模型非常适合时态GIS 的应用。但是,由于时态数据库一些理论问题(如关系结构时态代数操作封闭性等)尚未很好解决,同时又受到可供实际应用开发的商业数据库软件的制约,目前很难采用非第一范式时空数据模型开发实用运行应用系统。

(2) 版本—差量动态数据模型

版本—差量动态数据库模型如图 5-5 所示,按事先设定的时间间隔采样,只储存某个时间的数据状态(称基态)和相对于基态的变化量。每个对象只需储存一次,每变化一次,只有很小的数据量需记录,视为差量;同时,只有在事件发生或对象发生变化时才存入系统中,时态分辨率刻度值与事件发生的时刻完全对应。此外,模型考虑到对象变更的亲缘继承关系,

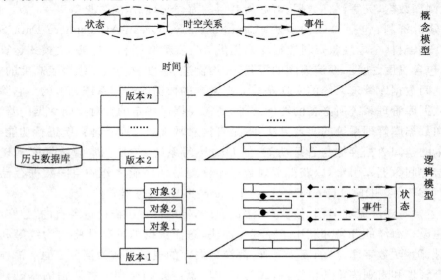

图 5-5　版本—差量模型

形成对时空对象的"版本管理—动态关联"。

事件和状态是动态数据库中最重要的一对基本概念。一个对象在其生命周期内有不同的状态,事件将对象从一个状态变化到另一状态。状态和事件有两种形式的数据库模型,即基于状态的数据库模型和基于事件的数据模型。动态数据库模型描述状态、事件以及时空关系,其中时空关系表现为状态之间的时空关系、事件之间的时空关系及状态与事件之间的时空关系。

时空索引是时空数据库引擎的关键技术之一。地理信息动态数据的索引包括静态的空间索引、时间索引和时空索引三个方面,GIS 需要对动态数据建立独立的时空索引。

动态数据库时空索引原则采用"版本管理—动态连接"的思路,建立起"空间分幅—时间分区—版本—时空对象"的四级数据管理模式,在这些数据之间建立起动态连接,如图 5-6 所示。时空索引包括图幅级索引、数据库级索引、版本与对象级索引。

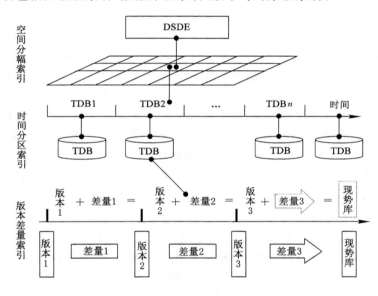

图 5-6　空间分幅—时间分区—版本—时空对象管理模式与索引

（3）动态数据库引擎

动态数据库系统的核心是动态数据库引擎（Data Storage and Data,DSDE）,它是处于动态数据库和其管理系统之间的中间件,具有的时空操作功能包括:数据分区操作、数据库关联操作、数据库索引操作以及数据操作基本功能。在 DSDE 中,时空数据的管理和存储都是通过 DBMS 中的若干表来完成的。时空索引是动态数据库引擎的关键技术之一,它是依据时空对象的位置、形状、时间位置或时空对象之间的某种时空关系,按一定顺序排列的一种数据结构,其中包括时空对象的概要信息,如时空对象的标识、空间的外接矩形、生命周期所在的时间区间及指向该时空对象实体的指针。作为一种辅助性的数据结构,时空索引介于时空操作算法和时空对象之间。它通过筛选作用,排除大量与特定时空操作无关的时空对象,从而提高时空操作的速度和效率。

DSDE 的几何模型包括:

① 时空关系计算。包括空间关系计算、时间关系计算和时空关系计算。空间关系计

算:DSDE 应用程序接口(API)能够用来计算空间几何之间的关系。比较函数是布尔操作,该操作检查一个关系的真和假。关系类型包括:相等、不相连、包含/被包含、相接、叠置和交叉。时间关系计算:DSDE 应用程序接口(API)能够用来计算时间几何之间的关系。比较函数同样是布尔操作,关系类型包括事件——事件:之前、同时、之后;状态——状态:之前、之后、相等、同时开始、同时结束、重叠、包含、相邻;状态——事件:之前、之后、开始、结束、相邻。一切复杂的时间关系可以由这些基本时间关系衍生而来。时空关系计算:DSDE 应用程序接口(API)能够用来计算要素变化之间的关系。关系类型包括:单个实体基本变化、转变、移动的表达;多实体间时空过程的关系;多空间实体时空过程组成的空间结构表达。确定相邻空间状态的基本拓扑关系包括:扩展、收缩、放大、缩小、相连、移动、相等、重叠。

② 时空操作函数。DSDE 应用程序接口(API)能够用来计算时空要素及其状态——事件之间的关系。时空操作函数包括时间操作函数和空间操作函数。时间函数包括时间操作符、时间关系操作符和实践相交操作符。时间操作符包括有效时间,操作时间,事件时间等;时间关系操作符,如 start,startedby,finish,finishedby,contain,containedby,overlap,overlapedby,meet,metby,equal,intersect,during 等;时间相交操作符,如 T-join,TE-join 等。空间操作函数包括时空操作符和选择操作符。时空操作符如 shrink,expand,reduce,enlarge,connect,disjoint,equal,overlap。

③ 版本生成函数。生成版本 T 时刻版本的函数:在相邻时间 T1 版本基础上,将[T1,T]时间区间内的增量进行逻辑"加",从而获得新的版本。其中[T1,T]时间区间内的增量表示在[T1,T]产生的状态、消亡的状态与更新的状态。

④ 其他分析函数。通过 API 还可对 DSDE 要素执行其他的分析操作,如缓冲区操作,包括空间缓冲区操作和时间缓冲区操作。

(4) 动态数据库系统

动态数据库系统由动态数据库、动态数据库管理系统、应用系统、数据库管理员和用户构成。基础动态数据具有涉及范围广、种类多、跨越时间长、主要工作人员变动大、语义丰富和数据量大等特点,因此需要建立开放的、可扩展的元数据关系系统,对数据进行管理和维护。元数据库包括系统各数据库及数字产品有关的基本信息、数据志信息、空间数据表示信息、参照系统信息、数据质量信息、要素分层信息、发行信息和元数据参考信息等。元数据表现为两方面:一是数据集的描述与说明;二是应用系统的辅助信息,能提高数据的利用价值。

动态数据库管理系统是动态数据库系统的一个重要组成部分,主要功能包括以下几个方面:

① 数据定义功能:DBMS 提供数据定义语言,用于创建、删除和修改数据库中表的定义。

② 数据操纵功能:DBMS 提供数据操纵语言(Data Manipulation Language,DML),用于查询、插入、删除、修改 DDL 中定义好的表中数据。

③ 数据库的运行管理:数据库在建立、运行和维护时,由 DBMS 统一管理、统一控制。

④ 数据库的建立和维护:包括数据库初始数据的输入、转换功能,数据库的存储、恢复功能,数据库的重组织功能和性能监视、分析功能等。

动态数据处理和建库技术主要包括分析目前基础地理信息数据的存储机制,根据基础地理信息的动态数据模型,确定动态数据的存储模型,实现矢量动态数据的处理技术;对历史数据和现势数据进行一致性处理,实现基础地理信息动态数据的建库技术,开发动态数据的半自动化处理工具。开展地理信息动态数据的处理试验,制定有关处理的技术规范。

（5）动态数据可视化

动态数据库所描述的地理现象随着时间的变化而不断地发生变动,具有动态性的特点,在对它们进行可视化时,应模拟其本身运动变化发展的规律,动态地将它们表示出来。动态地图所表示的是与时间因素有关的一些空间事物和现象。地图动画描述一些空间事物与现象随着时间的变化,它们的物理位置和形状没有迁移与变化,只是属性发生了变化。动画地图表示包括:① 快照模式,以事件为索引,分别同时显示事件前后两个时态的空间数据。② 差量模式,动画过程中,以事件过程中没有变化的空间数据为背景,动态显示变化的空间实体集合。③ 插值模式。④ 动态符号,按动态符号表示事件的相关变化情况。

5.1.3.3　海洋数据库建设成果

（1）国内海洋数据库建设成果

中国海洋科学数据库于 2003 年 6 月经过中国科学院批准启动,由中国科学院海洋研究所负责建设。这是我国现有数据库中涉及范围最广、内容最全面、数据规范最完整的海洋数据库。海洋科学数据库基本上能代表国家海洋水平和发展方向,内容涵盖了物理海洋学、海洋地质学、海洋生物学、海洋化学等多个学科,包括海洋专项数据库,中国近海浮标数据库、潜标数据库、垂直剖面数据库,开放航次数据库,国际共享资料数据库,东海赤潮数据库、中国近海潮流数据库、渤海渔业资源增殖基础调查数据库等国内历史资料数据库,海洋基础信息库,中国近海遥感数据库等。如物理海洋方面水文数据记录了某一经纬度、某一时间、某一航次、某一深度的海水温度、盐度和密度信息;海洋地质方面基础地质数据记录了某一区域海底深度及海底地貌等信息;而海洋生物方面又可能是某一物种或某一标本的属性等。

中国海洋数据库于 2014 年 7 月 18 日正式上线,由国家海洋局负责建设,数据起始于 1978 年,每年更新,反映中国海洋经济发展和海洋管理服务情况。此数据库提供了 10 多个沿海地区、50 个沿海城市、50 多个沿海港口和四大海区的海洋统计数据。主要内容包括海洋经济核算、主要海洋产业活动、主要海洋产业生产能力、涉海就业、海洋科学技术、海洋教育、海洋环境保护、海洋行政管理及公益服务等方面的年度数据。对于研究开发、管理、利用海洋资源和空间,探索海洋经济发展规律,加快海洋经济结构调整,促进海洋经济发展方式转变,实现海洋经济平稳发展具有重要意义。

根据国家科技基础条件建设平台的相关要求,一些临海省份以及城市也逐步建立了区域性的海洋数据库。高校、科研部门和政府机构构建了部分专题数据库,如水科学与渔业情报系统、中国海洋生物数据库(浙江海洋学院)、中国外来海洋生物物种基础信息数据库(国家海洋局第一海洋研究所)、中国区域海洋地质数据库(青岛海洋地质研究所)等。多年来经过科学工作者和相关部门的不懈努力,我国完成了完善的海洋监测体系,发射了自己的海洋卫星,完成了 1∶100 万和 1∶50 万海洋基础地理数据库建设,已经初步建立了海洋资源与环境数据库体系。

（2）国外海洋数据库建设成果

世界上海洋科技发达的国家也都有专门的机构在整合、存储和积累海洋各方面的信息,构造超大型数据库,如国际海洋综合信息系统、英国海洋中心（The British Oceanographic Data Centre,BODC）、美国国家海洋数据中心（National Oceanographic Data Center,

NODC）等。

1969 年自然环境研究委员会（North America Electric Reliability Council，NERC）创建了英国海洋数据服务，作为英国的国家海洋数据中心，并参与国际数据交换的一部分。在 1989 年 4 月被改建为 BODC 数据库，主要服务内容包括汇编、分发和提供覆盖观测网全部 100 台左右测量仪经过质量控制的海平面资料，目的是作为一个世界级的数据中心，支持英国海洋科学，并为英国海洋科学项目提供数据管理支持；维护和发展英国的国家海洋数据库；开发创新海洋数据产品和数字地图集；在海洋数据的国际交流与管理中提供合作（英国代表）契机；为英国进行相关研究的科学家、政府和行业制作高质量可靠的数据。

美国海洋暨大气总署（National Oceanic and Atmospheric Administration，NOAA）于 1970 年 10 月 3 日成立，由多个机构融合而成，包括美国海岸和大地测量局（成立于 1807 年）、气象局（成立于 1870 年）与商业渔业局（成立于 1871 年）。主要服务内容包括：全球海表气象数据、实时天气预报、风暴预警、气候监测、渔业管理、海岸修复、海洋贸易支持等，在预防自然灾害、保护生命和财产、海洋资源的合理使用、更好地了解整体环境等方面发挥了巨大作用。

1993 年国际海委会（Intergovernmental Oceanographic Commission，IOC）、世界气象组织（World Meterological Organization，WMO）、联合国环境计划署（United Nations Environment Programme，UNEP）和国际科联理事会（International Council For Science，ICSU）等组织联合建立全球海洋观测系统（Global Ocean Observing System，GOOS）。英国参加的部门有环境部、气象局和自然环境研究委员会等，他们对于 GOOS 的贡献主要为水产研究服务中心提供法罗群岛至一些群岛水道的水文数据，为环境部提供生物浮标测量数据以及海岸监测数据。此外，欧洲有 14 个国家共同制定了欧洲全球海洋观测系统（EuroGOOS），此系统收集和分析世界大洋各海域中全天候持续观测资料，包括世界气象监测网、全球联合海洋服务系统、全球海平面观测系统、漂流浮标观测网发送的各类数据。

IOOS（Integrated Ocean Observing System）是 2004 年由美国海军和国家海洋大气局发起的永久的集成海洋观测系统，它的目的是提高海洋监测效率，统一当前分散在各部门的海洋观测系统，将这些观测系统进行整合，提供面向全国的海洋监测服务。IOOS 框架是一个由用户驱动的、双向流程的综合性框架，分为三个子系统，分别是海洋环境监测子系统、数据管理通信子系统、建模分析子系统。系统以满足用户需求为目的，受用户需求的驱动，通过各个层次之间的指令流和数据流，互相配合，协同工作，满足用户的需要。

MMI（Marine Metadata Interoperation）海洋元数据互操作是由美国国家卫生基金会、东南部大学研究协会（Southeastern University Research Association，SURA）、海军研究局（Office Of Naval Research，ONR）和 NOAA-CSC 组织资助的一项海洋科学项目。该项目于 2004 年启动，其目的是实现海洋领域数据共享并提供一个开放的资源共享平台，任何组织和个人都可以将与海洋相关的信息资源注册到 MMI 中，同时 MMI 还是一个海洋信息协作平台。DMAC（Data Management and Communications）即数据管理和通信，它是美国 IOOS 项目的分阶段子系统，主要负责海洋数据的传输和通信。在 IOOS 中，数据通过各种途径获得，另外，这些数据的获得又有多种形式，因此发现和整理繁杂多样的数据成为整个 IOOS 项目的重点，其中心就在于 DMAC 子系统对数据的处理能力。

国际海洋学数据和信息交换（International Oceanographic Data and Information Exchange,IODE)中心在 1961 年 10 月正式成立,由联合国教科文组织、国际奥委会项目办公室共同维护。其主要服务内容包括:推动和促进交换所有海洋数据和信息,包括元数据、产品和实时信息、实时和延迟模式;保存长期档案,管理和服务海洋数据和信息;使用最适当的信息管理与信息技术推广国际标准,并制定有助于发展的标准和方法,为全球海洋数据和信息的交换服务;协助会员国获得必要的能力管理海洋数据和信息;支持国际科学和海洋方案,为气象组织和国际奥委会赞助机构提供咨询和数据管理服务;提供物理海洋、海洋化学、海洋生物观测数据。它的出现促进了海洋数据交换,对报告和数据编码形式实现了标准化,鼓励数据目录编制,援助了国家海洋数据中心发展。

日本海洋学数据中心(Japan Oceanographic Data Center,JODC)创建于 1965 年 4 月,提供覆盖全球的基本海洋水文特性,如温度、盐度、海流、潮汐、潮流、地磁、重力和水深。比较有特色的是提供了日本的载人潜器以及无人遥控潜水器(Remote Operated Vehicle,ROV)的视频数据以及日本的深海样品库。作为日本综合海洋数据银行、日本海洋数据中心(日本石油开发公司)收集和管理各种组织在日本观察到的海洋数据,包括政府机构、大学和其他海洋研究所。日本海洋学数据中心确保数据的质量,并提供各种用户所需要的海洋数据服务。

韩国海洋资料中心(Korea Oceanographic Data Center,KODC)于 1974 年 3 月由光电子工业研究所在政府海洋学委员会(IOC)注册成功,1981 年 1 月正式运行,提供沿海海洋观测数据(1921 年至今)、国家统计局(1961 年至今)、卫星海洋信息系统、实时沿海信息系统、海洋环境监测系统的渔业异常海洋状况信息、赤潮监测信息系统、贝毒监测信息、水母监测信息、海洋生物多样性信息、阿尔戈延时模式数据等。

5.1.3.4　海洋数据仓库

(1) 数据仓库的概念

比尔·恩门(Bill Inmon)在 1991 年出版的"*Building the Data Warehouse*"(《建立数据仓库》)一书中提出数据仓库(Data Warehouse)的概念:是一个面向主题的(Subject Oriented)、集成的(Integrated)、相对稳定的(Non-Volatile)、反映历史变化(Time Variant)的数据集合,用于支持管理决策(Decision Making Support)。海洋数据仓库是一个包含海洋基础地理空间数据、海洋特定专题数据以及相应元数据的分析型数据库,是面向数字海洋建设,服务海洋管理和开发利用、支撑海洋经济发展的数据管理与主题应用系统。

海洋空间数据仓库具有集成性、稳定性和不断更新的特性。海洋空间数据仓库通过一个数据库集成器,集成特定主题相关的海洋空间数据源,通过数据抽取、数据转换和数据挖掘技术为特定主题的海洋研究、管理、开发和利用服务。

数据仓库技术出现以来,经过不断的发展和成熟,取得了一定研究成果,但将其应用于海洋数据管理和海洋信息处理更是近年来才开展的工作。随着海洋大数据时代的到来,数据仓库必将发挥越来越大的作用。

(2) 数据仓库的构成

海洋数据仓库的构成包括多方面内容,可以简单地归纳为数据库、管理库和程序库三大类,如图 5-7 所示。

三大部分包含以下内容:

① 面向主题再组织的主题数据;

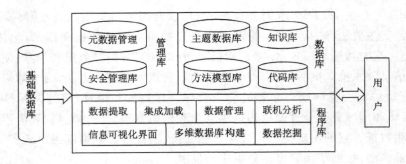

图 5-7　海洋数据仓库的构成

② 用来生成不同层次主题数据的方法和模型；

③ 用于数据提取、生产、集成和分析的各种操作工具；

④ 用来管理和维护数据仓库的数据及其管理工具。

（3）数据仓库的应用

① 联机分析，即 OLAP(Online Link Analyses Poreess)分析，是数据仓库的主要应用。通过数据仓库的构建，面向主题分析的各层信息都有序地进行了规划、组织和存储。用户通过数据仓库联机分析工具，根据自己的需要，提出问题或假设，从上至下深入地提出该问题的详细信息，并以可视化的方式呈现给用户。

② 数据挖掘(Data Mining,DM)，是指从大量数据中发现潜在的、有价值的及未知的关系、模式和趋势，并以易被理解的方式表示出来。也就是通过对数据进行逻辑运算，找出它们之间内在的联系。常用的数据挖掘算法和技术有人工神经网络、遗传算法、决策树等，分析方法有关联分析、序列模式分析、分类分析和聚类分析等。

（4）数据仓库的技术问题

海洋数据资料的多源性、多态性和多样性决定了其不同于其他数据的特点，因而也不可能将现有的数据仓库建立机制直接应用于海洋数据资料的维护和处理，面对海洋数据，尚有许多亟待研究和解决的问题。因此，需在现有海洋原始数据资料和数字化资料的基础上，研究面向海洋信息多种应用的、集各种常规和非常规分析方法于一体的多层次海洋数据仓库构建技术，开发适用于海洋地质地球物理数据、海洋动力环境数据、海洋生物生态数据、海洋环境数据、海洋遥感数据及海洋基础地理数据的数据仓库和基于此结构的数据挖掘方法。主要解决的技术问题包括以下几个方面：

① 海洋数据仓库模式和体系结构

针对现有海洋数据资料种类现状，分析其数字化数据的格式、内容及描述信息，研究并设计适合海洋信息存储和维护的数据仓库模式和体系结构。

② 海洋数据仓库的 ETL 技术

针对海洋数据的数字化资料，研究相关的清洗、装载、转换和集成(Extract Transform Load,ETL)技术，包括基础数据的清洗方法、多源同类数据的转换机制、不同数据形式的集成技术等。

③ 海洋数据仓库的构建技术

在海洋信息数据仓库模式和体系结构的基础上，研究面向具体应用领域的海洋地质与地球物理数据、海洋动力环境数据、海洋生物生态数据、海洋环境数据、海洋遥感数据及海洋基础地理数据的数据仓库的构建技术以及元数据的描述方法。

④ 基于海洋数据仓库的 Data Cube 和 OLAP(On-Line Analytical Processing)技术

在建立海洋数据仓库基础上,研究面向具体应用的 Data Cube 技术和实例化方法、在 Data Cube 之上的 OLAP 操作机制。

5.2　海洋数据组织和存储

5.2.1　数据结构与数据组织

数据的组织和存储要以数据结构为基础。空间数据结构是对空间数据进行合理的组织,以便于计算机处理。数据结构是数据模型和文件格式之间的中间媒介,是数据模型的具体实现。

海洋空间数据的组织管理包括四个抽象层次(Peuquet,1984;Maguire,1991;崔伟宏,1995;宋小冬,叶嘉安,1995;Usery,1996;Lin,1998):客观世界、空间数据模型、空间数据结构、文件结构。客观世界是需要在空间数据库中描述处理的空间实体或现象。空间数据模型是以概念方式对客观世界进行的抽象,是一组由相关关系联系在一起的实体集。空间数据结构是空间数据模型的逻辑实体,是带有结构的空间数据单元的集合,往往通过一系列图表、矩阵、树等来表达。文件结构是数据结构在存储硬件上的物理实现。

5.2.1.1　空间数据模型

数据模型是用来进行信息表达和抽象客观世界的概念视图(Kenn,1997),它提供了数据的概念结构及信息表达的形式化手段(Date,1990),定义了如何在数据库中表达特征及其相互关系和各种操作。数据模型分为三个层次,即概念数据模型、逻辑数据模型和物理数据模型。其中,概念数据模型是关于实体及实体间联系的抽象概念集,逻辑数据模型是表达概念数据模型中数据实体(或记录)及其关系,而物理数据模型则是描述数据在计算机中的物理组织、存储路径和数据库结构。在数据的组织管理中涉及到的是逻辑数据模型和概念数据模型,是描述现实世界的数据在数据库中的逻辑组织纲领的集合(Tsichritzis,1977;Goodchild,1992)以及操作与完备性规则的目标集合(Date,1986;Bullman,1988;Frank,1992)。

概念数据模型包括要素数据模型、场数据模型、网络数据模型和面向对象的数据模型等。

逻辑数据模型包括结构化逻辑数据模型(显示表达数据实体之间关系)和面向操作的逻辑数据模型。结构化逻辑数据模型包括树型结构模型、层次数据模型、网络数据模型。面向操作的逻辑数据模型主要代表是关系数据模型,用二维表格表达数据实体之间的关系,用关系操作提取或查询数据实体之间的关系。

物理数据模型包括设计空间数据的物理组织、空间存取方法、数据库的总体存储结构等。数据的物理表示与组织包括层次逻辑模型,采用物理邻接法、表结构法、目录法;网络数据模型,采用变长指针表法、位图法、目录法;关系数据模型,采用关系表法进行数据组织。

空间数据模型包括要素数据模型、场数据模型、网络模型、数字地面模型和面向对象的数据模型等。

(1) 要素(Feature)数据模型

要素数据模型强调离散现象的存在,适合描述各种有明显边界的空间地物,例如人工地物,它将现象看作原型实体点、线、多边形、曲面等的集合,这些原型实体组成空间实体。实体所涉及的空间包括欧氏空间、拓扑空间、度量空间和面向集合的空间。欧式空间允许在对象之间采用距离和方位度量,其中的对象可以用坐标组的集合来表示。拓扑空间,允许在对象之间进行拓扑关系的描述。度量空间,允许在对象之间采用距离度量。面向集合的空间,只采用一般基于集合的关系,如包含、合并及相交来表达。将地理要素嵌入到二维欧氏空间中,形成了三类地物要素对象,即点对象、线对象和多边形对象。点又包括如下几类实体:实体点(Entity Point),代表一个实体,如钻孔点、高程点、建筑物和公共设施;注记点(Text Point),用于定位注记;内点(Label Point),存在于多边形内,用于标识多边形的属性;结点(Node),表示弧段的起点和终点;角点(Vertex)或中间点,表示线段或弧段的内部点。

观察的尺度或者概括程度决定了使用的对象种类,比如在一个小比例尺表达中,诸如城镇这一现象可以由个别的点组成,而路和河流由线表示;在中比例尺上,一个城镇可以由多边形(强调边界的面)来表示。要素模型的典型代表是矢量数据模型,矢量模型能够方便地进行比例尺变换、投影变换以及图形的输入和输出,还能够精确地表达图形目标、计算空间目标的参数。

(2) 场(Field)数据模型

场模型用于描述空间中连续分布的现象,这些现象一般边界不明显具有过渡性,例如自然地物。场模型的典型代表是栅格数据模型,栅格数据模型直接采用面域或空域枚举来直接描述空间目标对象。地理实体使用栅格单元的行和列作为位置标识符,点是一个像元,线由一串彼此相连的像元构成,面由一片彼此相连的像元构成。栅格数据中像元的大小是一致的,通常是正方形,有时也用矩形、六边形和等边三角形。栅格数据中每个栅格通常被分为一个单一的类型,分类之间的界限采用沿着栅格单元的边界线,这样可能造成对现象分布的误解,其程度取决于像元的大小。如果栅格单元足够小,栅格可以是表示自然现象边界随机分布的特别有效的方式,该现象趋于逐渐地彼此结合,而不是简单地划分。

栅格数据模型严格来讲和场模型是有区别的,其所存储的空间信息模型并不是对一个连续变量的描述,而是一个格网——像元值的集合,可以看作一个抽样的场模型。体元是基于栅格的表示在三维空间的扩展。栅格数据模型表达空间目标,在计算空间实体相关参数的精度与分辨率密切相关,分辨率越高,精度越高,其适合进行叠加操作等空间分析,不适合进行比例尺变化、投影变换等。

常见栅格数据包括 DTM、DEM、数字正射影像图(Digital Orthophoto Map,DOM)、数字栅格图(Digital Raster Graphic,DRG)、扫描文件、图形文件、遥感影像数据和其他空间连续数据。栅格数据可用于模拟现实环境、地图扫描数字化、卫星影像和适合于栅格输出设备的自动化制图。要素模型和场模型对现实世界表达的区别如图 5-8 所示。

(3) 网络(Network)模型

网络模型将数据组织成有向图结构,其中结点代表数据记录,连线描述不同结点数据间的关系。有向图(Digraph)的形式化定义为:

$$Digraph = (Vertex, \{Relation\}) \tag{5-1}$$

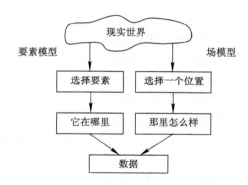

图 5-8　要素模型和场模型对现实世界表达的区别

其中，Vertex 为图中数据元素（顶点）的有限非空集合；Relation 是两个顶点之间的关系的集合。

网状模型的基本特征是结点数据间没有明确的从属关系，一个结点可与其他多个结点建立联系。在网络模型中，地物被抽象为链、结点等对象，同时要关注其间连通关系。相关现象的精确形状并不是非常重要的，重要的是具体现象之间距离或者阻力的度量。基于网络的空间模型与基于要素的模型在一些方面有共同点，因为它们经常处理离散的地物，但是最基本的特征就是需要多个要素之间的影响和交互。例如，一个电力供应公司对它们的设施管理可能既采用了一个基于要素的视点，同时又采用了一个基于网络的视点，如果关心的是替换一个特定的管道，一个基于要素的视点是合适的；如果关心的是分析重建线路的目的，那网络模型将是合适的。网络模型用于模拟现实世界中的各种网络，典型的例子就是研究交通，包括陆上、海上及航空线路，以及通过管线与隧道分析水、汽油及电力的流动，此外还用于研究物流网络。

（4）数字地面模型

DTM 是一个表示地面特征空间分布的数据模型，一般用一系列地面点坐标(x, y, z)及地表属性（目标类别、特征等）组成数据阵列，以此组成数字地面模型。DTM 中的属性如果为高程，则此数字地面模型称为 DEM，它从微分角度三维地描述了该区域地形地貌的空间分布。

DTM 的作用包括：

① 给定某种数学方法来拟合地表形态，通过它可求得该区域任一平面位置点的高程，或者推算其他地面特征，如坡度、坡向等。

② 用离散的形式将某一区域内一系列采样点的信息，按照一定的规则存储在计算机中，形成一个有限项的向量序列，通常用 x、y 表示平面坐标，用 z 表示高程。

DTM 按结构形式可以分为以下几类：

① 规则格网 DTM：把数字地面模型覆盖区划分成为规则格网，每个网格的大小和形状都相同，用相应矩阵元素的行列号来实现网格的二维地理空间定位，第三维为专题类型、属性或等级信息的取值。将矩阵相邻行首尾相接，能将二维规则格网简化成为一维序列的数据结构，可顺序存储于磁带。这是 DTM 最常见的结构形式。规则格网 DTM 可直接从各类数据源扫描获取，或由其他结构形式的 DTM 内插变换而成。

② 等值线 DTM:它以平面曲线轨迹的坐标串实现二维地理空间定位,第三维是专题信息类型或属性的取值,如高程数值或地温数值。等值线 DTM 可以直接从航摄立体模型、地形图或其他专题图(如等温线图)沿等值线数字化采集建立,也可以根据原始样点数据或别的结构形式,通过内插计算变换而成。

③ 曲面 DTM:根据 DTM 原始采集数据,按分块或剖分等内插单元展铺的连续曲面:$I = f(x, y)$。这类 DTM 存储内插单元范围的原始样点坐标数据和曲面方程的系数,由它们可计算出内插单元内任一平面点位的第三维坐标数值,如高程、坡度、地磁强度、地阶等。

DTM 数据可以用于解决实际问题,主要的应用有:按用户设定的等高距生成等高线图、透视图、坡度图、断面图、渲染图,与数字正射影像复合生成景观图,或者计算特定物体对象的体积、表面覆盖面积等,还可用于空间复合、可达性分析、表面分析、扩散分析等方面。DTM 在测绘、资源与环境、灾害防治、国防等与地形分析有关的科研及国民经济各领域有着重要作用。

(5) 格网模型

格网模型(Grid Model)与栅格模型相似,同样是直接采用面域或空域枚举来描述空间目标对象。格网模型和不规则三角网模型都是用来表示 DEM 的。一般情况下,栅格模型的每一像元或像元的中心点代表一定面积范围内空间对象或实体的各种空间几何特征和属性特征。而格网模型通常以行列的交点特征值代表交点附近空间对象或实体的各种空间几何特征和属性特征。与栅格模型主要用于图像分析和处理不同,格网模型主要进行等值线的自动生成,坡度、坡向的分析等。栅格模型处理的数据主要来源于航空、航天摄影以及视频图像等,而格网模型则主要来源于原始空间数据的插值。

就目前的发展现状而言,很难用一个统一的数据模型来表达复杂多变的地理空间实体。例如,某些空间数据模型可能很适合于绘图,但它们对于空间分析来说效率却十分低;有些数据模型有利于空间分析,但对图形的处理则不理想。

5.2.1.2 空间数据结构

空间数据模型与空间数据结构是数据模型与数据结构概念在 GIS 领域的应用特例,GIS 学者通常认为空间数据模型是对客观世界地理现象或实体的概念性描述,而空间数据结构是空间数据模型的实现手段,强调其在计算机中的编码、存储与表现方法。Kenn(1997)认为地理信息的表达可以分为三个层次:空间数据模型、空间数据结构和空间数据格式。空间数据模型是一组地理信息的概念视图,如地图专题、离散特征和对象的数据或算法描述。空间数据结构指用于地理信息编码的方法,如弧段—结点、栅格、数据库记录或链接对象。空间数据格式指用于存储和管理地理数据特定的协议或程序,如 GRASS 栅格系统的游程编码(Run-Length)、ArcGIS 系统的 Coverage 文件。

(1) 矢量数据结构

矢量数据结构通常以坐标来定义。一个点的位置可以在二维或三维中由坐标的单一集合来描述;一条线通常由有序的多个坐标对集合来表示;一个面通常由一个边界来定义,而边界是由形成一个封闭的环状的一条或多条线所组成。矢量数据结构记录的是空间实体的空间信息,而属性信息则由 GIS 属性表存储,二者以唯一标识(内部 ID)相连接。所以几何数据、属性数据和唯一标识符构成了 GIS 矢量空间数据的一般内容。

矢量数据结构分为简单数据结构(也称面条数据结构)、拓扑数据结构和曲面数据结构。

① 简单数据结构，又称为 Spaghetti 结构。数据按点、线或多边形为单元进行组织，结构简单、直观，编码方便，数字化操作简单。每个多边形都以闭合线段存储，相邻多边形的公共边界被数字化并存储两次，造成数据冗余浪费空间，碎屑多边形的存在导致双重边界不能精确匹配。点、线、多边形有各自的坐标数据，相互独立，缺乏联系，无拓扑关系。岛作为一个单个图形，没有与外界多边形联系，处理困难。

② 拓扑数据结构，是根据拓扑几何学原理进行空间数据组织的方式，其不仅记录空间位置和几何特性，还记录了空间关系。对于一幅地图，拓扑数据结构仅从抽象概念来理解其中图形元素（点、线、面）间的相互关系，不考虑结点和线段坐标位置，而只注意它们的相邻与连接关系。在 GIS 中，多边形结构是拓扑数据结构的具体体现，根据这种数据结构建立了结点、线段、多边形数据文件间的有效联系，便于提高数据存取效率。

③ 曲面数据结构，用来表达连续分布现象，如地形、降水量、温度、磁场等的覆盖表面，最常见的曲面数据结构是不规则三角网。

（2）栅格数据结构

栅格数据结构是基于栅格数据模型的数据结构。栅格数据结构中，点由一个单元网格表示；线由一串有序的相互链接的单元网格表示，各个网格的值相同；多边形由聚集在一起的相互连接的单元网格组成，区域内部网格值相同，外部不同。每个栅格对应一种属性，其空间位置用行与列表示，网格边长决定数据精度。一般通过保证最小多边形的精度标准来确定网格尺寸，可以有效逼近实体又能最大程度减少数据量。与矢量数据结构相比，栅格数据结构相对简单，基于该结构的空间分析和地理现象模拟均比较容易。缺点是数据存储量大，精度较低，存储量与精度和分辨率有关，分辨率越高，存储量越大，精度越高；分辨率越低，存储量较小，精度较低。

决定栅格单元代码的方式包括中心点法、面积占优法、重要性法、百分比法。

（3）不规则三角网数据结构

不规则三角网（Triangulated Irregular Network，TIN）属于"曲面数据结构"的一种，是根据区域的有限个点集将区域划分为相连的三角面网络，三角面的形状和大小取决于不规则分布的测点的密度和位置。TIN 常用来拟合连续分布现象的覆盖表面，能够避免地形平坦时的数据冗余，又能按地形特征点表示数字高程特征。

不规则三角网数据结构设计中需要考虑的因素：

① 占用的内存空间；

② 是否包含三角网中的各三角形、边及结点间的拓扑关系；

③ 数据结构使用的效率。

在所有可能的三角网中，狄洛尼（Delaunay）三角网在地形拟合方面运用得较普遍，因此常被用于 TIN 的生成。在狄洛尼三角网中每个三角形可视为一个平面，平面的几何特征完全由三个顶点的空间坐标值 (x,y,z) 所决定。存储的时候，每个三角形分别构成一个记录，每个记录包括：三角形标识码、该三角形的相邻三角形标识码、该三角形的顶点标识码等。顶点的空间坐标值则另外存储。

不规则三角网的用途：

① 利用这种相邻三角形信息，便于连续分布现象的顺序追踪和查询检索，例如对等高线的追踪。

② 利用这种数据结构,可方便地进行地形分析,如坡度和坡向信息的提取,填挖方计算,阴影和地形通视分析,等高线自动生成和三维显示等。

5.2.2 矢量数据组织和存储

海洋数据组织首先确定数据模型,其次选择和该模型相对应的数据结构来组织实体的数据,最后选择适合于记录该数据结构的文件格式或编码方式。

在计算机中,现实世界是以各种数字和字符形式来表达和记录的,为了将空间数据存入计算机,一般采用逻辑分层的方法进行数据组织,分层的方法包括:① 按专题分层;② 按时间序列分层;③ 以地面垂直高度分层。

5.2.2.1 矢量数据的组织方式

将空间数据从逻辑上抽象为不同的层,将层的地理要素分解成点、线或面状目标,其中地理实体相邻两个结点间的一个弧段是基本存储目标,每个目标由定位数据、属性数据和拓扑数据组成。最后对目标进行数字表示,对每个弧段或目标分配一个用户标识码(User-ID),弧段的位置和形状由一系列(x,y)坐标定义,弧段的拓扑关系由始结点、终结点、左多边形和右多边形四个数据项组成,弧段的属性数据存储在相应的属性表中。每个弧段的空间特征和属性特征通过用户标识码进行连接。

由基本目标构成海洋数据库的逻辑过程为:具有相同分类码的同类目标组成类型,一类或相近的若干类构成数据层,若干数据层构成图幅,全部数据组成数据库,如图5-9所示。

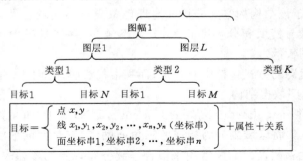

图 5-9 矢量数据的组织与存储

5.2.2.2 海洋矢量数据的组织

传统的海洋数据管理中,矢量数据都是采用文件方式进行管理的。这种方式将矢量数据的几何图形和属性分别以不同的形式存储,采用文件系统管理几何图形数据,采用 RDBMS 管理属性数据,几何图形数据和属性数据之间的联系通过目标标识或者内部连接码进行连接。但是在存储、组织和管理海量矢量数据时存在许多问题,所以将面向对象的数据组织管理方法逐渐引入到海洋数据管理领域。

随着海洋数据量的增大,海洋空间数据管理采用两种方式:一种是基于成熟文件的组织管理,另一种是基于数据库的组织管理。

(1)海洋数据文件组织方式

常见的海洋矢量数据文件包括 Spaghetti、Coverage、TIGER、Shapefile 等。在海洋数据文件中,空间数据与属性数据分别存储在不同但相互关联的文件中。属性存储方式有两种:混合系统(Hybrid System)和集成系统(Integrated System)。混合系统是空间数据和属性数据分别采用不同的模型进行储存,集成系统则是使用同一数据模型管理和存储空间和属性数据。

（2）海洋数据库组织方法

① 海洋数据库建库。在构建空间数据库时,要求空间对象数据集和空间对象图层中采用的名称与数据库标准设计相一致,以保证后续空间数据的顺利导入。属性数据库建库的步骤如下:设计不同专题的多源海洋数据概念模型;生成物理模型,其中包括了软件和数据存储结构,生成的对象主要有表、字段、主键和外键、参照、索引等;将多源海洋数据概念模型转换为物理模型,将物理模型转换为数据库,运用工具生成 SQL 语句,直接在数据库中建立数据表、触发器和规则;将建好的数据结构导入到 Oracle 数据库中,生成所需的属性数据库。

② 空间数据入库。空间数据入库可以利用 ArcCalog 的数据加载功能直接进行数据的装载导入。在加载对应的原始数据时,需要将原始数据的属性字段与数据库中对应空间图层的目标字段进行配对,然后完成图形对象及其携带的属性信息的导入。如果因数据字段类型不匹配造成入库失败,可以在数据库空间图层中添加新字段,使原数据和目标数据字段一致后再导入。

③ 属性数据库入库。属性数据入库采用两种方式实现:针对按照标准数据集格式规整好的专题属性数据,将其加载到数据库中,数据加载工具采用模板定义的方式,需先定义模板、行规整、列规整、块规整和组规则,然后再进行加载;针对特殊的数据,首先把属性数据调整为符合二维范式的关系型数据行列结构,然后采用自己定制程序的方式,将数据导入数据库中,完成属性数据的入库工作。

5.2.2.3　矢量数据编码和存储

矢量数据编码方式包括点实体、线实体、多边形编码,其中多边形编码方法主要有坐标序列法、树状索引编码法、拓扑结构编码法等。

（1）点实体编码

点实体的类型分为简单点、文本点、结点,其编码方法如图 5-10 所示。

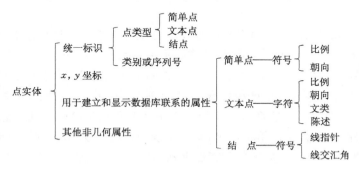

图 5-10　点实体编码

（2）线实体编码

对于线实体,就是用一系列足够短的小线段首尾相接表示一条曲线,当曲线被分割成多而短的线段后,这些小线段可以近似地看成直线段,而这条曲线也可以足够精确地由这些小直线段序列表示,线实体编码时只记录这些小线段的端点坐标,将曲线表示为一个坐标序列。

线实体编码包括唯一标识码、线标识码、起始点、终止点、坐标对序列、显示信息、非几何属性等,如图 5-11 所示。唯一标识码是系统排列序号;线标识码可以标识线的类型;起始点和终止点号可直接用坐标表示;显示信息是显示时的文本或符号等;与线相联系的非几何属性可以直接存储于线文件中,也可单独存储,而由标识码联接查找。

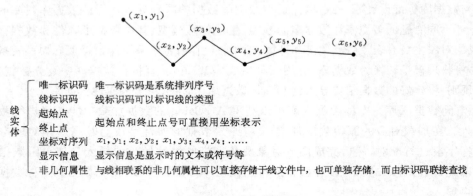

图 5-11　线实体编码

（3）多边形坐标序列法编码

矢量数据中的多边形是指一个任意形状、边界完全闭合的空间区域,其边界将整个空间划分为外部和内部。多边形数据是描述地理信息的最重要的一类数据,在区域实体中,具有名称属性和分类属性的多用多边形表示,如行政区、土地类型、植被分布等。

多边形矢量编码不但要表示位置和属性,更为重要的是要能表达区域的拓扑性质,如形状、邻域和层次等。由于要表达的信息十分丰富,基于多边形的运算多而复杂,因此多边形矢量编码比点和线实体的矢量编码要复杂得多。多边形矢量编码除有存储效率的要求外,一般还要求所表示的各多边形有各自独立的形状,可以计算各自的周长和面积等几何指标;各多边形拓扑关系的记录方式要一致,以便进行空间分析;要明确表示区域的层次,如岛—湖—岛的关系等。

坐标序列法(Spaghetti)编码由多形边的(x,y)坐标对集合及说明信息组成,是最简单的一种多边形矢量编码。坐标序列法以点、线或多边形为单元进行数据组织,每个多边形都以闭合线段存储,相邻多边形的公共边界被数字化并存储两次,碎屑多边形的存在导致双重边界不能精确匹配。点、线、多边形有各自的坐标数据,相互独立,缺乏联系,无拓扑关系。岛作为一个单个图形,没有与外界多边形联系,处理困难。这种方法可用于简单的粗精度制图系统中。

坐标序列法的优点是文件结构简单,易于实现以多边形为单位的运算和显示;缺点是:① 多边形之间的公共边界被数字化和存储两次,由此产生冗余和碎屑多边形;② 每个多边形自成体系而缺少邻域信息,难以进行邻域处理;③ 岛只作为一个单个的图形建造,没有与外包多边形的联系;④ 不易检查拓扑错误。

采用坐标序列法对图 5-12 进行编码如下:

$P_1 : X_1, Y_1; X_2, Y_2; X_3, Y_3; X_4, Y_4; X_5, Y_5$

$P_2 : X_6, Y_6; X_7, Y_7; X_8, Y_8; X_9, Y_9; X_{10}, Y_{10}; X_{11}, Y_{11}; X_{12}, Y_{12}; X_{13}, Y_{13}; X_{14}, Y_{14}$

$P_3 : X_6, Y_6; X_{14}, Y_{14}; X_{15}, Y_{15}; X_{16}, Y_{16}; X_{17}, Y_{17}; X_{18}, Y_{18}; X_{19}, Y_{19}; X_7, Y_7$

（4）点位字典编码法

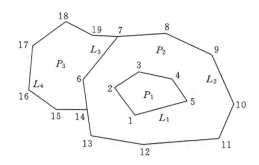

图 5-12 多边形的坐标序列编码法

前三种编码方法分别是矢量数据的点、线、面的坐标序列编码（Spaghetti），为了克服其数据冗余的缺点，可采用公用点位字典法。点位字典法包含地图上每一个边界点的坐标，即点位字典，然后建立点、线、多边形的边界表，它们由点位序号组成，其编码原理如下所示。

① 点位字典：点号,(X,Y);

② 点对象：唯一标识码,要素编码,点号;

③ 线对象：唯一标识码,要素编码,（点号 1,点号 2,…,点号 n）;

④ 面对象：唯一标识码,要素编码,（点号 1,点号 2,…,点号 n,点号 1）。

采用点位字典编码法对图 5-12 中的矢量多边形进行编码,得到的结果如表 5-2、表 5-3所示。

表 5-2 点 位 字 典

点号	1	2	3	4	5	…
坐标	X_1,Y_1	X_2,Y_2	X_3,Y_3	X_4,Y_4	X_5,Y_5	…

表 5-3 多边形对象点位字典法编码

目 标	序 号
P_1	1,2,3,4,5,1
P_2	6,7,8,9,10,11,12,13,14,6
P_3	6,14,15,16,17,18,19,7,6

点位字典法消除了多边形边界的裂隙和坐标数据的重复存储,但它仍然没有建立各个多边形对象间的空间关系。

（5）树状索引法

多边形的树状索引编码法,对所有边界点进行数字化,将坐标对以顺序方式存储,由点索引与边界线号相联系,以线索引与各多边形相联系,形成树状索引结构。采用树状索引以减少数据冗余并间接增加邻域信息。用树状索引法对图 5-12 所示多边形进行编码,得到的树状索引如图 5-13、图 5-14 所示,其编码文件如表 5-4～表 5-6 所示。

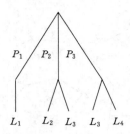

图 5-13　多边形与边界线之间的树状索引

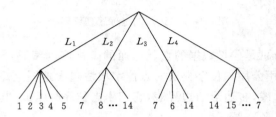

图 5-14　边界线与点之间的树状索引

表 5-4　　　　　　　　　　　　　　　　**多边形文件**

多边形编号	P_1	P_2	P_3
多边形边界	L_1	L_2 , L_3	L_3 , L_4

表 5-5　　　　　　　　　　　　　　　　**线　文　件**

线号	起点	终点	点号
L_1	1	5	1, 2, 3, 4, 5
L_2	7	14	7, 8, 9, 10, 11, 12, 13, 14
L_3	7	14	7, 6, 14
L_4	14	7	14, 15, 16, 17, 18, 19, 7

表 5-6　　　　　　　　　　　　　　　　**点　文　件**

点号	1	2	…	19
坐标	X_1 , Y_1	X_2 , Y_2	…	X_{19} , Y_{19}

　　树状索引编码的优点是消除了相邻多边形边界的数据冗余和不一致问题,在简化过于复杂的边界线或合并相邻多边形时可不必改造索引表,邻域信息和岛状信息可以通过对多边形文件的线索引处理得到。但树状索引编码比较烦琐,因而给相邻函数运算、消除无用边、处理岛状信息以及检查拓扑关系带来一定的困难,而且两个编码表都需要以人工方式建立,工作量大且容易出错。

　　(6)拓扑结构编码法

拓扑结构编码法是通过建立一个完整的拓扑关系结构,以解决邻域和岛状信息处理问题的方法。拓扑结构应包括以下内容:多边形标识、外包多边形指针、邻接多边形指针、边界链接、范围(最大和最小 x、y 坐标值,即外包矩形信息)。拓扑结构编码法的特点是点是相互独立的,点连成线,线构成面;每条线始于起始结点(FN),止于终止结点(TN),并与左右多边形(LP、RP)相邻接;构成多边形的线又称为链段或弧段,两条以上的弧段相交的点称为结点,由一条弧段组成的多边形称为岛;不含岛的多边形称为简单多边形,表示单连通区域;含岛的多边形称为复合多边形,表示复连通区域;复连通区域包括外边界和内边界。

拓扑结构编码的基本元素包括:

结点(Node):有特定的位置,由其坐标确定。

弧段(Arc):由一系列坐标点(首尾结点、中间结点)表示。

多边形(Ploy):由一组封闭的弧段序列加上内点(标识点)表示。

弧段是数据组织的基本对象。弧段文件由弧段记录组成,每个弧段记录包括弧段标识码、起结点(FN)、终结点(TN)、左多边形(LP)、右多边形(RP)。结点文件由结点记录组成,包括每个结点的结点号、结点坐标及与该结点连接的弧段标识码。多边形文件由多边形记录组成,包括多边形标识码、组成该多边形的弧段标识码以及相关属性等。采用拓扑结构编码法对图 5-15 中的多边形进行编码得到的结果如表 5-7～表 5-9 所示。

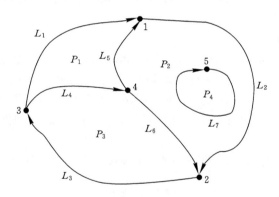

图 5-15　拓扑结构编码

表 5-7　　　　　　　　　　　　　　**结点—弧段拓扑关系**

结点	1	2	3	4	5
弧	L_1,L_2,L_5	L_2,L_3,L_6	L_1,L_3,L_4	L_4,L_5,L_6	L_7

表 5-8　　　　　　　　　　　　　　**弧—面拓扑关系**

弧段	左面	右面	起点	终点
L_1	—	P_1	3	1
L_2	—	P_2	1	2
L_3	—	P_3	2	3

续表 5-8

弧段	左面	右面	起点	终点
L_4	P_1	P_3	3	4
L_5	P_1	P_2	4	1
L_6	P_2	P_3	4	2
L_7	P_2	P_4	5	5

表 5-9 面—弧拓扑关系

面号	弧数	弧号
P_1	3	L_1, L_4, L_5
P_2	3	$L_5, L_2, -L_6$
P_3	3	L_3, L_4, L_6
P_4	1	L_7

拓扑结构编码法可以较好地解决空间关系查询等问题，消除了数据的冗余和歧异，但增加了算法的复杂性和数据库的大小，操作复杂。

拓扑结构编码法包括双重独立编码（DIME）、多边形转换器（POLYVRT）、地理编码和参照系统的拓扑集成（TIGER）等。

（7）双重独立式编码

双重独立式编码（Dual Independent Map Encoding，DIME）是美国人口调查局在人口调查的基础上发展起来的，它通过有向编码建立了多边形、边界、结点之间的拓扑关系，DIME 编码成为其他拓扑编码结构的基础。DIME 数据文件的基本元素是由始末点定义的简单线元素，复杂的曲线则由许多这种线元素组成，每条线元素有两个指向结点的指针和线元素两边的多边形编码。

用双重独立式编码对图 5-12 进行编码，得到的文件如表 5-10 所示

表 5-10 双重独立编码

线号	起点	终点	左多边形	右多边形
L_1	1	5	P_2	P_1
L_2	7	14	—	P_2
L_3	7	14	P_2	P_3
L_4	14	7	—	P_3

双重独立编码的优势是利用拓扑关系来组织数据，可以有效地进行数据存储正确性检查，便于数据进行更新和检索；其缺点是由于这种数据结构中没有链反向结点及链指向邻近链的指针，因此要花很多时间去查找组成多边形的各条边界线。此外，简单线元素结构法使复杂曲线的处理十分不方便，因为有大量的多余数据同时存储于数据库中。

（8）链式双重独立式编码

链状双重独立编码是 DIME 编码的一种改进。在 DIME 中，一条边只能用直线两端点

的序号及相邻的面域来表示,而在链状双重独立式结构中,将若干直线段合为一个弧段(或链段),每个弧段可以有许多中间点。链状双重独立式数据结构中,主要有 4 个文件:多边形文件、弧段文件、弧段坐标文件、结点文件。采用链式双重独立编码对图 5-15 中的图形进行编码,所得到的文件如表 5-11~表 5-14 所示。

表 5-11　　　　　　　　　　　　　多边形文件

多边形号	弧段号	周长	面积	……
P_1	L_1, L_5, L_4			
P_2	L_2, L_6, L_5			
P_3	L_6, L_3, L_4			
P_4	L_7			

表 5-12　　　　　　　　　　　　　弧 段 文 件

弧段号	起点	终点	左多边形	右多边形
L_1	3	1	—	P_1
L_2	1	2	—	P_2
L_3	2	3	—	P_3
L_4	3	4	P_1	P_3
L_5	4	1	P_1	P_2
L_6	4	2	P_2	P_3
L_7	5	5	P_2	P_4

表 5-13　　　　　　　　　　　　　弧段坐标文件

弧段号	L_1	L_2	L_3	L_4	L_5	L_6	L_7
点号	3,1	1,2	2,3	3,4	4,1	4,2	5

表 5-14　　　　　　　　　　　　　结 点 文 件

结点号	结点坐标	弧段
1	X_1, Y_1	L_1, L_2, L_5
2	X_2, Y_2	L_2, L_3, L_6
3	X_3, Y_3	L_1, L_3, L_4
4	X_4, Y_4	L_4, L_5, L_6
5	X_5, Y_5	L_7

　　矢量编码保证了信息的完整性和运算的灵活性,这是由矢量结构自身的特点所决定的。目前并没有统一的最佳的矢量结构编码方法,在具体工作中应根据数据的特点和任务的要求而灵活设计。

　　(9) TIN 数据编码

　　TIN 数据编码类似于多边形网络的矢量拓扑结构编码,不仅要存储每个点的高程,还要存储其平面坐标、三角形及邻接三角形等关系。对图 5-16 中的 TIN 数据进行编码得到的结果如表 5-15、表 5-16 所示。

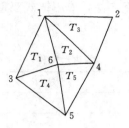

图 5-16　不规则三角网 TIN

表 5-15　　　　　　　　　　　三角形文件

三角形	顶点			邻接三角形		
T_1	3	1	6	—	T_2	T_4
T_2	6	1	4	T_1	T_3	T_5
T_3	1	2	4	—	—	T_2
T_4	3	6	5	T_1	T_5	—
T_5	6	4	5	T_2		T_4

表 5-16　　　　　　　　　　　点　文　件

1	X_1	Y_1	Z_1
2	X_2	Y_2	Z_2
3	X_3	Y_3	Z_3
4	X_4	Y_4	Z_4
5	X_5	Y_5	Z_5
6	X_6	Y_6	Z_6

5.2.3　栅格数据组织和存储

5.2.3.1　栅格数据的组织管理

栅格数据的组织管理一般有 3 种方式：采用文件系统进行组织管理、采用数据库引擎和关系型数据对栅格数据进行组织管理、采用地理数据库进行栅格数据的组织管理。

（1）文件方式

在大型地理数据库出现之前，栅格数据主要是基于文件方式进行管理。这种方式下栅格数据共存一个文件中或者分别存储在不同文件中。在文件方式中，栅格的目录以多行的形式存储于业务表中，而栅格数据集只是业务表中的一个单独行。栅格数据集的表方案与栅格目录的表方案相同，栅格目录中的每行实际上都存储着一个栅格数据集，栅格目录中每个栅格数据集的范围都保留在栅格目录业务表的要素列中。采用这种方式的优点是数据存储、访问方便、灵活;缺点是数据共享、维护困难,安全性差,数据格式复杂,数据转换困难,显示速度慢等,比较适合小型的数据管理系统,桌面单机系统多采用这种方式(胡伟忠,2005)。

（2）基于 ArcSDE 的关系型数据库

栅格数据采用基于 ArcSDE 的关系型数据库进行组织管理,可以提供企业级的功能,包括数据安全、多用户访问和数据共享。之所以采用数据库引擎是为了规避商用关系型数据库对空间数据组织管理的不适合。ArcSDE(其他数据库引擎原理是一样的)即数据通路,是 ArcGIS 的空间数据引擎,它是在关系数据库管理系统中存储和管理多用户空间数据库的通路。从空间数据管理的角度看,ArcSDE 是一个连续的空间数据模型,借助这一空间数据模型,可以实现用关系数据库管理系统管理空间数据库。在关系数据库管理系统中融入空间数据后,ArcSDE 可以提供空间和非空间数据进行高效率操作的数据库服务。基于 ArcSDE 的关系型数据库方式支持众多用户同时并发访问和操作同一数据,栅格数据的存储数量也没有限制,数据增量更新也方便,ArcSDE 还提供了应用程序接口,软件开发人员可将空间数据检索和分析功能集成到自己的应用工程中去;其缺点是只支持部分金字塔的构建。

（3）个人地理数据库方式

最典型的个人地理数据库方式是采用 ArcGIS 的 Geodatabase 存储栅格数据。在个人地理数据库中,栅格数据集被转换为 Image(.img)文件,然后存储到图像数据库(Image Data Base,IDB)文件夹中。IDB 文件夹位于个人地理数据库旁边的目录中。当删除栅格数据时,IDB 文件夹中的栅格将被永久性地删除。在个人地理数据库中存储镶嵌数据集或栅格目录时,它们将以表的形式指向所包含的已存储的栅格数据集。在镶嵌数据集中,栅格数据集以非托管的方式进行存储;而在栅格目录中,栅格数据集的存储方式为托管或非托管均可。如果采用托管的方式,则栅格目录表中的条目将指向 IDB 文件中存储栅格数据集的位置,需组织 IDB 文件夹,以便将其引用至栅格目录的某行处。在非托管的情况下,栅格目录或镶嵌数据包含存储栅格数据集的路径位置。栅格目录业务表中的每行都指向已存储的栅格数据集。在栅格目录或镶嵌数据集上的操作不影响已存储的栅格文件,因此如果删除了镶嵌数据集或栅格目录中的栅格数据集,则这些数据集也只是从栅格目录中删除,而不是从磁盘中删除。将栅格数据集作为属性存储时,栅格将作为.img 文件存储在系统定义的位置,或者存储在文件系统中,这取决于栅格是否为托管,其存储方式与栅格目录相似。个人地理数据库方式的优点是:不需要增加中间件就可以存储栅格数据,可以重新构建整个影像金字塔,其缺点是存储的栅格数据的大小会有限制,也不利于数据的更新。

5.2.3.2　栅格数据的存储

栅格数据结构组织的实质是组织矩阵,使用行列号位置表示每个像元,位置值表示属性或编码值。其组织存储通常有三种方法:① 以像元为记录序列;② 以层为单位,每层以像元为序记录坐标及属性值;③ 以层为单位,每层以目标为序记录坐标及属性值。

（1）栅格数据分块存储

如果将一幅影像作为一条记录插入到数据库表中,虽操作简单,但效率低下。一般情况下,栅格数据根据用户定义的尺寸,将某波段影像分割为像素块,这样可以实现栅格数据的高效存储和检索,因此在栅格影像存储前需要按照一定的规则对影像进行分块。分块规则可以是任意的,但是出于对性能等因素的考虑,必须对分块规则进行约束。首先需要考虑磁盘可读性能和网络传输性能,因为太大或太小的块都将增加整体操作(磁盘读取、内存拷贝、网络传输)时间。其次需要根据多分辨率层次模型,任意尺寸分块不利于建立影像金字塔和四叉树索引(Hacid,2000)。最后要根据研究目的和研究区域的大小进行分块。最理想的块尺寸应该是 2 的整数次幂,例如 128×128 像素。

对海洋遥感栅格数据进行存储时,首先应将栅格按一定的大小(例如 256×256 像素)分割成若干块,一个数据块以一条记录进行存储。采用自左向右自上向下对栅格图像进行分块处理,不到一个数据块的数据按用户设定的大小存储,不足的区域用空值补足。

(2) 栅格数据分级存储

栅格数据分块存储,并不能解决所有应用问题。当前台程序调用分块后存入数据库的栅格数据进行浏览时,分辨率越高,地面细节就越明显,但数据量也越大,速度也慢;而分辨率低一点就会省掉部分细节,相对数据量也会小一些,同时速度亦会有所提升。当视点离地面很远的时候,看到的范围比较大,主要看的是整体效果,完全可以采用分辨率比较低的数据;而当视点离地面比较近的时候,需要采用高分辨率的数据,这个时候观察的范围比较小,要求细节比较明显。因此以数据分块为基础,在数据库中建立多级分辨率影像金字塔,根据不同的显示要求调用不同金字塔层次上的图像数据,从而可使显示漫游的效果和速度得到改善(胡伟忠,2005)。一般根据逐渐减少的分辨率来存储金字塔信息,金字塔的高度由用户指定或由应用程序或系统自动指定的等级数量确定。

(3) 海洋数据的存储要求

为了满足海洋相关领域的应用,实现对各类海洋数据有效且合理存储,还必须注意以下几点:

① 合理性:设计合理的数据结构,这就需要考虑不同数据之间的相互关系和数据交互问题。

② 完整性:能够全面并且完整地存储海洋数据,使其在需要时可以方便地被检索,以便很好地满足有关单位的需求。

③ 独立性:数据体系框架每部分都要具有独立性,能够完成对应的功能。

④ 安全性:数据体系要尽可能地保证管理数据存储以及使用过程中的安全问题,以防发生数据流失,损坏等问题。

⑤ 高效性:要尽可能地节省空间,还要最大程度上提高响应速度,需要在二者之间寻找平衡。

⑥ 可靠性:要考虑数据量增加时数据的加载,要考虑多用户并发操作时数据系统的稳定性。

5.2.3.3 栅格数据的编码

栅格数据结构编码方法有两大类:直接栅格矩阵编码和压缩编码。压缩编码包括链码(Chain Encoding)、游程长编码(Run-length Encoding)、块码、四叉树编码(Quarter-tree Encoding)等。

(1) 栅格矩阵编码(全栅格阵列)

将栅格数据看作一个数据矩阵,逐行(或逐列)逐个记录像元值,如图 5-17 所示,对左图的灰度图像进行全矩阵编码得到结果如右图所示。可以每行从左到右逐像元记录,也可奇数行从左到右而偶数行由右向左记录,为了特定的目的还可采用其他特殊的顺序。

采用全栅格矩阵编码方法,对于同一幅图随着分辨率的增大,数据量也随着呈几何级数

```
0  2  2  5  5  5  5  5        0, 2, 2, 5, 5, 5, 5, 5;
2  2  2  2  2  5  5  5        2, 2, 2, 2, 2, 5, 5, 5;
2  2  2  2  3  3  5  5        2, 2, 2, 2, 3, 3, 5, 5;
0  0  2  3  3  3  5  5        0, 0, 2, 3, 3, 3, 5, 5;
0  0  3  3  3  3  5  3        0, 0, 3, 3, 3, 3, 5, 3;
0  0  0  3  3  3  3  3        0, 0, 0, 3, 3, 3, 3, 3;
0  0  0  0  3  3  3  3        0, 0, 0, 0, 3, 3, 3, 3;
0  0  0  0  0  3  3  3        0, 0, 0, 0, 0, 3, 3, 3.
```

图 5-17　直接栅格矩阵编码

增大。例如,如果每个像元占用一个字节,当分辨率为 10 m 时,一个面积为 100 km^2 的区域就有 1 000 000 个像元,所占存储空间为 1 M 个字节;如果分辨率为 1 m,则同样面积的区域就有 100 000 000 个像元,所占存储空间近 100 MB。

因此栅格数据的压缩是栅格数据结构要解决的重要任务之一。压缩编码目的就是用尽可能少的数据量记录尽可能多的信息,其类型分为:

① 无损压缩编码:编码过程中没有任何信息损失,通过解码操作可以完全恢复原来的信息。

② 有损压缩编码:为了提高编码效率,最大限度地压缩数据,在压缩过程中损失一部分相对不太重要的信息,解码时这部分难以恢复。

GIS 中的压缩编码多采用无损编码,而对原始遥感影像进行压缩时也可以采取有损压缩编码方法。

(2) 链码(FreeMan 链式编码)

链码由起点位置和一系列在基本方向的单位矢量给出每个后续点相对其前继点的可能的 8 个基本方向之一表示。8 个基本方向自 0°开始每间隔 45°按逆时针方向代码分别为 0,1,2,3,4,5,6,7。单位矢量的长度默认为一个栅格单元。如图 5-18 为链码的编码示例。

链式编码的优点是对多边形的表示具有很强的数据压缩能力,且具有一定的运算功能,如面积和周长计算等,探测边界急弯和凹进部分等都比较容易,比较适于存储图形数据;其缺点是对叠置运算如组合、相交等则很难实施,对局部修改将改变整体结构,效率较低,而且由于链码以每个区域为单位存储边界,相邻区域的公共边界被重复存储会产生冗余。

(3) 游程长度编码

游程指相邻同值栅格的数量,游程编码结构是逐行将相邻同值的栅格合并,并记录合并后栅格的值及合并栅格的长度,其目的是压缩栅格数据量,消除数据间的冗余,适合于二值图像数据的编码。游程编码结构的建立方法是:将栅格矩阵的数据序列 $X_1, X_2, \cdots, X_n$ 映射为相应的二元组序列 (A_i, P_i),$i=1, \cdots, K$ 且 $K \leqslant n$。其中 A 为属性值,P 为游程,K 为游程序号。

方法一:只在各行(或列)数据的代码发生变化时依次记录该代码以及相同代码重复的个数,示例如图 5-19 所示。

方法二:逐个记录各行(或列)代码发生变化的位置和相应代码。按列编码的示例如图 5-20 所示。

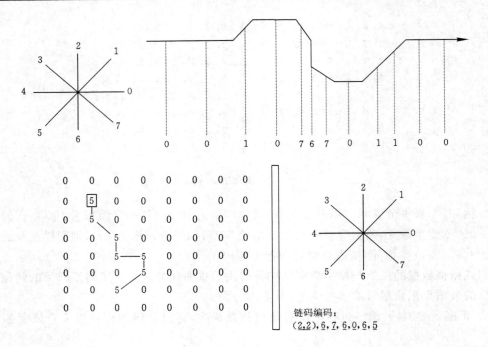

图 5-18　链码编码示例

```
0  2  2  5  5  5  5  5        沿行方向进行编码:
2  2  2  2  2  5  5  5        (0,1),(2,2),(5,5);
2  2  2  2  3  3  5  5        (2,5),(5,3);
0  0  2  3  3  3  5  5        (2,4),(3,2),(5,2);
0  0  3  3  3  3  5  3        (0,2),(2,1),(3,3),(5,2);
0  0  0  3  3  3  3  3        (0,2),(3,4),(5,1),(3,1);
0  0  0  0  3  3  3  3        (0,3),(3,5);(0,4),(3,4);
0  0  0  0  0  3  3  3        (0,5),(3,3)。
```

图 5-19　游程编码示例一

```
0  2  2  5  5  5  5  5        沿列方向进行编码:
2  2  2  2  2  5  5  5        (1,0),(2,2),(4,0);(1,2),
2  2  2  2  3  3  5  5        (4,0);(1,2),(5,3),(6,0);
0  0  2  2  3  3  5  5        (1,5),(2,2),(4,3),(7,0);
0  0  3  3  3  3  5  3        (1,5),(2,2),(3,3),(8,0);
0  0  0  3  3  3  3  3        (1,5),(3,3);(1,5),(6,3);
0  0  0  0  3  3  3  3        (1,5),(5,3)。
0  0  0  0  0  3  3  3
```

图 5-20　游程编码示例二

　　按照第二种方法,按行进行编码的示例如图 5-21 所示。

　　方法三:当栅格数据为规则的数字地形高程时,由于这种类型数据的相邻数据具有高度的相关性,可先通过差分映射进行预处理,然后再采用游程长度压缩编码法进行编码。图

0	4	4	7	7	7	7	7		(1,0),(2,4),(4,7);
4	4	4	4	4	7	7	7		(1,4),(6,7);
4	4	4	4	8	8	7	7		(1,4),(5,8),(7,7);
0	0	4	8	8	8	7	7		(1,0),(3,4),(4,8),(7,7);
0	0	8	8	8	8	7	8		(1,0),(3,8),(7,7),(8,8);
0	0	0	8	8	8	8	8		(1,0),(4,8);
0	0	0	0	8	8	8	8		(1,0),(5,8);
0	0	0	0	0	8	8	8		(1,0),(6,8);

图 5-21　游程编码示例三

5-22 中,右图为对左图栅格数据进行的差分映射,图 5-23 为对差分映射后的栅格所进行的游程编码。

5	10	10	11	12	13		5	5	0	1	1	1
10	20	20	10	10	10		10	10	0	-10	0	0
20	20	20	60	50	20		20	0	0	40	-10	-30
30	30	20	20	20	20		30	0	-10	0	0	0
20	20	40	20	20	20		20	0	20	-20	0	0
20	20	20	20	20	20		20	0	0	0	0	0

图 5-22　游程长度编码前的差分映射

5	10	10	11	12	13		(5,2)	(0,3)	(1,6)	
10	20	20	10	10	10		(10,2)	(0,3)	(-10,4)	(0,6)
20	20	20	60	50	20		(20,1)	(0,3)	(40,4)	(-10,5) (-30,6)
30	30	20	20	20	20		(30,1)	(0,2)	(-10,3)	(0,6)
20	20	40	20	20	20		(20,1)	(0,2)	(20,3)	(-20,4) (0,6)
20	20	20	20	20	20		(20,1)	(0,6)		

图 5-23　游程长度编码示例四

游程编码能否压缩数据量,主要取决于栅格数据的性质,通常可事先测试,估算数据的冗余度:

$$R_e = 1 - \frac{Q}{m \times n} \tag{5-2}$$

式中,Q 为栅格数据中相邻属性值变化次数的累加和;m 为栅格数据的行数;n 为栅格数据的列数。

当 R_e 值大于 1/5 时,表明栅格数据的压缩可取得明显效果。其压缩效果,可由压缩比来表征,即压缩比的值越大,表示压缩效果越显著。

游程压缩编码的优点是压缩效率较高,且易于进行检索、叠加合并等操作,运算简单,适用于机器存储容量小、数据需大量压缩而又要避免复杂的编码解码运算增加处理和操作时间的情况;其缺点是对于图斑破碎、属性和边界多变的数据压缩效率较低,甚至压缩后的数据量比原始数据还大。

（4）块码编码

块码是游程长度编码扩展到二维的情况,采用方形区域作为记录单元,数据编码由初始位置行列号加上半径,再加上记录单元的代码组成。图 5-24 为按照块码方法进行栅格数据的分块和编码。块码具有可变的分辨率,即当栅格数据变化小时图块大,反之,当栅格数据变化大时图块小,以此达到压缩的目的。块码在合并、插入、检查延展性、计算面积等操作时有明显的优越性。

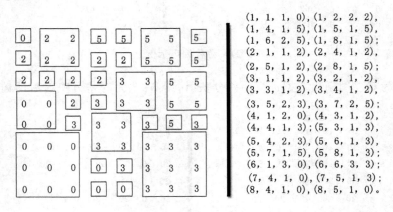

(1, 1, 1, 0), (1, 2, 2, 2),
(1, 4, 1, 5), (1, 5, 1, 5),
(1, 6, 2, 5), (1, 8, 1, 5);
(2, 1, 1, 2), (2, 4, 1, 2),
(2, 5, 1, 2), (2, 8, 1, 5);
(3, 1, 1, 2), (3, 2, 1, 2),
(3, 3, 1, 2), (3, 4, 1, 2),
(3, 5, 2, 3), (3, 7, 2, 5);
(4, 1, 2, 0), (4, 3, 1, 2),
(4, 4, 1, 3);(5, 3, 1, 3),
(5, 4, 2, 3), (5, 6, 1, 3),
(5, 7, 1, 5), (5, 8, 1, 3);
(6, 1, 3, 0), (6, 6, 3, 3);
(7, 4, 1, 0), (7, 5, 1, 3);
(8, 4, 1, 0), (8, 5, 1, 0)。

图 5-24　块码编码示例

（5）四叉树编码

四叉树编码是根据栅格数据二维空间分布的特点,将空间区域按照 4 个象限进行递归分割,直到子象限的数值单调为止,最后得到一棵四分叉的倒向树。各子象限大小不完全一样,但都是同代码栅格单元组成的子块,从上到下、从左到右进行编号,最下面的一排数字表示各子区的代码。为了保证四叉树分解能不断地进行下去,要求图形必须为 $2^n \times 2^n$ 的栅格阵列。凡数值呈单调的单元,不论单元大小,均作为最后的存储单元。这样对同一种空间要素,其区域格网的大小,随该要素分布特征而不同。

① 自上而下的方法。其基本分割方法是将一幅栅格地图或图像等分为四部分,逐块检查其栅格属性值(或灰度)。如果某个子区的所有栅格值都具有相同的值,则这个子区就不再继续分割,否则还要把这个子区再分割成四个子区。这样依次分割,直到每个子块都只含有相同的属性值或灰度为止。由上而下的方法运算量大,耗时较长,建立速度慢。

例如,对一个由 $n \times n (n = 2 \times k, k \geqslant 1)$ 的栅格方阵组成的区域 P,它的四个子象限 (P_a, P_b, P_c, P_d) 分别为:

$$P_a = \left\{ P[i,j] : 1 \leqslant i \leqslant \frac{1}{2}n, 1 \leqslant j \leqslant \frac{1}{2}n \right\} \tag{5-3}$$

$$P_b = \left\{ P[i,j] : 1 \leqslant i \leqslant \frac{1}{2}n, \frac{1}{2}n + 1 \leqslant j \leqslant n \right\} \tag{5-4}$$

$$P_c = \left\{ P[i,j] : \frac{1}{2}n + 1 \leqslant i \leqslant n, 1 \leqslant j \leqslant \frac{1}{2}n \right\} \tag{5-5}$$

$$P_c = \left\{ P[i,j] : \frac{1}{2}n + 1 \leqslant i \leqslant n, \frac{1}{2}n + 1 \leqslant j \leqslant n \right\} \tag{5-6}$$

根据这些表达式可以求得任一层的某个子象限在全区的行列位置,并对这个位置范围内的网格值进行检测。若数值单调,就不再细分。

② 自下而上的方法。设栅格数据为 $A(n, n)(n=2\times k, k\geqslant 1)$，先检测 $A(1,1)$、$A(1,2)$、$A(2,1)$、$A(2,2)$，然后是 $A(1,3)$、$A(1,4)$、$A(2,3)$、$A(2,4)$ 等，若 4 个栅格值相同，则合并；反之，作为 4 个叶结点记录，依此逐层向上递归合并，直到最后生成根结点。自下而上建立四叉树的扫描顺序如图 5-25 所示。由下而上的方法重复计算较少，运算速度较快。

1	2	5	6	17	18	21	22
3	4	7	8	19	20	23	24
9	10	13	14	25	26	29	30
11	12	15	16	27	28	31	32
33	34			......			
35	36			......			

图 5-25　自下而上建立四叉树的扫描顺序

四叉树编码通过树状结构记录这种划分，并通过这种四叉树状结构实现查询、修改、量算等操作。图 5-26 为对栅格数据按四叉树自上而下的方法进行分割的结果，图 5-27 为对分割数据进行四叉树编码的结果。最上面的结点叫根结点，它对应整个图形。此树共有 4 层结点，每个结点对应一个象限，如第 2 层 4 个结点分别对应于整个图形的四个象限，排列次序依次为西南（SW）、东南（SE）、西北（NW）和东北（NE）。不能再分的结点称为终止结点（又称叶子结点），可能落在不同的层上，该结点代表的子象限具有单一的代码，所有终止结点所代表的方形区域覆盖了整个图形。从上到下，从左到右为叶子结点编号，共有 40 个叶子结点，也就是原图被划分为 40 个大小不等的方形子区，最下面的一排数字表示各子区的代码。

2	2	5	5	5	5	5	5
2	2	5	5	2	5	5	5
0	0	3	3	3	3	5	5
0	0	3	3	3	3	5	5
0	0	3	3	5	5	5	5
0	0	0	3	5	5	5	5
0	0	0	0	5	5	5	5
0	0	0	0	5	5	5	5

图 5-26　自上而下进行四叉树分割

四叉树分为常规四叉树、线性四叉树和伪码法等，常用的是前两种，下面介绍其存储方法。

① 常规四叉树，除了记录叶结点之外，还要记录中间结点，结点之间借助指针联系。每个结点通常存储 6 个量：4 个子结点指针、1 个父结点指针（根结点的父指针为空，叶结点的子指针为空）和 1 个结点值。这些指针不仅增加了数据存储量，而且增加了操作的复杂性。常规四叉树主要在数据索引和图幅索引等方面应用。

② 线性四叉树，只需存储最后叶结点信息，每个叶结点存储 3 个量：地址、深度和结点值。深度是指处于四叉树的第几层上，由深度可推知子区的大小。线性四叉树叶结点的编号需要遵循一定的规则，这种编号称为地址码，它隐含了叶结点的位置和深度信息。最常用

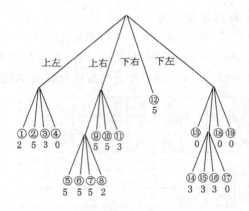

图 5-27 四叉树编码示例

的地址码是四进制或十进制的 Morton 码。Morton 码具有一个非常重要的性质,就是栅格矩阵行号和列号的二进制数据两两交叉组合的十进制数,也即 Morton 码的二进制数奇偶位组合的十进制数分别对应栅格的行号和列号。

四叉树编码的优点是具有可变的分辨率,树的深度随数据的破碎程度而变化,并且有区域性质,压缩数据灵活,许多数据和转换运算可以在编码数据上直接实现,大大地提高了运算效率,并支持拓扑"洞"(嵌套多边形)的表达,是优秀的栅格压缩编码之一。四叉树最大的不足是其不稳定性,即同样的原始数据应用不同的算法进行编码可能会得到不同的编码结果,因此不利于数据分析,而且维护困难,旋转、平移等小的变化导致烦琐的维护过程。

(6)二叉树快速动态编码

常规线性二叉树编码类似矢量数据的树状索引编码,其存在如下缺点:

① 在建立二叉树时,要为存储栅格单元的 Morton 码及其属性的线性表预先开辟空间,占用大量内存。

② 在逐行提取栅格数据时,对每个单元都要计算其对应的 Morton 码值。

③ 对线性表的升序排列需要大量运算。

④ 对已排序的线性表要进行反复扫描,当栅格数据达数以万计时,所需内存和时间难以保证。

为了克服常规线性二叉树存在的缺点,对该方法进行了改进,即采用二叉树快速动态编码。其原理是以堆栈来代替静态的线性表,以十进制 Morton 码(简称 MD 码)顺序反算栅格行列号,提取栅格单元属性值,并同步地对栅格单元进行检测合并,从而动态地建立二叉树。在以 MD 码由小到大顺序提取栅格单元的属性值的过程中,利用栈"先进后出"的特点,通过压缩栈中记录来建立二叉树。当完成对栅格数据的遍历和对栈中记录的压缩后,栈内记录就是所要求的二叉树编码结果。把栈内记录写成文件,便得到了对栅格数据的二叉树编码结构。二叉树快速动态编码主要包括 3 个过程:

① 提取栅格单元:由于 MD 码是由行号和列号的二进制数两两相交叉组合的结果,故可以按 MD 码的顺序,反算栅格数据的行号和列号,以此读取栅格矩阵中对应单元的属性值。

② 入栈:读取单元的属性值后,将 MD 码、属性值和标识初值分别赋值,进而入栈。

③ 压栈：为了实现栅格数据的递归合并，必须对已入栈的记录进行结点合并。当有新记录数入栈时（除非栈内记录为空），需要对栈内记录进行合并压缩。比较栈顶连续 2 个记录的成员是否同时相等为条件进行循环，若不相等，不能压缩，退出循环，提取栅格单元，读取新记录入栈；若相等，则进行压缩，此时移动栈顶指针，使上面的 1 个记录出栈。接着比较栈顶连续 2 个记录成员是否同时相等，此时若不相等，不能再进行压缩，退出循环，提取栅格单元，读取新记录入栈，若相等，则能进行进一步压缩，栈顶指针移动继续下移，上面的 1 个记录出栈，接着进行下一轮循环，直到不能进一步压缩时退出循环，提取栅格单元，读取新记录入栈。如此循环判断，直到遍历完整个栅格数据，同时不能再进行压栈为止。

（7）其他编码方法

栅格数据除了以上所述的编码方法外，还有很多其他编码方法，如傅立叶变换、小波变换、余弦变换等，常用于遥感原始数据的压缩。由于它们多数是有损压缩，一般不用于需要进行分析的栅格数据。在四叉树基础上发展而来的八叉树也是一种重要的三维编码方式。

海图要素的分类和编码是建立数据库的基础，参照电子海图国际标准，海上空间数据库的要素编码方法应该是：先将要素分为几大类，如测量控制点类、自然地理要素类、人工地物类等，每一类给予固定的数字表示。每一类内按照不同性质或不同用途再进行细分，例如助航设备类又可以分为灯塔灯桩类、灯浮标和浮标类、大型浮标类、方位标类、雷达和无线电类、系泊装置类等。每一小类也给予一个固定的数字，在每一个小类下，具体的海图要素由于几何特征不同，可能表现为点、线、面，则可按照顺序规定点状、线状、面状要素的范围。

（8）栅格数据编码方法的比较

① 直接栅格编码简单直观，是压缩编码方法的逻辑原型。

② 链码，压缩效率较高，接近矢量结构，对边界的运算比较方便，但不具有区域性质，区域运算较难。

③ 游程长度编码，在很大程度上压缩数据，又最大限度地保留了原始栅格结构，编码解码十分容易，但对破碎数据处理效果不好。

④ 块码和四叉树编码，具有区域性质，又具有可变的分辨率，有较高的压缩效率。四叉树编码可以直接进行大量图形图像运算，效率较高，是很有前途的编码方法。

5.2.4　海洋数据组织和存储

5.2.4.1　海洋数据组织框架

海洋数据应用框架分为 3 个模块和 3 个处理过程，如图 5-28 所示。

（1）海洋基础数据集

基础数据集用来存储空间数据、原始实测数据、遥感数据集、可作为原始数据的数值产品等，所以又称为原始数据层。

（2）海洋现象数据集

针对科研和应用需要建立的现象数据库，和海洋基础数据集共同构成海洋数据仓库的数据基础。

（3）海洋数据仓库

又称为海洋专题数据集，包括海洋基础数据仓库和海洋现象专题数据仓库。

海洋数据框架的处理过程如下。

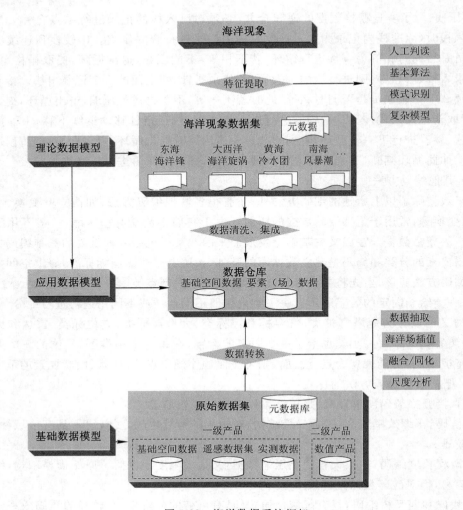

图 5-28　海洋数据系统框架

（1）海洋基础数据采集

按照常规方法进行海洋基础空间数据的采集，包括采用海洋遥感、海洋台站、海洋浮标、海洋船舶报等手段采集的海洋原始数据。海洋基础空间数据集一般具有通用性，不是针对特定研究目的或海洋现象的数据。

（2）海洋特征提取

针对特定海洋现象，比如海洋锋、海洋漩涡，基于海洋数据理论模型进行海洋特征的提取，获得海洋现象数据集。海洋现象数据集具有研究特定海洋现象的针对性，和海洋基础空间数据集有一定区别，但还没达到海洋专题数据仓库的层次。它是针对特定海洋现象提取的，反映海洋现象的本质特征，一般需要采用现场测绘、专业获取手段，例如采用流速断面仪测定某一区域的海洋流场，采用海洋漂流浮标测定特定水团的水文特征等。

（3）海洋数据清洗和转换

不管是由海洋基础空间数据集，还是由海洋现象数据集生成特定专题的海洋数据仓库，都需要经过海洋数据的清洗和转换处理。海洋数据清洗是生成海洋数据仓库必不可少的一步,通过清洗不仅可以清除大误差数据、垃圾数据,还可以用于去除和特定专题无关的数据,生成面向主题的、集成的专题数据库——数据仓库。海洋数据转换是在海洋数据清洗之后进行的,包括海洋数据的空间变换、尺度变换、数据抽取、数据插值、数据融合、数据集成等处理过程。

　　如图 5-28 所示,该海洋数据框架结构以海洋基础空间数据集和海洋现象数据集为基础,以和特定海洋现象相对应的海洋数据仓库为目的,以海洋现象特征识别和提取、海洋数据清洗和转换为手段,符合海洋现象研究的思路,数据框架规范,易于理解和应用。

5.2.4.2　海洋数据管理

（1）海洋基础数据集管理

　　从层次上将海洋基础数据集分为一级产品数据和二级产品数据。一级产品数据主要是指通过各种海洋观测手段所获取的第一手资料——海洋原始数据产品,包括遥感数据、实测数据和各类专题记录数据;二级产品数据主要是指对一级产品数据进行初步加工处理所得到的数据产品,如 NASA 根据 NOAA 的 GAC 数据提取的海表温度数据等。二级数据产品具有一定的专题特征和应用范围,通常在海洋应用中需要将所获得的一级产品数据转化为二级产品数据,如海洋表层温度的反演等。

　　考虑到原始海洋数据集的异质、异构、异源等问题,无法采用统一的数据模型进行有效的组织和管理,所以需要将原始数据按统一的格式进行集成、融合和转换。数据转换的方法和过程,可以根据原始数据的结构和格式采用不同的方法。例如,针对专题要素二级产品数据,可以按照原始分辨率进行数据更新;针对离散形式的实测数据,可以按照模型的最小分辨率进行格网归化;针对渔业生产数据,可以按照最小空间分辨率和最小时间分辨率进行统计汇总等。数据转换和集成后的数据集——海洋基础空间数据集,可采用上述矢量或格网数据结构和编码方式进行组织管理和存储。

（2）海洋现象数据集管理

　　海洋现象数据集和海洋基础空间数据集虽都具有时空动态性特点,但海洋现象数据集的动态变化相比海洋基础空间数据集的变化对特定海洋现象的研究更具重要性。因此,其数据的组织和管理既要保存相关历史数据,又要突出其时间序列和时空变化。可采用时空数据模型和动态数据结构对海洋现象数据进行组织管理。具体应用时可以改进和融合传统的时空模型,例如采用基于格网的时态数据管理模型,采用基于时间序列的快照和修正模型的结合模型。特定的海洋现象完全可以理解为一个海洋时空对象,所以采用面向对象的思想,结合动态时空数据模型,研究针对特定海洋现象的新的数据模型、数据结构进行海洋现象数据的组织、管理,应该成为海洋 GIS 领域的主流方向。

（3）海洋 GIS 数据仓库

　　海洋 GIS 数据仓库的作用是提取出海洋数据中特定主题的有用空间信息,针对这些空间信息的空间特征和统计规律,采用特定的空间分析方法、统计分析方法、可视化表达方法等进行数据分析,为特定主体的海洋现象研究服务。海洋数据仓库具有集成性、稳定性和不断更新的特性。海洋数据仓库通过一个数据库集成器,集成海洋信息相关的空间数据源,这些空间数据源包括多比例尺海洋基础地理数据库、多种类海洋基础资料数据库、多主题海洋现象数据库等。利用海洋 GIS 数据处理工具,对以上数据源进行数据清洗、数据抽取、数据转换等处理方法完成数据仓库的构建。对数据仓库中的主题相关时空数据,采用 GIS 工具、数学模型、统计方法等进行数据分析、可视挖掘，为海洋数据管理和主题研究服务，为开发和利用海洋的应用实践服务。

在海洋数据框架中，还应该注意建立相应的元数据。一般采用元数据库的方式对元数据进行管理，元数据库的设计需要考虑数据源数据库的内容、质量、条件等特征，还要依照我国和国际海洋领域已有的元数据标准。海洋元数据的作用是要实现有效定位、评价、比较和获取综合数据。

将空间数据仓库理论与技术引入我国是 20 世纪 90 年代末期。国内现有的海洋 GIS 时空数据模型，虽然也将数据仓库作为其重要的组成部分，但由于一直以来受数据源的限制，数据仓库并没有得到大规模的应用。随着大数据时代的到来，数据仓库会再次掀起应用的高潮。以上所涉及的海洋数据系统架构，把数据仓库作为架构的中心，它不是海洋 GIS 空间数据库的简单集合，而是面向特定海洋现象应用主题的时空数据库，具有如下特征：

① 多源海洋信息的集合：海洋数据仓库所支持的数据源不仅包括数据库，还包括专有格式的数据文件、文本文件、专题属性数据表等。

② 统一的数据模型：海洋数据仓库针对异质、异构、异源的海洋原始数据集，采用统一的模型框架进行组织管理。

③ 数据和算法的统一：海洋数据仓库存放的不仅是供使用的数据，还有和数据相匹配的处理规则和分析算法。

④ 数据的集成和增值：海洋数据仓库中的数据并不是原始海洋数据的简单归并和累积，而是面向一定海洋应用主题的集成和增值。

⑤ 突出应用主题：海洋数据仓库集成面向海洋应用主题的数据，在针对原始数据的处理过程中，以突出海洋应用主题为目的，进行数据的清洗、抽取、插值、融合、同化和集成。

⑥ 多尺度特征：海洋数据仓库中对于同一主题集成了不同时空尺度的数据，针对不同的海洋现象所需要的时空表现尺度选择不同时空分辨率的数据，进行海洋数据的抽取和概括。

⑦ 时空动态特征：海洋数据仓库中不仅包括不同空间尺度的数据，还包括不同时间粒度的数据，集成了特定主题的时序数据，可以根据需要截取不同时间序列的信息。

⑧ 多维数据特征：海洋数据仓库不仅包含特定海洋主题的时空四维数据，还包括与特定主题相关的其他维度数据，属于时空多维的数据集合。

（4）时空数据组织层次

海洋数据组织分为四个层次，海洋一级数据产品（海洋原始数据集）、海洋二级数据产品，共同构成海洋基础数据集。基于时空动态数据模型管理的海洋现象数据集，是海洋基础数据集和海洋现象数据集经过清洗、抽取、转换、集成的面向海洋应用主题的多维集成数据集。其中，海洋现象特征集是对海洋现象的识别和特征提取，是海洋 GIS 相比于陆地 GIS 所特有的专题数据子集。面向海洋应用主题的多维集成数据集是时空四维和其他属性维的多维数据集合，它与时空数据转换算法、抽取算法、分析算法共同构成了海洋 GIS 时空数据仓库。此外，各层次数据还包括对其自身数据进行描述的元数据。

（5）海洋数据资源的不足

现阶段虽然海洋数据获取技术发展迅速，但海洋数据相比于其他数据还存在不足。标准化的海洋基础地理空间信息资源严重不足，数据更新缓慢；高分辨率的海洋空间信息不足,信息服务体系发展滞后,制约了各领域的应用和相关产业发展;海洋资源信息开发利用和共享水平低,支持海洋空间信息网络共享的标准、规范发展滞后,全国性的海洋信息共享机制和制度尚未确立,低水平重复建设,浪费十分严重。因此,在加大海洋数据获取技术研究和获取成本投入的基础上,研究海洋信息标准化体系、海洋信息管理和共享体系、制定统一的标准和规范,对海洋现象数据集和海洋基础空间信息进行标准化。

5.2.4.3　海洋数据存储

海洋数据根据来源可划分为历史统计数据、数值模式数据、电子海图数据、艇载传感器实测数据等,根据存在状况可划分为静态海洋数据和动态海洋数据。从学科上可分为海洋气象数据、海洋水文数据、海洋地理数据。按照学科划分,海洋数据类型有:海温、盐度、密度、海水声速、海洋声道、声跃层、水色、透明度、风浪、涌浪、热带气旋、潮汐、潮流、海流等。在海洋 GIS 中,按照其数据来源和格式的不同,将多种海洋信息要素划分为背景场数据、模式预报数据及实测数据三类,其中背景场数据又可分为历史统计数据和客观分析数据。以上海洋数据的主要储存方法包括下面几种:

（1）海洋数据库存储方法

对于一些离散的、点特征较为明显的海洋数据,采用数据库存储技术比较适宜。采用数据库存储数据,数据的共享性高、关联性强、独立性好,且可以对数据进行统一控制。传统的关系数据库模型,抽取数据实体和实体间关系,建立相应的数据存储表,将海洋数据分类加载到相应的数据库系统。这种方法需要将大规模海洋科学数据集分类加载至数据库系统中,这将产生巨大的时间、空间资源消耗,降低了存储效率,同时会造成冗余数据列,缺乏对海量数据的快速访问能力,不能有效利用现有并行策略进行数据处理,导致信息系统在大数据量处理上性能不高。面向对象的海洋数据存储技术会成为今后的主流方向。

（2）海洋数据文件存储方法

有些海洋数据是多维的,如潮流、潮汐、海流等海洋要素,其属性随着经度、纬度、水深、时间等的不同而变化,不同的维度会组合出大量的数据,若仍采用对象关系表进行数据组织,会造成大量的数据冗余,其数据组织采用文件存储模型比较适宜。

① NetCDF 文件存储。NetCDF 为网络通用数据格式存储,利用它可以对网格数据进行高效的存储、管理、获取和分发。数据的形状包括单点的观测值、时间序列、规则排列网格以及卫星或雷达影像数据。NetCDF 是一种面向数组型数据的描述和编码标准,目前广泛应用于大气科学、水文、海洋学、环境模拟、地球物理等诸多领域。采用 NetCDF 文件格式存储海流网格数据,包括区域左下角经纬度坐标、网格行列数、网格行宽和列宽、网格点流速和流向等信息。除此之外,还需存储创建时间、坐标单位、精度等属性信息。

② 文本文件存储。存储文件采用.dat 扩展名,每一行存储一条记录。根据水平分辨率和层深,可以计算出总的网格数(经向×纬向×垂向)进而求出记录的行数。数据按照经度、纬度、层深的维度变化顺序进行存储。

③ 二进制文件存储。存储文件采用.dat 扩展名,每条记录长度为 4 个字节。数据按照经度、纬度、层深的维度变化顺序进行存储,层深则从一定数值开始取离散值。每条记录对应一个标号,如(115°,32°,10 m)对应的 num 值为 1。其他比较常见的格式有 ASCII 文件、HDF、格点化的二进制文件 GRIB 等。

5.3 海洋数据索引和查询

5.3.1 海洋数据索引

5.3.1.1 数据索引概述

（1）数据索引的概念

索引是对数据库表中一列或多列的值进行排序的一种结构，使用索引可快速访问数据库表中的特定信息。空间索引是指依据空间对象的位置和形状，按一定顺序排列的数据结构，其中包含空间对象的概要信息，如对象的标识、最小外接矩形及指向空间对象实体的指针，同时空间索引是对存储在介质上的数据位置信息的描述，用来提高系统对数据获取的效率。传统的集中式数据存储方式对于快速获取目标海洋数据存在一定的局限性，然而加快数据访问速度的关键需要建立一个完善的索引机制，避免消耗大量的冗余操作导致的数据定位弱等问题。此外，数据的分析及数据空间划分是否合理，也会直接影响索引结构的性能。由于多源异构的海洋大数据存在着数量庞大、格式不一、质量不高等问题，因此在分布式环境下，综合分析海洋数据特征，形式化描述海洋数据，设计数据动态融合算法及数据自适应划分算法，并定制合理的索引框架，以实现海洋大数据集高度可控的管理需求。

（2）数据索引的意义

随着海洋 GIS 的迅速发展，海洋对象及其查询操作的复杂度越来越高，加上日益增长的海量数据，传统的地理数据库已转向具有更强空间处理功能的空间数据库系统方向发展，对海洋 GIS 数据管理能力也提出更严格的要求。海洋空间数据库很重要的一项服务是要快速响应用户提交的空间查询要求，这依赖于索引数据机制的建立。海洋空间数据库系统不仅要对属性数据作好索引，更要求对空间数据作空间索引（Spatial Index），以便提高各种空间操作的效率。与一般的数据库系统相比，海洋空间数据库系统中海洋对象的表达形式复杂、数据量大，各种空间操作不仅计算量巨大，而且大多具有面向邻域的特点。如果能在各种空间操作之前对操做对象作初步的筛选，则可大大减少参加空间操作的空间对象数量，从而缩短计算时间，提高空间查询的效率。由此产生了空间索引技术，也称空间数据存取技术（Spatial Data Access Method）。

（3）空间数据索引

空间数据（Spatial Data）是指用于表示空间实体的位置、形状、大小及其分布特征等诸多方面信息的数据，它可以用来描述来自现实世界的目标，并具有定位、定性、时间和空间关系等特性。定位是指在一个已知的坐标系里，空间目标都具有唯一的空间位置；定性是指有关空间目标的自然属性，它不随目标的地理位置改变而改变；时间特性是指空间目标是随时间的变化而变化；空间关系是指空间目标相互之间的位置关系，通常指拓扑关系。GIS 通常包含各种大量的空间信息，空间数据索引的建立有利于提高空间数据的存储、检索效率。因此，对空间数据索引模型的研究具有重要的现实意义。

计算机将存储器分为内存外存，而访问外存所花费的时间是访问内存的十万倍以上。在实际的 GIS 应用中，大量的空间数据是存储在外存上的，如果对外存上数据的位置不加以记录和组织，每查询一个数据项就要扫描整个数据文件，这种访问磁盘的代价就会严重影响系统的效率。因此,GIS 必须将数据在磁盘上的位置加以记录和组织,通过在内存中的一些计算来取代对磁盘漫无目的的访问,以便提高系统效率。海洋 GIS 涉及各种海量的复杂空间数据,数据的索引对于系统的处理效率是至关重要的。

（4）空间数据索引现状

计算机的存储器是一维结构,可以非常方便地存储和检索一维数据。空间数据是二维或多维的数据,无法直接存储在计算机存储器中。我们可以利用空间填充曲线,将多维的空间数据映射到一维的存储器中,然后可以按照经典的索引结构对数据进行查询。最简单的空间填充曲线是行序曲线,它的基本思想是先存储第一行,再存储第二行,以此类推,直到所有的数据都存储起来。很多程序设计语言的二维数组也是这样存储的。这种存储方法最简单,容易实现。缺点是丢失了空间特点,不适用空间查询。稍好一点的填充曲线是 Z 序曲线,使用字母 Z 的形状依次存储空间数据。目前效率最高的空间填充曲线是 Hilbert 空间填充曲线,它最大限度地把空间相邻的区域映射到一维空间中相邻的位置。

空间索引是影响整个海洋数据库系统效率的关键,是提高数据库系统执行效率的一种有效工具。海洋大数据主要采用分布式环境,在此基础上的研究包括哈希结构索引、树状索引、以时间为主体的复合索引、基于并行处理技术的优化索引、随数据迁移而动态调节的索引等。MyISAM 等都是具有代表性的复合索引,使用 B 类存储结构,在叶子结点上存放索引键的相关信息以及指针。这类引擎都具有主索引和辅助索引结构,在结构上没有任何区别,只是主索引要求 key 是唯一的,而辅助索引的 key 可以重复,辅助索引 B 树的结构难以处理多属性的海洋数据。KD 树及其变体是一种非平衡的树结构,很难设计高效的搜索算法,却在空间数据有序划分上占有一定的优势。

如何高效地从空间数据库中找到与查询对象相似的对象,即空间数据相似性查询,有着广泛的应用需求,成为空间数据库领域迫切需要解决的问题之一。空间数据相似性查询一般都是通过提取空间数据的特征来进行相似性匹配,如影像检索中通过提取影像的颜色、纹理、形状等可视化特征;矢量检索中通过提取拓扑、方向、度量等的不变量特征作为检索依据,这些特征一般都表达为高维特征向量,因此高维空间数据相似性查询的一个关键问题就是高维空间数据检索。对于高维空间数据索引问题,许多学者做过深入细致的研究并提出一些解决方案和算法。Christian Bohm 等全面总结了用于相似性查询的向量空间高维索引结构和算法;M. Christian 等比较分析了 VA 和 A 树索引方法,提出了 QC 树高维索引结构,并在分析 VA 索引性能的基础上提出了基于主分量排序近似向量的索引方法和用 R 树组织近似向量的 PCR 树索引。还有学者提出用高斯混合模型描述图像库的数据分布,并训练优化的矢量量化器来划分数据空间的矢量量化（Vector Quantization,VQ）索引方法;研究了基于度量空间的高维索引结构,提出了许多基于距离的高维索引结构。以上这些研究工作都为高维空间数据索引的研究做出了贡献,但目前还没有针对相似性查询对高维空间数据索引的系统分类研究,高维空间数据索引与相似性查询的关系仍然模糊不清,制约了相似性查询中索引技术的研究。因此,对相似性查询中索引技术的分类研究具有重要的理论价值和现实意义。

空间数据存取涉及文件结构法、索引文件法和点索引结构法。文件结构包括顺序结构、表结构和随机结构;索引文件包括如 B 树、B＋树等。点索引结构包括栅格索引、KD 树、四叉树、R 树等。

5.3.1.2　空间数据索引模型

（1）向量空间树型索引

向量空间树型索引通过对向量空间分割，递归生成层次表达的树型结构，对数据空间的划分策略包括基于数据分割策略和基于空间分割策略。

（2）基于向量近似的索引

在空间维数很高的情况下，向量空间树型索引结构由于需要遍历树结构中的所有结点，其性能都将低于最原始的顺序查找方法，都存在"维数危机"现象。基于向量近似的索引结构能够在高维情况下取得较好的检索效果，代表性方法是1998年Webe提出的VA-File方法。基本思想是把数据空间的每一维都量化为一定数量的区间，并用比特串来表达。当数据点在某一维上落入某区间时，该维值就用该区间对应的比特串来近似表示，将各维的比特串连接起来，就形成了一个近似向量，将近似向量按顺序排列，形成可用于空间数据检索的VA-File，通过顺序扫描VA-File就能很快定位需要查找的原始数据的位置。

（3）基于距离的索引

空间数据相似性查询中空间对象一般都用高维特征向量来表达，一个重要特点是距离计算代价高。向量空间索引结构根据坐标信息对数据空间进行划分，从而进行过滤和检索，没有考虑高维空间数据高额的距离计算代价，因此影响到对高维空间数据的检索效率。而基于距离的索引通过减少参与相似性匹配计算的特征向量个数，以降低距离计算代价，从而实现对高维空间数据的高效检索。

5.3.1.3　空间数据索引方法

构建空间索引的方式有两种：① 基于空间分割（Space Driven）的索引结构，它主要将2维空间分割成细小的单元，如四叉树索引；② 基于实体对象的索引结构，如R-Tree索引。当前研究的时空索引方法主要是扩展现有的空间索引结构。

（1）对象范围索引

空间对象范围索引的流程如图5-29所示，包括：① 在记录每个空间实体坐标时，同时记录其外接矩形最大最小坐标；② 在检索空间实体时，根据空间实体最大最小范围，预先排除那些没有落入检索窗口内的对象；③ 仅对外接矩形落在检索窗的实体作进一步判断，最

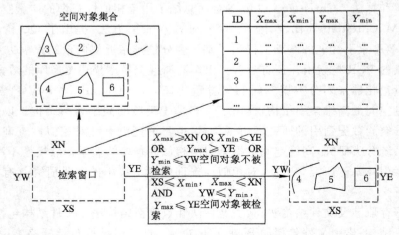

图5-29　空间对象范围索引

后检索出完全落入窗口的对象。

空间对新增范围索引的特点是：① 没有真正创建索引文件，仅增加了对象最大最小范围字段；② 仍需对整个数据文件的空间对象检索，只是某些对象可以直接判别，而有些仍需进行复杂计算才能判别。

（2）四叉树索引

四叉树不仅可以进行栅格编码，还可用于建立空间索引。四叉树索引是使用较多的一种空间索引结构，它是 Finkel 和 Bentley 在 1975 年提出的。四叉树索引根据所有空间对象覆盖范围，进行四叉树分割，尽量使每个子块包含单个实体，根据包含每个实体的子块层数或子块大小，建立索引，如图 5-30 所示。大区域空间实体更靠近树根，小实体位于叶端，以不同分辨率来描述不同实体的可检索性。

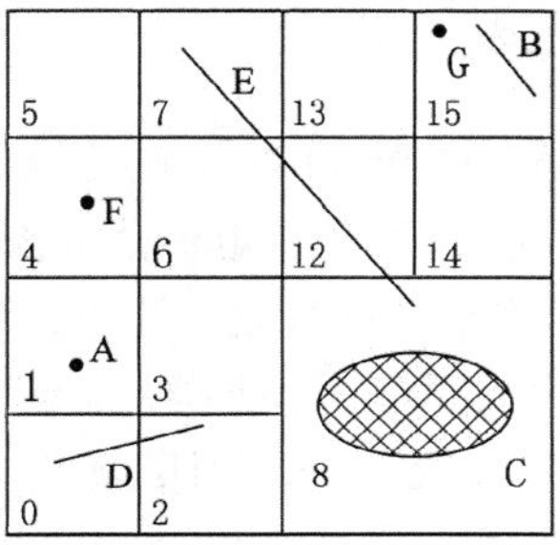

Peano 码	边长	实体
0	4	E
0	2	D
1	1	A
4	1	F
8	2	C
15	1	B、G

图 5-30　四叉树索引

四叉树索引的基本思路是将整个空间分割成四个部分，每一部分作为树的子结点，子结点再递归分割，形成一个四叉分割的树形结构。为计算方便，四叉树通常采用的是正交平均分割，分割的四个部分形状完全相同，分割的方法只与空间有关，与它索引的数据无关，这种基于空间的分割方法，无法兼顾数据的平衡。四叉树是二叉树结构在二维数据上的直接推广，它提高了空间数据的访问效率，但由于空间数据的复杂性，维护四叉树的平衡性非常困难，在某些特殊的情况下，四叉树的效率会降低。

线性四叉树索引与 R-树索引不同的是，四叉树索引是基于空间划分组织索引结构的一类索引机制。它将坐标空间看作是一个矩形，第一层分解时，将其划成四个相等的子矩形，称为象限；在第二层分解时，每个象限又被分成四个子矩形，依次分解，直到遇到终止条件才停止利用四叉树索引。

（3）R 树索引

Guttman 于 1984 年提出 R 树的概念，R-tree 是 B 树在多维数据空间上的扩展，R 树利用空间实体外接矩形建立空间索引，如图 5-31 所示。R 树使用最小外包矩形表示空间对象，它把相近的空间对象分为一组，每个空间里可以有 M 组（M 是 R 树的最大分支数目）数据，这几组数据就是这个 R 树空间的子结点。R 树建立每个实体的外接矩形（Rectangles），通过外接矩形的最大最小坐标检索空间实体。将空间位置相近的实体外接矩形组织为更大的虚拟矩形，对虚拟矩形建立空间索引，指向所包含的实体指针。R 树的层次表达了分辨率信息，每个实体与 R 树结点相联系，这点与四叉树相同。

R-Tree 是 n 叉树，n 称为 R-Tree 的扇（Fan），每个结点对应一个矩形，叶子结点上包含

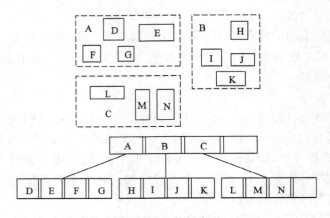

图 5-31 R 数据索引

了小于等于 n 的对象,其对应的矩为所有对象的外包矩形;非叶结点的矩形为所有子结点矩形的外包矩形。R 树空间数据检索流程为:首先判断哪些虚拟矩形落入查询窗口;再判别哪些实体是被检索的内容,提高检索速度。R-Tree 的定义很宽泛,同一套数据构造 R-Tree,不同方法可以得到差别很大的结构。判断 R 树优劣有两个标准:① 位置上相邻的结点尽量在树中聚集为一个父结点;② 同一层中各兄弟结点相交部分比例尽量小。

R 树要求虚拟矩形尽量不相互重叠,且一个空间实体通常仅被一个同级虚拟矩形所包围。但空间对象的复杂性,使虚拟矩形难免重叠,如图 5-32 所示。

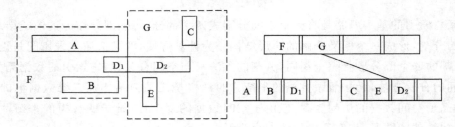

图 5-32 R 树索引虚拟矩形的重叠问题

R 树是一种高度平衡树,不需要定期重建。如图 5-33 所示,索引记录(Index Records)保存在叶结点中,索引记录包含指向数据对象的指针。R 树中的叶结点以下面方式保存条目:(I,Tuple-identifier),其中,I 是一个 n 维矩形,表示空间对象的外廓矩形;Tuple-identifier 是一个指向空间对象的指针。R 树中的非叶结点是这样保存条目的:(I,Child-pointer),其中,I 是其所有子结点的外廓矩形的总外廓矩形。Child-pointer 是指向下一级结点的指针。空间数据一般存在着相互重叠的现象,确定 R 树的分组策略比较难,二维 R 树的子空间还存在重叠现象,这使得 R 树索引的空间范围大于实际需要。

(4) R+ 树索引

1987 年 Timos Sellis 等提出的 R+ 树,R+ 树对 R 树索引进行改进,利用空间对象的分割技术,避免了结点的重叠问题,一定程度上提高了检索效率。R+ 允许虚拟矩形重叠,并分割下层虚拟矩形,允许一个空间实体被多个虚拟矩形包围。在构造虚拟矩形时,尽量保持每个虚拟矩形包含相同个数的下层虚拟矩形或实体外接矩形,以保证任一实体具有相同的检

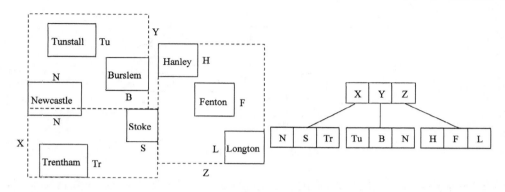

图 5-33　R 树数据存储及索引结构

索时间。

　　主要区别在于 R⁺ 树中兄弟结点对应的空间区域无重叠,这样划分空间消除了 R 树因允许结点间的重叠而产生的"死区域"(一个结点内不含本结点数据的空白区域),减少了无效查询数,从而大大提高了空间索引的效率,但对于插入、删除空间对象的操作,则由于操作要保证空间区域无重叠而效率降低。同时 R⁺ 树对跨区域的空间物体的数据的存储是有冗余的,而且随着数据库中数据的增多,冗余信息会不断增长。

　　对 R 树的结构进行以下三点改变提出了 R⁺ 树:结点不必满足半满状态,即允许 $m<M/2$;所有中间结点不允许出现重叠;一个对象可能存在多个叶子结点中,如图 5-34 所示。

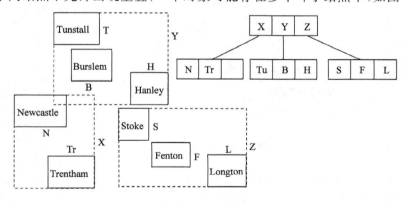

图 5-34　R⁺ 树索引

（5）BSP 树空间索引

　　BSP 树是一种二叉树,它将空间逐级进行一分为二的划分。它是由 Fuch 和 Kedem 在 1980 年首先提出的,其基本思想是基于这样一个事实:任何平面都可以将空间分割成两个半空间,所有位于这个平面的一侧的点定义了一个半空间,位于另一侧的点定义了另一个半空间。此外,如果我们在任何半空间中有一个平面,它会进一步将此半空间分割为更小的两个子空间。我们可以使用多边形列表将这一过程一直进行下去,将子空间分割得越来越小,直到构造成一个二叉树。在这个树中,一个进行分割的多边形被存储在树的结点,所有位于子空间中的多边形都在相应的子树上。当然,这一规则适用于树中每一个结点,如图 5-35 所示。

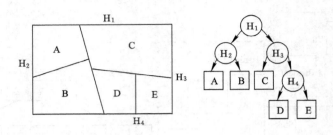

图 5-35　BSP 树空间索引

BSP 树能很好地与空间数据库中空间对象的分布情况相适应，但对一般情况而言，BSP 树深度较大，对各种操作均有不利影响，所以在 GIS 中采用 BSP 空间索引的并不多见。

（6）KD 树索引

Bentley 在 1975 年提出了 KD 树，这是一种特殊的二叉树，适合于索引点数据。KD 树是基于数据的空间分割结构，它首先根据一个数据（点数据）在空间的第一个维度上将空间分割成两部分，这两部分作为子空间（树的子结点），然后每个子空间在第二个维度上再分割，以此类推，如图 5-36 所示。KD 树把空间的多个维度转化为二叉树的深度，这样空间数据就可以用二叉树的算法来访问。但是，由于 KD 树将维度转化到树的深度上，破坏了树结构的概念一致性，从而导致 KD 树无法直接像二叉树那样快速访问。

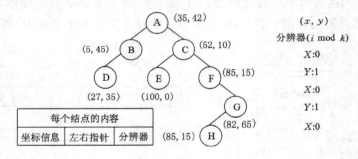

图 5-36　KD 树空间索引

定义：它是 k 维二叉查找树；每个结点表示 K 维空间的一个点；树的每一层都根据这层的分辨器做出分支决策。第 i 层的分辨器定义为 $i \bmod k$。

（7）KDB 树索引

1981 年，John T. Robinson 提出了 KDB 树，试图解决 KD 树无法快速访问的问题。计算机科学中，KDB-tree 是一个用于划分 K 维搜索空间的树形结构，目的是提供平衡 KD 树的搜索效率，同时提供 B 树面向块的存储来优化外部内存的访问。类似于 KD 树，KBD 树组织 K 维空间的点，有助于范围搜索和多维数据库查询等操作。KDB 树通过在某个维度元素的比较将空间划分为两个子空间。使用 2-D-B-tree 举例子，空间划分使用和 KD 树相同的方式：使用某个维度的一个点，其他值要么小于或者大于当前值，分别分到左边和右边的划分平面上。不同于 KD 树的地方是每个半空间不是自己的结点，而是和 B 树类似，KDB 树中的结点以页来存储，树存储一个指针，指向根页。

KDB 树是 B 树向多维空间的一种发展，它对于多维空间中的点进行索引既有较好的动态特性,删除和增加空间点对象也可以很方便地实现。

KDB 树是 KD 树与 B 树的结合,它由两种基本的结构——区域页(Region Pages,非叶结点)和点页(Point Pages,叶结点)组成。点页存储点目标,区域页存储索引子空间的描述及指向下层页的指针。在 KDB 树中,区域页则显式地存储了这些子空间信息。区域页的子空间(如 S_{11},S_{12} 和 S_{13})两两不相交,且一起构成该区域页的矩形索引空间(如 S1)即父区域页的子空间,如图 5-37 所示。

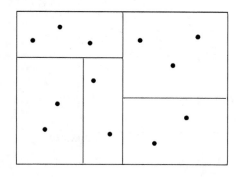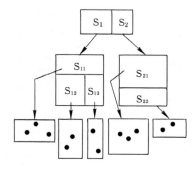

图 5-37　KDB 树空间索引

当向 KDB 树插入元素时,导致结点的规模超过它的最优规模,页面溢出。因为 KDB 树的目的是优化外部内存访问,例如硬盘访问,当结点的规模超过外部内存页大小,一个叶被认为是溢出。通过插入和删除操作,KDB 树保持一些属性:① 该图是一个多叉树,区域页面指向子页面,并且不能为空,点页面是叶子结点;② 对于所有查询,到达叶结点的路径长度是相同的;③ 如果根结点是区域页面,区域的联合是整个搜索空间;④ 当一个区域页面的(Region,Child)对的儿子也是一个区域页面,所有儿子区域的联合是该页面;⑤ 如果儿子是一个点页面,儿子中所有点必须被该区域包含。

(8) CELL 树索引

考虑到 R 树和 R^+ 树在插入、删除和空间搜索效率两方面难以兼顾,CELL 树应运而生。它在空间划分时不再采用矩形作为划分的基本单位,而是采用凸多边形来作为划分的基本单位。具体划分方法与 BSP 树有类似之处,子空间不再相互覆盖,如图 5-38 所示。

CELL 树的磁盘访问次数比 R 树和 R^+ 树少,由于磁盘访问次数是影响空间索引性能的关键指标,因此大大提高了搜索性能,故 CELL 树是比较优秀的空间索引方法。

(9) Hilbert R 树索引

Hilbert R 树是由 Kamel 和 Faloutsos 于 1993 年提出的一个优秀的 R 树变体,它是建立在 R 树基本结构上的一种有效的索引结构,如图 5-39 所示。其主要思想是利用 Hilbert 曲线优良的聚类性质,将高维空间数据映射到一维并保存大部分有效的空间信息,以实现对空间数据的有效组织。因为 Hilbert R 树根据其 Hilbert 编码序列建立的叶结点中所存空间对象在物理存储上也是相邻的,所以在进行相关的空间查询操作所消耗的计算机 I/O 读取次数和磁盘寻道时间都较少,大大提高了对空间数据的查询效率。同时,Hilbert R 树的建树过程采用了批处理的思想,其叶结点的空间利用率几乎达到了 100%,较大程度上降低了树的高度,该特点也对其高效的查询性能有着极其重要的作用。

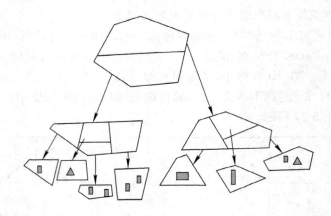

图 5-38　CELL 树索引

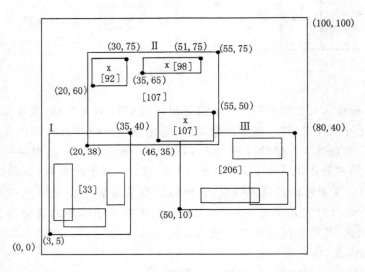

图 5-39　Hilbert R 树中的数据矩形

Hilbert R 树的性能分析与评价:① Hilbert R 树采用批处理的建树策略,减少了建树的时间,提高了建树的效率。② Hilbert R 树利用 Hilbert 曲线的优质特性,将空间对象从多维映射到一维,较好地保持了各对象之间原有的空间关系,使得空间上相邻的对象物理存储位置也基本相邻,有效减少了 I/O 次数和寻道时间。③ 在 Hilbert R 树各层结点中,除最后一个结点未满外,其余结点都是满的。因此,其结点几乎 100% 的空间利用率降低了树的高度,减少了检索时比较的次数,提高了其查询效率。④ Hilbert R 树在进行空间对象的插入操作时,只需进行简单的 Hilbert 码比较就能快速定位,提高了其相关操作的效率。⑤ 因为 Hilbert R 树是一棵静态的 R 树,其各层结点有着接近 100% 的空间利用率,所以不适合进行大量的插入和删除操作。⑥ 由于 Hilbert 曲线在实现从高维到一维的映射过程中,并不能完全保证空间上相邻的对象其对应的 Hilbert 码值也相邻。因此,Hilbert R 树机械地按接近百分之百的空间利用率生成各结点反而会造成结点面积过大,并产生大量的重叠和死空间,尤其在空间对象分布不均匀时,其结点间的重叠更为严重,从而极大地影响了其检索效率。其文件结构如图 5-40 所示。

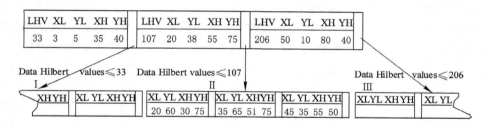

图 5-40　Hilbert R 树的文件结构

（10）FIXED 索引

FIXED 空间数据索引是关系模型的首选数据索引方式，它采用固定网格解决方案。这种索引方式采用相同大小的覆盖图案覆盖一个空间图元，所以这些覆盖图案有相同长度的编码。

以配电网 GIS 的开发为具体实例，如图 5-41 所示，说明了 1013 号空间图元在 FIXED 方式下第一层分解时的情况。在第一层分解时，四个矩形分区中仅有三个与图形相交，所以只有这三个分区的覆盖图案的二维表示存储在 SDOINDEX 表中，其表结构如表 5-17 所示。

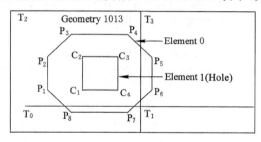

图 5-41　FIXED 索引示意图

表 5-17　　　　　　　　　　　　　采用 FIXED 索引的 SDOINDEX 表

SDO_GID<number>	1013	1013	1013
SDO_CODE<raw>	T_0	T_2	T_3

采用这种固定网格的解决方案，整个坐标空间被递归地剖分，最终这些网格被用来作为多重条目的空间索引，应用非常简便。比如，为空间表 B-DRQ-SX（电容器图层）建立参考树索引，代码如下：

```
CREATE INDEX"BOYE"."B-DRQ-SX"
ON"BOYE"."B-DRQ"("GEOLOC")
INDEXTYPE IS MDSYS . SPATIAL-INDEX
PARAMETERS('SDO-LEVEL＝20 SDO-COMMIT-INTERVAL＝－1')
```

其中，SDO-COMMIT-INTERVAL 指的是提交的时间间隔。

（11）HYBRID 索引

HYBRID索引方式同时使用一个固定网格解决方案和一个可变网格解决方案,SDO-LEVEL决定了固定网格解决方案的剖分次数,SDO-NUMTILES决定了用来覆盖空间图元的覆盖图案的数目,两种方案相结合以更好地模拟图元。如图5-42所示,说明了在对象关系型的应用中OBJ-1空间图元的分解情况(当SDO-LEVEL=1,SDO-NUMTILES=4时)。

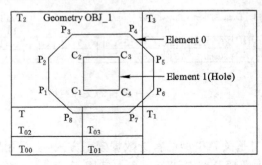

图 5-42　HYBRID索引示意图

在固定网格分解方式下,(T_0,T_2,T_3)三个分区和OBJ-1图形相交,所以这三个分区的二维表示就存储在SDOINDEX表中的SDO-GROUPCODE列中;在可变网格分区下,T_0又被进一步分成四个小区,其中(T_{02},T_{03})和图元相交,那么它们被存储在空间索引表的SDO-CODE列中,其存储表结构如表5-18所示。

表 5-18　　采用 HYBRID 索引的 SDOINDEX 表

SDO_ROWID <raw>	SDO_CODE <raw>	SDO_MAXCODE <raw>	SDO_GROUPCODE <raw>	SDO_META <raw>
GID OBJ1	T_{02}	Binary data	T_0	Binary data
GID OBJ1	T_{03}	Binary data	T_0	Binary data
GID OBJ1	T_2	Binary data	T_2	Binary data
GID OBJ1	T_3	Binary data	T_3	Binary data

HYBRID方式的索引检查比FIXED方式的索引检查要复杂一点,但HYBRID方式下的索引建立和索引大小潜藏着更多的时间和存储效率,而且当图形的变化范围比较大时,HYBRID比FIXED方式显得更具优势。比如,为空间表B-BYQ-SX(变压器图层)建立参考树索引,代码如下:

```
CREATE INDEX"BOYE"."B-BYQ-SX"
ON"BOYE"."B-BYQ"("GEOLOC")
INDEXTYPE IS MDSYS . SPATIAL-INDEX
PARAMETERS('SDO-LEVEL=6 SDO-NUMTILES=12 SDO-MAXLEVEL=32')
```

(12) 格网型空间索引

1984 年,Nievergelt 和 Hinterberger 提出了网格索引的结构,这种索引结构用于优化索引算法对磁盘的访问,具有较好的 I/O 性能。网格文件的基本思想是将空间正交分割成大小相等或不等的网格,在内存中记录每个网格所包含的空间对象。查询时,利用内存中的数据计算出用户查询的数据位于哪些网格中,然后再从磁盘中读入相应网格的数据。

　　格网型空间索引如图 5-43 所示,是将研究区域用横竖线条划分大小相等和不等的格网,记录每个格网所包含的空间实体。当用户进行查询时,首先计算出用户查询对象所在格网,然后再在该格网中快速查询所选空间实体。按格网法划分格网数不能太多,否则索引表本身太大而不利于数据检索。

21	23	29	31	53	55	61	63
20	22	28	30	52	54	C 60	62
17	19	•A 25	27	49	51	57	59
16	18	24	26	48	50	56	58
5	•B 7	13	15	37	39	45	47
4	6	12	14	36	38	44	46
1	3	9	11	33	35• G	41	43
0	2	8	10	32 D	34	40	42

空间索引表

Peano 码	实体
7	B
14	F
15	F
25	A
26	F
32	D
33	D
35	D,G
37	F
38	D
39	F
48	F
50	F
54	C
55	C
60	C

实体索引表

实体	Peano 码
A	25-25
B	7-7
C	54-55
C	60-60
D	32-35
D	35-35
D	38-38
F	14-15
F	26-26
F	37-37
F	39-39
F	48-48
F	50-50
G	35-35

图 5-43　格网型空间索引

（13）多级格网时空索引

　　根据实体的最小边界矩形(MBR)的疏密,来确定多级格网的级别和宽度。将地图按宽度来等分,再将等分的格网细分到所确定的级别。多级格网索引根据实体的 MBR 选择网格级别,如果结点的矩形范围包含实体对象的 MBR 且其子结点的矩形范围与实体 MBR 相交,则实体的格网编码为结点的格网号。多级格网编码采用"Z"字形编码方式,编码以数字组成,编码的位数表示实体所处的网格级别。

　　以图 5-44 为例,实体 B 的格网编码为 333,可以看出实体 B 的网格级别为 3 和其父结点格网编码为 33。多级格网索引与 Quad-Tree 索引有点类似,但在多级格网索引中实体只有一个格网号,减少了数据冗余,提高了查询效率。

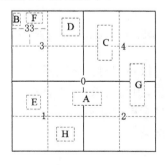

图 5-44　多级格网索引

　　多级格网时空索引记录包含了多级格网实体对象的 ID 号、格网编码、实体的开始时间、实体的结束时间,如图 5-45 所示。

ObjectID	GridNo	Begin—time	End—time

图 5-45　多级格网索引存储

以图中实体的 *MBR* 为例来解释时空索引的算法：假设存在时间 $t_3 > t_2 > t_1$，在开始状态，多级格网索引为空；在时间 t_1，实体 A、B、C、D 插入到索引中；在时间 t_2，实体 E、F 产生，实体 A、B 消亡；在时间 t_3，实体 G、H 产生，D、E 消亡，如图 5-46 所示。

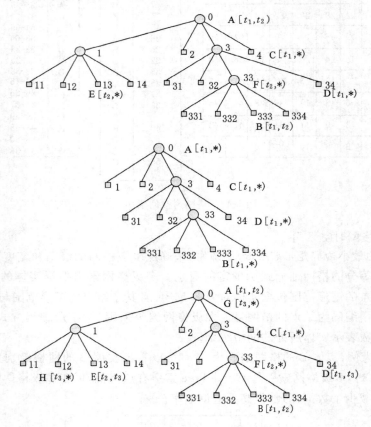

图 5-46　多级格网时空索引

多级格网时空索引的特点：多级格网时空索引通过将数据空间逐层细分来组织数据；结构和操作比较简单，实现比较方便；内存需求小；不存在版本冗余；但是建立树空间索引要预先知道空间对象分布的范围；一旦索引建立后，树的层次即被固定，无法根据数据空间对象数目的变化来调整树高，可调节性差。

5.3.2　空间数据查询

5.3.2.1　数据查询简介

查询检索是数据库的核心应用，也是 GIS 的主要功能，是 GIS 进行高层次分析的基础。查询指的是在数据库中查找满足条件的记录项。空间数据查询属于空间数据库的范畴，指按照给定的条件(属性约束条件、空间约束条件等),从空间数据库中检索满足条件的数据,以回答用户的问题。在数据库上实施的用户问题解答,答案在数据库已存在,没有产生新数据,所以又称为咨询式分析。空间分析首先始于空间查询和量算,它是空间分析的定量基础。查询功能是 GIS 面向用户最直接的窗口。创建查询时我们要确定该查询需要哪些字段,这些字段涉及到哪些表,有些什么约束条件。查询的过程可以总结为:选择查询字段;确定字段所在的表/视图;设定约束条件;运行、保存。

查询的过程分为三类:① 直接复原数据库中的数据及所含信息;② 通过逻辑运算完成一定约束条件下的查询;③ 根据数据库中现有的数据模型,进行有机的组合构造出复合模型,模拟现实世界的系统和现象的结构、功能,预测事务的发生、发展的动态趋势。

5.3.2.2　数据查询模型

Oracle Spatial 采用双层查询模型来实现空间数据的查询和连接:第一层是主过滤(Primary Filter)器,第二层是辅助过滤(Secondary Filter)器,查询模型流程如图 5-47 所示。

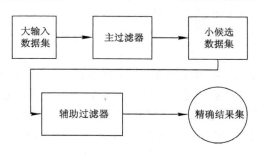

图 5-47　模型流程图

(1) 主过滤器

对一定的空间数据查询,在主过滤阶段,根据空间索引检索出满足条件的候选集,这相当于查询的过滤步骤,它得出的仅是一种近似的图元集合,所以速度快而且消耗低。Oracle Spatial 提供了 SDO FILTER 这个函数进行此阶段的查询,主要用来确定与某一指定空间对象具有相交关系的对象。

(2) 辅助过滤器

第二阶段是提取阶段,辅助过滤器对主过滤得出的候选集进行精确的几何计算,从而得出空间查询的精确结果。此阶段计算复杂、耗时量大,但只用它对较小的候选集进行操作,可以达到比较完美的查询结果。Oracle Spatial 提供了 SDORELATE 函数来执行此阶段的查询,它既可以执行主过滤,也可以执行辅助过滤。

当空间数据以 XML(Extensible Markup Language)文档的形式保存时,对空间数据的查询也应当采用基于 XML 的查询语言。此时,一个 XML 文档可看成是一个数据库,它的 DTD(Document Type Definition)可以看成是数据库模式。通过 XML 查询,可以从 XML 文档中抽取数据,同时还可以翻译不同 DTD 的 XML 数据,集成多个 XML 源。但是由于 XML 查询语言的查询能力有限,为了充分利用现有 GIS 软件的查询处理能力,将复杂的查询下推到 GIS 数据源中进行处理,然后将结果以 GML(Geography Markup LANGUAGE)文档的形式返回给用户。由于要将查询下推,所以需要给出 GIS 数据源的查询处理能力以及目录信息，以便于客户发出的基于 GML 文档的 XML 查询能正确有效地重写为底层数据源所能处理的形式。目录（Catalog）是 GIS 数据源的模式信息，以 DTD 的形式给出，AI 查询能力以函数的形式给出。

5.3.2.3　空间查询类别

按照查询性质和查询目标可以将查询分为以下几种基本方式。

（1）几何参数查询

几何参数查询包括点的位置坐标，两点间的距离，一个或一段线目标的长度，一个面目标的周长或面积等。实现方法是查询属性库或空间计算。

（2）空间定位查询

给定一个点或一个几何图形，检索该图形范围内的空间对象及其属性，可以分为：

① 按点查询：给定一个鼠标点，查询离它最近的对象及属性——点的捕捉。

② 开窗查询：按矩形、圆、多边形查询进行查询。分为该窗口包含和穿过，实现方法是根据空间索引，检索哪些对象可能位于该窗口，然后根据点、线、面在查询开窗内的判别计算，检索到目标，即空间运算方法。

（3）空间关系查询

空间关系查询是查询和分析两个或多个空间目标之间的关系，分为：

① 相邻分析检索：通过检索拓扑关系来得到目标间的关系。包括三种：面—面查询，如查询与面状地物相邻的多边形，实现方法是从多边形与弧段关联表中，检索该多边形关联的所有弧段，或者从弧段关联的左右多边形表中，检索出这些弧段关联的多边形；线—线查询，如与某干流 A 相连的所有支流，实现方法是从线状地物表中，查找组成 A 的所有弧段及关联的结点，从结点表中查询与这些结点关联的弧段；点—点查询，如 A 与 B 是否相通等。

② 相关分析检索：通过检索拓扑关系查询不同要素类型之间的关系，包括线—面（如我国边境线总长度）、点—线（如与某阀门相关的水管）、点—面。

③ 包含关系查询：查询某个面状地物所包含的空间对象。包括：同层包含，如查询某省的下属地区，若建立空间拓扑关系，可直接查询拓扑关系表来实现；不同层包含，如查询某省的湖泊分布，没有建立拓扑关系，实质是叠置分析检索，通过多边形叠置分析技术，只检索出在窗口界限范围内的地理实体，窗口外的实体作裁剪处理。

④ 穿越查询：查询线状目标穿过哪些面状地物。例如，查询某公路穿越了某些县，采用空间运算的方法执行，根据一个线目标的空间坐标，计算哪些面或线与之相交。

⑤ 落入查询：通过空间运算分析出一个空间对象落入哪个空间对象之内。

⑥ 缓冲区查询：查询落入目标特定缓冲区内的地理实体有哪些？此查询方式一般是在缓冲区分析之后进行，根据用户给定的缓冲区半径，形成点、线、面目标的缓冲区多边形，再根据多边形检索原理，检索该缓冲区内的空间实体。

总结起来，简单的点、线、面相互关系的查询包括以下几种：

① 点线查询，如某个结点由哪些线相交而成。

② 点面查询，如某个点落在哪个多边形内。

③ 线点查询，如某条道路上有哪些桥梁、某条输电线上有哪些变电站。

④ 线线查询，如与某条河流相连的支流有哪些，某条道路跨过哪些河流。

⑤ 线面查询，如某条线经过（穿过）的多边形有哪些，某条链的左、右多边形是哪些。

⑥ 面点查询,如某个多边形内有哪些点状地物。

⑦ 面线查询,如某个多边形的边界有哪些线。

⑧ 面面查询,如某个多边形包括哪些多边形。

(4) 属性查询

① 查找,选择一个属性表,给定一个属性值,找出对应的属性记录或图形;在屏幕上已有一个属性表,用户任意点取记录,对应的图形以高亮显示。其实现方法是执行数据库查询语言,找到满足要求的记录,得到它的目标标识,再通过目标标识在图形数据文件中找到对应的空间对象,并显示出来。

② 采用 SQL(Structured Query Language)查询属性,其格式为:"Select 属性项 From 属性表 Where 条件 or 条件 and 条件"。其实现方法是交互式选择各项,输入后,系统再转换为标准的 SQL,由数据库系统执行或 C 语言执行,得到结果,提取目标标识,在图形文件中找到空间对象,并显示。

③ 扩展 SQL 查询属性,空间数据查询语言是通过对标准 SQL 的扩展形成的,即在数据库查询语言上加入空间关系查询,为此需要增加空间数据类型(如点、线、面等)和空间操作算子(如求长度、面积、叠加等)。例如,"查询长江流域人口大于 50 万的县或市",可表示为:"SELECT * FROM 县或市 WHERE 县或市.人口>50 万 AND CROSS(河流.名称="长江")"。此方法的优点是保留了 SQL 的风格,便于熟悉 SQL 的用户掌握,通用性较好,易于与关系数据库连接。

根据查询所输入的数据和结果之间的关系可以将空间查询分为以下几种。

(1) 根据属性查询图形

根据属性查询图形是按属性信息的要求来查询定位空间目标。如在中国行政区划图上查询人口大于 4 000 万且城市人口大于 1 000 万的省有哪些,通过属性查询到结果后,再利用图形和属性的对应关系,进一步在图上用指定的显示方式将结果定位绘出。

(2) 根据图形查询属性

根据图形查询属性是根据对象的空间位置查询有关属性信息。如用户利用光标,用点选、画线、矩形、圆、不规则多边形等工具选中地物,并显示出所查询对象的属性列表,可进行有关统计分析。图形查属性分为两步,首先借助空间索引,在 GIS 数据库中快速检索出被选空间实体,然后根据空间实体与属性的连接关系即可得到所查询空间实体的属性列表。

(3) 根据空间关系查询

此方法是根据地理实体之间的空间关系查询满足条件的对象,并进行空间定位或属性显示。空间实体间存在着多种空间关系,包括拓扑、顺序、距离、方位等关系。通过空间关系查询和定位空间实体是 GIS 不同于一般数据库系统的功能之一。

(4) 根据属性条件查询

根据属性条件的查询是根据属性条件或属性之间的逻辑关系、布尔关系等,查询满足条件的空间目标或属性信息,并对空间目标进行定位、对属性信息进行显示。它不仅仅是由属性查询图形,更强调属性关系或多种属性条件。

(5) 空间关系和属性联合查询

属于复合查询,也是一种比较复杂的查询类型,根据目标之间的空间关系和属性条件双重约束进行查询、定位和显示。传统的关系数据库的标准 SQL 并不能处理空间查询,要实现空间操作,需要将 SQL 命令嵌入一种编程语言中,如 C 语言;而新的 SQL 允许用户定义自己的操作,并嵌入到 SQL 命令中。

（6）地址匹配查询

地址匹配查询根据街道的地址来查询地理实体（主要指兴趣点）的空间位置和属性信息,是 GIS 特有的一种查询功能。这种查询利用地理编码,输入街道的门牌号码,就可知道大致的位置和所在的街区。这种查询也经常用于公用事业管理、事故分析等方面,如邮政、通信、供水、供电、治安、消防、医疗等领域。

5.3.2.4 空间查询方式

在数据库中常用的查询方式有以下五种:

（1）选择查询

选择查询是最常见的查询类型,它从一个或多个表中检索数据,并且可以在更新记录（有一些限制条件）的数据表中显示结果。

（2）参数查询

参数查询指它在执行时将显示对话框以提示用户输入参数。

（3）交叉表查询

使用交叉表查询可以计算并重新组织数据结构,这样可以更加方便地分析数据,如求总和、平均数、计数等。

（4）操作查询

操作查询指的是仅在一个操作中更改许多记录的查询。

（5）SQL 查询

SQL 结构化查询语言,具有数据查询、操作、定义和控制等特点。

（6）超文本查询

图形、图像、字符等皆当作文本,并设置一些"热点"（Hot Spot）,"热点"可以是文本、键等。

（7）可视化查询

可视化空间查询是指将查询语言的元素,特别是空间关系,用直观的图形或符号表示。查询主要使用图形、图像、图标、符号来表达概念。其优点是具有简单、直观、易于使用的特点;缺点是当空间约束条件复杂时很难用图符描述,用二维图符表示图形之间的关系时可能会出现歧义,难以表示"非"关系,不易进行范围（圆、矩形、多边形等）约束,无法进行屏幕定位查询等。

5.3.2.5 标准化查询语言

查询语言是从数据库中请求获取信息的语言,同时支持数据管理和维护等,SQL 是查询语言的代表。1986 年由美国国家标准化协会（American National Standards Institute, ANSI）、国际标准化组织（ISO）批准作为关系数据库查询标准语言。

SQL 查询语言的发展经历了 SQL－86、SQL－89、SQL－92（SQL2）、SQL－99（SQL3 等）。SQL 查询语言已是国际标准,大部分 DBMS 产品都支持 SQL;SQL 已经成为操作数据库的标准语言,包括数据定义、数据操作、数据控制、数据查询等功能。

SQL 查询语言中核心语句是 SELECT 语句,其功能是对一个表查询,以选择表中某些列或行。SELECT 语句一般形式:

SELECT［ALL｜DISTINCT［ON（expression［,...］）］］*｜expression［AS output_name］［,...］［FROM from_item［,...］］［WHERE condition］［GROUP BY expression［,...］］［HAVING condition［,...］］［ORDER BY expression［ASC｜DESC｜USING operator］［,...］］

WHERE 子句中写条件表达式,符合此条件表达式的数据记录将被从数据库选择出来。GROUP BY 子句将结果按<列名>值进行分组,该属性列值相等的元组为一组,占结果表的一条记录。HAVING 子句用于过滤 GROUP By 的分组结果,输出满足指定条件的分组。Order By 子句将结果按<列名>值进行升序或降序排序,升序－ASC(缺省)、降序－DESC。对于空值,若升序,含空值的元组最先显示;若降序,含空值的元组最后显示。

例如,Select * from cities Where City_Name＝"New York"。根据 Where 子句条件,从 FROM 子句的表中找出满足条件的元组,按目标列表达式选出元组中的属性,形成结果表。

SQL 查询可分为简单查询、连接查询、扩展查询和自然语言查询四类。

(1) 简单查询

简单查询截面图如图 5-48 所示。

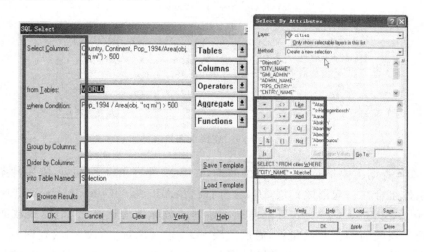

图 5-48　简单查询界面

(2) 连接查询

在 SELECT 语句中基表名多于一个 SELECT 语句条件表达式中要添加匹配不同表的记录的语句。例如,查出美国地图数据中总人口大于 1 000 万且州府人口大于 20 万的洲。

SELECT　　　*

FROM　　　States,　Statecap

WHERE　　　States.state ＝ Statecap.State　　and

　　　　　　States.pop_1990＞10000000　　and

　　　　　　Statecap.pop_1990 ＞200000

结果如图 5-49 所示。

(3) 扩展查询

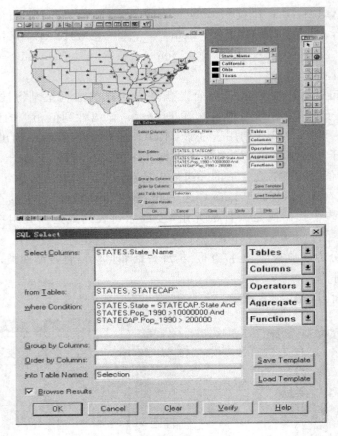

图 5-49　连接查询界面

　　扩展 SQL 查询主要指对空间数据的查询,在 SQL 上扩充了谓词集,将属性条件和空间关系图形条件组合在一起形成扩展 SQL 查询语言:Adjacent、Contain、Cross、Inside、Buffer等。ArcInfo、ArcView、Mapinfo 等都增加了地理函数和地理运算符,地理函数或地理运算符基于地理对象间的相互关系建立,通过扩展 SQL 来实现对空间数据的查询。

　　例如查询美国"I10"号高速公路经过哪几个州,先在美国高速公路中找出"I10"号高速公路,再找"I10"号高速公路经过哪几个州。查询语句如下,其查询界面如图 5-50 所示。

Select ＊

From States

Where States. obj Intersects (Select　obj　from

Us_Hiway　where us_Hiway. highway＝"I10")

　　(4) 自然语言扩展查询

　　在 SQL 扩展查询中可以引入一些自然语言,可以进行基于自然语言的空间查询。下面例子为引入自然语言"温度高的城市",其查询过程如下。

SELECT name

　　FROM Cities

　　WHERE temperature is high

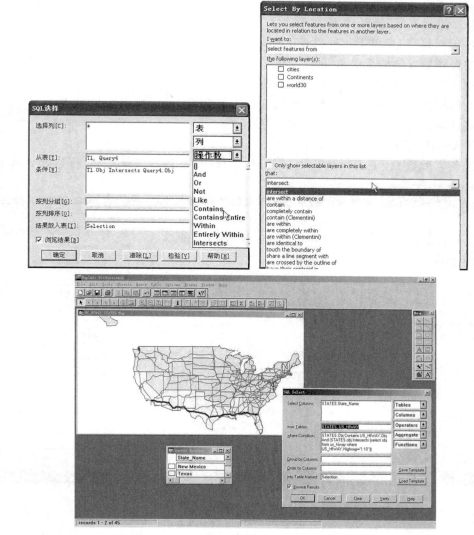

图 5-50　扩展查询过程和结果

SELECT name

　　FROM Cities

　　WHERE temperature $>=$ 33.75

这种查询方式只能适用于某个专业领域的 GIS,而不能作为 GIS 中的通用数据库查询语言。用鼠标点击"热点"后,可以弹出说明信息、播放声音、完成某项工作等。但超文本查询只能预先设置好,用户不能实时构建自己要求的各种查询。

5.3.2.6　空间查询实例

在中国行政区划图上查询满足下列条件的城市:

① 在京沪线的东部;

② 距离京沪线不超过 50 km;

③ 城市人口大于 100 万；

④ 城市选择区域是特定的多边形。

整个查询计算包括以下几种类型和方式：

① 空间顺序方位关系查询（京沪线东部）；

② 空间距离关系查询（距离京沪线不超过 50 km）；

③ 空间拓扑关系查询（使选择区域是特定的多边形）；

④ 属性信息查询（城市人口大于 100 万）。

采用 ArcGIS 软件实现查询过程如下。

① 准备实验数据：中国行政区划矢量图，地级市、铁路的矢量图等，将数据导入 Arc-Map，如图 5-51 所示。

图 5-51　在 ArcMap 中导入数据

② 利用 ArcToolBox——分析工具——提取分析——筛选操作，从中国铁路线中提取出京沪线，如图 5-52 和图 5-53 所示。

③ 对京沪线进行缓冲区分析，利用 ArcToolBox——分析工具——邻域分析——缓冲区制作京沪线 50 km 的缓冲区，按照限定条件主要分析左侧缓冲区，如图 5-54 和图 5-55 所示。

④ 为城市、地级市添加字段 name、population，并根据统计年鉴添加属性数据（图 5-56），利用 ArcToolBox——分析工具——提取分析——筛选操作，提取出人口大于 100 万的城市（图 5-57）。

⑤ 利用叠加分析工具的相交操作（图 5-58），将京沪线东侧缓冲区与人口大于 100 万的城市相交得出符合条件的城市区域，如图 5-59 所示。

查询结果符合条件的城市有：上海，北京，天津，临沂，苏州，徐州，南京，济宁，沧州，济南，无锡，宿迁，泰安，宿州，泰州，淮安，常州，廊坊，枣庄，蚌埠，镇江，德州，淮北，滁州，莱芜。

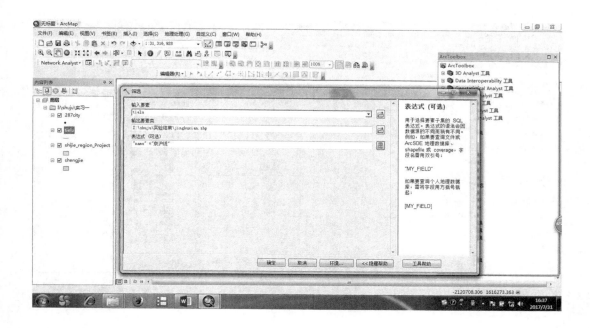

图 5-52　提取分析操作

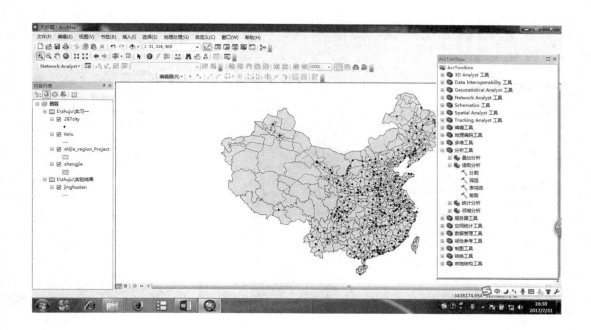

图 5-53　提取京沪线

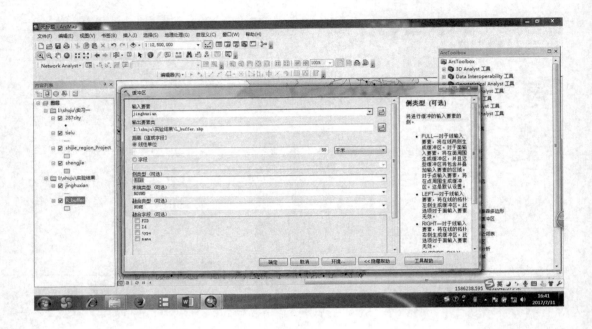

图 5-54　缓冲区分析操作

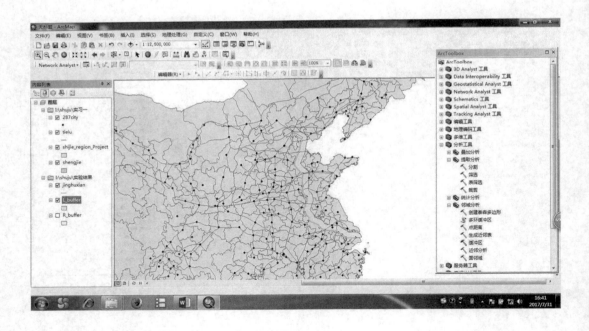

图 5-55　选择左侧缓冲区

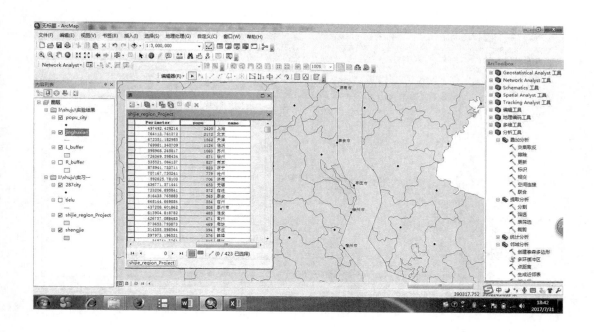

图 5-56　属性数据添加

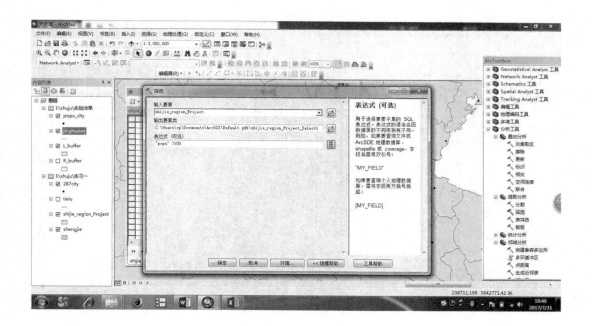

图 5-57　根据属性数据查询

图 5-58　叠加操作

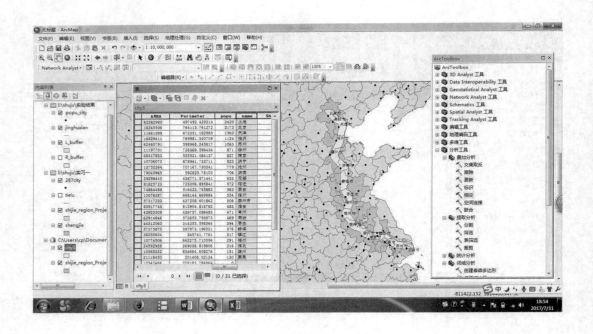

图 5-59　查询结果

5.4　海洋数据共享与发布

5.4.1　海洋数据共享

5.4.1.1　数据共享的优缺点

科研数据管理与共享的有益之处包括：

① 可以进行研究再现或结果验证；

② 让公共资助研究成果为公众所用；

③ 其他科研人员可以利用现有数据提出新的研究问题；

④ 提升创新和研究的水平。

但现在数据共享还存在如下问题：

（1）地球空间信息参照系不统一

没有时空参照系的空间基础地理信息数据是没有任何意义的，目前不同的数据源采用的时空参照系不同，要实现数据集成与共享，必须建立其相互的转换关系。

（2）数据结构和数据格式不同

空间数据结构与空间信息紧密相关，不同的软件系统采用不同的数据结构和不同的数据格式。目前数据交换是通过外部数据交换格式，虽然基本解决了系统间的数据转换问题，但这种方法耗工、耗力，且无法保持数据的正确性和完整性，使得数据共享难以实现。

（3）数据编码差异

空间基础地理信息数据中采用了大量的地理编码，这是对地理对象的抽象和概括，在数据的使用中发挥重要作用。但目前对于地理对象抽象的出发点不同，形成了不同编码方案，也造成空间数据交流和共享困难。

（4）数据语义不一致

空间基础地理信息是对地理目标的观测和量测基础上的抽象和描述，在数据的加工处理过程中，由于对地理目标的认知和处理标准不同，存在对数据元素定义的差异。例如，同义词（同一地理目标，名称不同或类型不同）和多义词（名称一样，而数据内容、类型不同）。

（5）数据质量不一

数据质量包括对数据质量的要求、质量构成元素、质量的评价方法和过程。由于各数据加工过程对数据精度、质量的定义和要求不同，使得加载入库的数据存在精度和质量方面的差异。

（6）数据模型和数据结构的不同

不同的 GIS 厂商和研究单位出于自己的需要，各有一套自己的地理数据模型和数据结构，很少有系统一开始就考虑系统间地理模型的统一和数据结构的兼容。因此，从某种程度上说，各类系统都是一个黑箱，相互间无法透明地获取对方的数据。

5.4.1.2　数据共享的发展

早在 1957 年，为了管理和共享国际地球物理年的科研数据，国际科学联合会理事会（International Council of Scientific Unions，ICSU）成立了世界数据中心（World Data Center，WDC），之后又于 1966 年建立了跨学科的国际科技数据委员会（Committee on Data for

Science and Technology，CODATA），旨在改进数据的管理和可获取性。2003 年柏林会议通过的《柏林宣言》中明确将科研数据作为开放的研究成果之一。2006 年，世界经济合作与发展组织（Organization for Economic Co-operation and Development，OECD）发布了开放获取公共资助研究数据的原则和指南，对开放数据的范围和定义进行明确界定。2013 年 3 月，科研数据联盟（The Research Data Alliance，RDA）成立，宗旨是加快国际范围数据驱动的创新和发现。

美国从 20 世纪 80 年代开始进行数据整合并提供共享，通过建设国家级科学数据中心群，全面铺开实现国家级科学共享，国家统筹规划科学数据的管理，充分发挥各个部门的作用，实行科学数据完全开放政策。主要围绕三个方面开展工作：① 统筹规划数据共享机制和数据共享体系；② 数据共享工作预算和投资保障；③ 数据共享政策法规的制定、完善和监察。在美国国家级科学数据共享体系中，数据标准、数据共享平台、数据共享政策、数据中心管理规范，甚至数据中心管理专家委员会的定期审核制度等均得到统一的规范管理。一度曾各自为政的混乱的数据管理开始走向有序运作的轨道，科学家开始从得不到数据的抱怨走向数据全面的应用，从对地球科学理论模型构建开始走向实际现象的模拟，科学数据的开发水平和开发能力也逐步提高。在这个系统中，美国政府将科学数据管理的分散单位和科学家个人的行为纳入到国家总体行为之中，将美国各个部门的行业行为有机地联系到国家综合行为之中，将国家有关各级科学研究项目的短期行为纳入到国家长期行为之中。这个体系是 21 世纪美国保持科学成就和国家实力始终处于世界领先地位的基本保障，是 21 世纪美国科技、国防、教育、国际事务等诸多领域可持续发展的重要步骤。

澳大利亚政府高度重视信息公开，在政府信息公开方面的主要法律有《档案法》、《信息自由法》、《隐私法》。从 2009 年开始澳大利亚政府积极推广开放数据的理念和行动，发布了开放政府声明，专门建立数据门户网站 data. gov. au，公众可以便捷地访问和获取政府和地区的公共数据集。2013 年 8 月，澳大利亚政府信息管理办公室发布了公共服务大数据战略，该战略以数据属于国有资产、从设计着手保护隐私、数据完整性与程序透明度、技巧资源共享、与业界和学界合作、强化开放数据等六大原则为支撑，旨在推动公共行业利用大数据分析进行服务改革、制定更好的公共政策。

英国政府于 20 世纪 70 年代开始政府信息公开的进程，到 20 世纪末英国立法基本成型，英国政府陆续制定了《公民宪章》、《开放政府》、《信息公开法》等一系列法律法规。2010 年英国政府也建立了 data. gov. uk 网站，保证公共领域数据集的更新和维护。2013 年 6 月 "八国峰会"之后，英国首先提出《八国集团开放数据宪章 2013 年英国行动计划》，做出了有关"开放数据"的六项承诺：① 开放、发布和加强依据八国开放数据宪章认定的 14 个领域的重要的和较高价值的数据集；② 确保所有的开放数据集都发布在官方数据门户网站 data. gov. uk 上；③ 与民间团体组织合作研究应优先开放的数据集；④ 支持国内外开放数据创新者共享实践经验和方法；⑤ 明确英国开放数据工作的目标；⑥ 建立政府开放数据的国家信息基础设施，从公众的需求角度出发，根据公众意见逐步开放有价值的数据集。

5.4.1.3　数据共享技术实现

由于 GIS 技术本身的发展和社会应用的需要，不同系统间数据的共享和应用的互操作正受到越来越多的关注。如成立于 20 世纪 90 年代的国际组织 OGC（Open Geospatial Consortium）联盟，是一个致力于解决 GIS 系统间屏障的一个民间组织，国际标准化组织

ISO 也有专门的部门从事 GIS 技术标准和数据标准的制定。我国的 GIS 产业正进入跨越式发展阶段,国内近年来发展起来的多家 GIS 软件正逐步打破国外系统软件一统天下的局面。对于我国的 GIS 厂商来说,关注和解决空间数据共享和互操作的问题,致力于数据共享和互操作的研究,能使我们少走弯路、直接和国际接轨。我国 GIS 数据共享需要解决以下问题。

① 数据获取手段多源性。GIS 获取数据的手段复杂多样,形成多种格式的原始数据并存,如图表、遥感、GPS、统计调查、实地勘测等。这些不同手段获得的数据,其存储格式、提取和处理手段都各不相同,多数据源的存在,导致了产生多格式 GIS 数据的可能。操作这些数据源的平台往往比较单一,需要 GIS 数据共享机制来解决。

② 多 GIS 平台的存在。GIS 平台作为采集 GIS 数据的重要手段,是影响数据共享的主要原因。近 20 年来,一批自主版权的国产 GIS 软件日趋成熟,与国外知名软件相比,我国 GIS 软件有一个明显的瓶颈问题——数据接口,经常出现数据进不来、出不去或转换过程中信息丢失的问题。这一方面是因为 GIS 软件厂商对数据接口的重视程度不够,另一方面是因为缺少统一的数据标准。加上我国 GIS 应用系统很长一段时间处于以具体项目为中心孤立发展,很多 GIS 软件都有自己的数据格式,这使得 GIS 的数据共享问题变得尤为突出。

考虑数据共享问题,几乎成了开发 GIS 前需要首先考虑的问题。为了解决数据格式差异带来的矛盾,实现多源数据共享,当前的处理方式大致有以下几种:

① 数据格式转换模式:是当前广泛采用的模式。在这种模式下,其他数据格式经专门的数据转换程序进行格式转换后,复制到当前系统中的数据库或文件中。几种重要的空间数据格式有 ESRI 公司的 Coverage、Shapefile、EOO 格式,AutoDesk 的 DXF 格式和 DWG 格式等。

数据在不同系统间转换主要有 3 种实现途径:基于数据交换程序的数据转换;基于工业实用标准的数据转换;基于国家空间数据存储标准的转换。

② 数据互操作模式:所谓互操作,指的是不同用户、应用程序及计算机系统能共享信息并一起工作,而忽略它们使用的桌面设备、联网硬件、各种协议以及运行数据的程序有什么差别。在不同的系统间,利用通用数据的转换标准,实现数据的间接转换。

③ 直接数据访问模式:数据直接访问是指在一个 GIS 软件中实现对其他软件数据格式的直接访问,用户可以使用单个 GIS 软件访问、存取多种数据格式。

④ 采用 Client/Server 体系结构共享:将一个部门的所有空间数据和应用软件模块都共享一个平台,所有的数据都存在 Server 上,各个应用软件都是一个 Client 端的程序,通过这个平台向 Server 中存取数据。这是一种最好的空间数据共享方式,任何一个应用程序所做的数据更新都及时反映在数据库中,避免了数据的不一致问题。但是目前实现起来比较困难,因 GIS 软件厂商一般不愿意丢掉自己的底层,而采用一个公共的平台。

5.4.1.4　海洋数据共享平台

海洋数据共享平台一般是指为海洋数据的获取、加工处理、定制下载、可视化以及专题应用等一体化服务,提供海洋数据信息化、共享化平台支撑。目前海洋数据信息共享平台主要有 B/S 和 C/S 两种模式。海洋数据共享平台建设的目的是通过网络实现涉海院校的海洋调查数据和产品数据共享,为不同用户提供多级海洋数据信息,其主要功能就是面向海洋研究、应用和开发采用 GIS 和数据库复合形式组织与管理各种海洋多维数据,实现海洋 GIS

数据多元浏览和空间查询,快速查找海洋记录和数据集以及基于海洋元数据的数据查询与管理。

国际上,海洋数据共享相关项目研究主要有美国 NOAA 发起的 IOOS(Integrated Ocean Observation System)、美国 NSF 等资助的 MMI、欧盟资助的 XML;国内海洋数据共享平台有科技部的科学数据共享工程——海洋科学数据共享中心等。截至目前,国内外有代表性的海洋数据共享平台有:

(1) National Oceanic and Atmospheric Administration(NOAA)

包括全球海表气象数据、实时天气预报、风暴预警、气候监测、渔业管理、海岸修复、海洋贸易等相关数据。(网址:http://www.noaa.gov/)

(2) National Geophysical Data Center(NGDC)

提供按地图索引的交互式查询地球物理(重力、地磁、沉积物厚度、地震反射数据)、地质(地壳年龄、地质样品索引、大洋钻探数据以及一些测井数据)、测探(多波速、古水深等数据)和环境数据及信息产品等。(网址:http://www.ngdc.noaa.gov)

(3) NASA

提供不同类型卫星遥感资料,包括 MODIS、ARGOS Buoy Drift、AVHRR/2 Sea Surface Temperature、ESRS-1 AMI Wind Vectors、ERS-2 AMI Wind Vectors、GEOSAT Sea Surface Height、SSM/I Wind Speed、TOPEX/Peseidon Sea Surface Heigth(SSH) and Significant Wave Height(SWH)、SeaWift Chlorophyll-a Concentration、TMI Sea Surface Temperature、NOAA/AVHRR、ERS/ATSR、CZCS、GEOS-3、GEOSAT/ALT、IN SITU (buoy data)、NSCAT、NIMBUS-7 SMMR、QuikSCAT、SEASAT、SSM(I)、TOGA、WOCE、TRMM、TOMS 等数据产品以及特定卫星遥感信息和相关调查资料。(网址:http://www.nasa.gov/)

(4) European Centre for Medium-Range Weather Forecasts

包括中期、远程天气预报模式业务数据。(网址:http://www.ecmwf.int/)

(5) World Data Center for Marine Environmental Sciences

提供全球变化和地球系统研究领域中的环境海洋学、海洋地质,海洋生物学等专业数据。(网址:http://www.wdc-mare.org/)

(6) Intergovernmental Oceanographic Commission

提供海洋科学、海洋观测、海洋数据和信息交流以及如海啸预警等海洋信息服务。(网址:http://ioc-unesco.org/)

(7) International Oceanographic Data and Information Exchange

推动和促进交换海洋数据和信息,包括元数据、产品和实时信息、实时和延迟模式;保存长期档案,管理和服务海洋数据和信息;使用最适当的信息管理与信息技术推广使用国际标准,并制定或有助于发展的标准和方法,以促进全球海洋数据和信息的交换;协助会员国获得必要的能力管理海洋数据和信息;支持国际科学和海洋方案、气象组织和国际奥委会赞助机构提供咨询和数据管理服务,例如物理海洋、海洋化学、海洋生物观测数据服务。(网址:http://www.iode.org/)

(8) Integrated Taxonomic Information System

提供南美和全球植物、动物、真菌、微生物的权威分类信息。(网址:http://www.

itis. gov/）

（9）SeaDataNet

提供大西洋海域的海洋化学、物理、生物数据、地球物理数据和少量的岩芯及沉积物样品信息。（网址：http://www. seadatanet. org/）

（10）Global Ocean Observing System

收集和分析世界大洋各海域中全天候持续观测资料，包括世界气象监测网、全球联合海洋服务系统、全球海平面观测系统、漂流浮标观测网的海洋数据统发送的各类数据等。（网址：http://www. goosocean. org/）

（11）British Oceanographic Data Centre

汇编、分发和提供覆盖观测网全部 100 台左右测量仪的海平面资料，这些资料经过了质量控制。（网址：http://www. bodc. ac. uk/）

（12）SISMER

提供北大西洋的物理海洋、化学、地球物理数据和法国海洋航次信息和数据集。（网址：http://www. worldoceanobservatory. org/index. php？ q ＝ directory-listing/scientific-information-systems-seasismer）

（13）On Duty for Maritime Shipping and the Oceans

提供环境水文数据、多波束数据。（网址：http：//www. bsh. de）

（14）The Australian Ocean Data Centre Joint Facility

提供在线数据（包括海洋分析图、近海海洋表面温度、近海海洋表面盐度、地理空间数据仓库）、元数据记录（澳大利亚空间数据目录）、产品与软件、文献（如海洋数据集指南、MarineQC 用户手册等）。（网址：http://www. australia. gov. au/）

（15）Japan Oceanographic Data Center

提供覆盖全球的基本海洋水文数据，如温度、盐度、海流、潮汐、潮流、地磁、重力和水深。还提供日本的载人潜器以及 ROV 的视频数据以及日本的深海样品库。（网址：http://www. jodc. go. jp/）

（16）Japan Agency for Marine-earth Science and Techology

负责日本境内的气象预报、地震、火山及海啸灾害等信息，其中包括海洋的潮位、波浪、海水温、海流等数据。（网址：http://www. jamstec. go. jp/e/）

（17）KMA

提供韩国境内地面和海上以及大气中气候统计资料和产业气象资料，发布天气预报和警戒警报。（网址：http://www. kma. go. kr/）

（18）Korea Oceanographic Data Center

提供沿海海洋观测数据（1921 年至今）、国家统计局（国家串行海洋观测）数据（1961 年至今）、卫星海洋信息系统、实时沿海信息系统、海洋环境监测系统的渔业异常海洋状况信息、赤潮监测信息系统、贝毒监测信息、水母监测信息、海洋生物多样性信息系统、阿尔戈延时模式数据。（网址：http://kodc. nfrdi. re. kr/page？ id＝eng_index）

（19）Global Biodiversity Information Facility

提供生物多样性数据。（网址：http://www. gbif. org/）

（20）Ocean Biogeographic Information System

包括各个海域海洋物种数据库。(网址:http://www.iobis.org/)

(21) Centre for Ocean and Ice

提供北海、波罗的海、格陵兰和法罗群岛水域的突发事件预警、海冰图集、海浪、海流、观测卫星、海洋气候等数据;提供关于特定的海洋或海冰专业的分析和建议。(网址:http://ocean.dmi.dk/)

以下为国内海洋数据共享平台:

(22) 国家科学数据共享工程——海洋科学数据共享中心

提供海洋科学数据的在线共享服务,包括海洋基础信息、海洋信息产品、WebGIS 信息、海洋元数据信息、预报服务、项目动态信息等,由国家海洋信息中心维护。(网址:http://mds.coi.gov.cn/)

(23) 青岛海洋科学数据共享平台

提供海洋物理、海洋地质、海洋生物、海洋化学等方面的数据库(集),由青岛海洋科学数据中心维护。(网址:http://msdc.qdio.ac.cn/)

(24) 中国数字海洋公众版

生动展示海洋资源、海洋环境、海洋文化等多方面的信息,为公众了解海洋、认识海洋、宣传海洋提供途径和信息服务平台,由国家海洋信息中心维护。(网址:http://www.iocean.net.cn/)

(25) 海洋地质数据库

提供海洋元数据服务、数据服务、地图服务和专业应用等,由海洋科学数据中心维护。(网址:http://msdc.qdio.ac.cn/index.php?s=Database/dizhi)

(26) 东海区海洋科学数据共享平台

提供东海区元数据浏览、数据库在线访问和查询检索、查询结果采用文件打包形式下载、建立离线数据访问导航服务等,由国家海洋局东海信息中心维护。(网址:http://share.eastsea.gov.cn/)

(27) 南海区海洋科学数据共享平台

提供南海海区元数据、海洋基础信息、海洋信息产品服务等,由国家海洋局南海信息中心维护。(网址:http://www.southseadata.cn/)

(28) 北海区海洋科学数据共享平台

提供北海区海洋基础信息、海洋信息产品、监测预报数据、海洋元数据信息等,由国家海洋局北海信息中心维护。(网址:http://www.bhxxzx.cn/n1/n22/index.html)

(29) 中国可持续发展信息网海洋分中心

提供 7 个海洋环境数据库、69 个海洋法规数据库、5 个海洋空间数据库、海洋基础地理信息、综合决策分析、中国海洋自然保护区、海洋科普、海洋潮汐预报、海洋信息产品、海洋环境公报、海洋产业概况等,由国家海洋信息中心维护。(网址:http://sdinfo.coi.gov.cn/)

(30) 中国南北极数据中心

提供专业研究、管理决策和科普教育所需的极地科学数据、信息、研究成果等共享服务,由中国极地研究中心维护。(网址:http://www.chinare.org.cn/index/)

(31) 极地标本资源共享平台

提供各类极地标本资源信息的查询与管理、标本申请受理等服务,由中国极地研究中心

维护。(网址:http://birds.chinare.org.cn/index/)

(32) 国家自然科学基金青岛海洋科学资料共享服务中心

开展自然科学基金海洋科学资料共享服务工作,建立其相应的各类海洋科学基金项目资料的收集、整编和共享服务体系,由国家自然科学基金青岛海洋科学资料共享服务中心维护。(网址:http://www.nsfcodc.cn/sys/sysuser/home # tabpanel-1041:ext-comp-1030:ext-comp-1030)

(33) ARGO 中心

提供太平洋、印度洋等海域上 138 个 ARGO 剖面浮标资料,由国家海洋局第二海洋研究所维护。(网址:http://www.argo.org.cn/)

(34) ARGO 数据网络平台

提供查询和获取全球 ARGO 资料服务,由国家海洋局第二海洋研究所维护。(网址:http://platform.argo.org.cn:8090/flexArgo/out/argo.html)

(35) 中国海洋微生物菌种保藏管理中心

进行全国海洋微生物菌种资源的收集、整理、鉴定、保藏、供应与国际交流,由国家海洋局第三海洋研究所维护。(网址:http://www.mccc.org.cn)

(36) 中国资源卫星应用中心

提供国产陆地卫星数据产品资源卫星二级产品数据的查询、浏览、订购和下载服务,由中国资源卫星应用中心维护。(网址:http://www.cresda.com/CN/)

(37) 国际科学数据服务平台

提供国际原始数据资源:Modis、Landsat、EO-1、SRTM、ASTER GDEM、NCAR。

(38) 中国海洋科学数据库

搜集和整理 20 世纪以来历次海洋调查(包括国内和国外)获得的数据资料,建成中国近海和西北太平洋($10°S-50°N$,$100S-140°N$)海洋水文子库、海洋地质子库、海洋生物子库、遥感子库等,由中国科学院海洋研究所维护。(网址:http://159.226.158.8)

(39) 南海海洋科学数据库

提供从现场海洋观测所取得的物理、化学、生物、地质和地球物理等学科的测量数据、卫星遥感、海洋遥感、海洋模型模拟和同化数据,以及各类数据产品等,由中国科学院南海海洋研究所维护。(网址:http://www.ocdb.csdb.cn/)

5.4.2　海洋数据发布

5.4.2.1　专题数据库发布

早期数据库的应用目的是为了管理数据、组织数据,为决策提供数据依据。现在则需要将现有数据库中的数据发布出去,以便让更多的人了解情况、利用信息。于是,对于当今的数据库,除了早期的各项职能外,还新增了一个要求:数据发布。目前数据库主要有以下三种发布手段。

(1) 光盘等硬发布

CD 光盘最早诞生于 20 世纪 70 年代,DVD 光盘也正在流行开来。由于技术的发展,无论是服务器还是个人计算机都带有光盘驱动器,可以对光盘进行读取,这使得用光盘作为媒介发行数据库成为可能。使用光盘发布数据库具有以下优点:

① 存储量大,一张 VCD 光盘的容量为 704 MB,而 DVD 则达到 4.7 GB。

② 成本低,无论是 VCD 还是 DVD,每张盘片的价格均不高。

③ 保存时间长,便于携带。

遥感影像数据一般采用磁带、磁盘等硬存储方式进行存储和发布。

（2）Internet 发布

为了满足数据共享和用户使用的交互性,需要通过专门的手段将数据库与互联网连接起来,这些手段主要有通用网关接口(Common Gateway Interface,CGI)技术、专用 API 技术、JAVA/JDBC 技术等。通过这些手段建立起数据库的 WWW 服务器,用户通过 Internet 登录到服务器上,执行浏览、检索等操作。通过 Internet 发布数据库具有以下优点:

① 用户不需要专门设备,只需要一台计算机、一根网线就可以使用数据。

② 实时数据,数据库服务器更新后,用户不用升级直接可以得到最新数据。

③ 随着网速和网络稳定性的进一步优化,数据网络发布将成为数据发布的主要方式,甚至是唯一方式。

5.4.2.2 基于 XML 的空间数据发布

XML 已经成为基于 Internet 应用的标准数据交换格式。海洋 GIS 空间数据可以采用 XML 的形式进行发布。使用 XML 发布空间数据有许多优点:

① XML 可以对来自各种数据源的数据进行自然的表示,不管是结构化的数据库还是半结构化文档管理系统。这就使得开发一种一般性的转换标准成为可能,即将所有源数据映射为给定格式的 XML 文档。

② 有了统一的 XML 视图,就可以采用一种 XML 查询语言进行查询,从而在用户层忽略各种数据源复杂的结构和内容的差异。

③ 通过提供标准的语法,XML 可以简化集成系统中各个组件间的互操作。

基于 XML 进行空间数据发布涉及以下技术和流程。

（1）基于 XML 的地理信息编码标准——GML

GML（地理标记语言）标准是 OGC（开放式地理信息系统协会）提出的存储和转换地理信息的 XML 编码标准,它设计的主要目的就是提供一种容易理解的空间信息和空间联系的编码标准,便于空间和非空间数据的集成,特别是那些 XML 形式的非空间数据,以及提供一种一般的地理建模对象,使得各个独立开发的应用软件之间互操作成为可能。

（2）GML 视图生成

信息发布不是将数据库中的所有数据转换为 XML 文档,而是将大量的数据仍然存储在数据库中。在这种情况下,必须提供给用户一个完整的表达了数据库内容与结构的 XML 的视图,用户根据这个 XML 视图提出查询,然后发布系统根据用户查询返回给用户所需的数据,所以 XML 视图是整个信息发布的基础。

（3）空间数据到 GML 文档的转换

由于对底层数据源进行查询得到的是原始格式的数据,例如 MapInfo,所以需要将其转换成 GML 文档的形式。MapInfo 提供了一种 MIF(MapInfo Interchange Format MapInfo,交换格式)文件,它是一种能完整描述 MapInfo 数据库的 ASCII 文件格式。图形和表格数据都被转入到 MIF 文件中。表结构和空间数据放在扩展名为".mif"的文件中,其中包含空间对象的坐标;属性数据放在扩展名为".mid"的文件中,包含各个属性的值。MIF 文件能被其他程序翻译成其他格式,这样地图数据可以先转出为 MIF 文件,然后转换为 GML 文档。

5.4.2.3　基于 Web 服务的空间数据发布

近 20 年来,真正推动 GIS 发展的是计算机技术的发展以及应用领域的不断扩大,Web 服务技术的出现和发展为空间信息共享提供了新的契机,同时,OpenGIS 联盟将 XML 应用到地理空间信息领域,提出了用来描述地理空间数据建模、转换、存储的解决方案,即地理标记语言 GML,GML 已经成为地理空间数据 Web 发布架构中进行数据交换和存储的媒介。

Web 服务是一种基于对象组件模型的分布式计算技术,是指那种自包含、自描述、模块化的应用程序,这类应用程序能够被发布、定位,并通过 Web 实现动态的调用。一旦一个 Web 服务被配置完毕,其他的应用程序,包括其他 Web 服务就能够发现并调用该服务。Web 服务可以看成是组件模型在 Internet 上的延伸,因为从本质上讲,Web 服务是可以通过 Internet 访问的应用逻辑单元。

OGC 提出的 GML 是对 XML 做的一种扩展,专门对地理信息在 Internet 环境下的数据传输和存储进行编码,提供从数据描述到数据分析的各种空间任务的扩展支持,以解决全球地理参考信息的互操作问题。GML 继承了 XML 的特性,是当前建立 Web 服务的基础,允许对现实世界中的地理特征对象的几何数据和属性数据进行有效的编码,编码时不考虑数据的表现形式,实现了地理信息内容和表现形式的分离。正是因为 GML 是一种非常容易理解的空间信息交换格式,所以将来空间信息将大量地以 GML 格式存在,基于 Web 服务和 GML 的空间数据发布必将具有广泛的实用价值。

从实现技术的角度看,现有的 GIS 主要是基于 JAVA 及微软两种平台,而现在 Java 平台及微软的. Net 平台对 Web 服务都已有较好的支持,如自动读取 WSDL(Web Services Description Languag)文档,创建 Web 服务的客户端代码,同时,它们也能将请求和参数包装成 SOAP 信息,发送给 Web 服务,并将返回的 SOAP(Simple Object Access Protocol)信息转变为可用的对象。因此,在现有 GIS 的基础之上,对已有的数据及功能模块进行重新解析、包装及组合,可以实现一个基于 Web 服务的 GIS。

5.4.2.4　基于 WebGIS 的空间数据发布

GIS 技术的飞速发展虽然为地理信息的电子化、可视化、网络化带来了重大革新,但只限于局域网络内部的地理信息远远不能满足社会不断增长的需求。Internet 技术的迅速发展为 GIS 提供了一种崭新而又非常有效的地理信息载体,GIS 技术与互联网技术相结合产生了一种崭新的技术——WebGIS。WebGIS 是基于 Internet 平台、客户端应用软件,采用 WWW 协议运行在万维网上的 GIS,使基于地图的应用系统得以通过互联网技术在各行各业中得到广泛应用。

空间数据中包含大量的地理空间数据,这些数据中既包括几何数据,也包括与之紧密联系的属性数据。面对这样的数据资源,简单的文字内容查询不能满足查询的需要,而 WebGIS 技术可以实现从 WWW 的任何一个节点浏览 WebGIS 站点中的空间数据、制作专题图以及进行各种检索查询和空间分析。

（1）基于 WebGIS 的数据发布实现模型

① 瘦客户端模型:这种模型将对数据进行处理的 GIS 应用程序都放在服务器端,形成一个主服务器或胖服务器,所有的客户端请求都交给服务器处理,客户端只需要具有提交请

求与显示结果的功能,而无须太多的数据处理功能。

② 胖客户端模型:将数据的主要操作放在客户端进行,客户端模型采用前端插件技术,将一些请求的处理工作转移到了用户本地机上。与瘦客户端模型不同,这种模型将一部分 GIS 应用程序下载或安装在客户端,数据处理就由这些应用程序来完成,客户端只有在请求数据或复杂的应用时才与服务器进行通信,所以这种模型也可以称为"瘦服务器/胖客户端"模型。

③ 混合模型:单纯的瘦客户端模式和胖客户端模式都存在着明显的不足,对于瘦客户端模式,当需要频繁的数据传输时,系统的执行效率将会受到带宽网络流量的制约;对于胖客户端模式,系统的执行效率将受到客户端运算能力的影响,当处理需求和处理能力之间发生矛盾时,执行效率将会大大降低。

（2）基于 WebGIS 数据发布方式的优点

① 客户访问范围的广泛性。客户可以同时访问多个位于不同地方的服务器上的最新数据,这种方式可以扩展空间数据的发布范围,更增强了数据发布的时效性,充分发挥了空间数据最大的利用潜能。

② 客户端平台的独立性。无论服务器/客户机是何种机器,无论 WebGIS 服务器端使用何种 GIS 软件,由于使用了通用的 Web 浏览器,用户就可以透明地访问 WebGIS 数据。在本机或某个服务器上进行分布式动态组合和空间数据的协同处理与分析,从而实现远程异构数据的共享。

③ 操作简单性。采用 WebGIS 技术实现的是广大用户对空间信息最简单、最快捷的浏览查询服务,通用的 Web 浏览器具有直观、简单的特性,将空间信息通过 Web 浏览器进行发布,降低了用户对系统的操作难度,使系统能够更方便地为用户服务。

④ 数据发布成本降低。大部分空间数据都是存储在不同的 GIS 软件中,普通 GIS 在每个客户端都要配置昂贵的专业 GIS 软件,而用户所需要的只是其中一些最基本的功能,这就大大造成了资源的浪费。WebGIS 在客户端通常只需要使用 Web 浏览器,其软件成本与全套专业 GIS 相比降低很多,这样不仅大大降低了数据发布的成本,还实现了 GIS 领域内数据资源的整合。

参 考 文 献

[1] 安洛生,王利敏.JPEG2000 及其网络应用前景展望[J].洛阳师范学院学报,2005(5):61-63.

[2] 暴景阳.海洋测绘垂直基准综论[J].海洋测绘,2009(2):70-77.

[3] 蔡爱民,查良松.GIS 数据共享机制研究[J].安徽师范大学学报(自然科学版),2005(2):226-229.

[4] 蔡明理,施丙文.海洋地理信息系统[J].海洋科学,1993(6):31-33.

[5] 常丽丽.基于海洋生态本体的知识管理系统的研究与实现[D].青岛:中国海洋大学,2011.

[6] 陈浩,王延杰.基于拉普拉斯金字塔变换的图像融合算法研究[J].激光与红外,2009(4):439-442.

[7] 陈俊勇,李建成.推算我国高精度和高分辨率似大地水准面的若干技术问题[J].武汉测绘科技大学学报,1998(2):95-99,110.

[8] 陈青华,刘晓红.基于云计算技术的海洋地理空间信息服务发展趋势与展望[J].成都信息工程大学学报,2016(5):479-482.

[9] 陈上及,马继瑞.海洋数据处理分析方法及其应用[M].北京:海洋出版社,1991.

[10] 陈腾.基于 WebGIS 的空间数据发布技术研究[J].测绘与空间地理信息,2010,33(2):46-48.

[11] 陈为,张嵩,鲁爱东.数据可视化的基本原理与方法[M].北京:科学出版社,2013.

[12] 陈喆民,王晓锋.海洋核心元数据标准初探[J].现代计算机(专业版),2007(6):120-122.

[13] 成方林.Huffman 数据压缩技术在卫星数据通信中的应用[J].海洋技术,2005(3):18-21.

[14] 崔江涛.高维索引技术中向量近似方法研究[D].西安:西安电子科技大学,2005.

[15] 崔伟宏,张显峰.时态地理信息系统研究[J].上海计量测试,2006(4):6-12.

[16] 戴洪磊,牟乃夏,王春玉,等.我国海洋浮标发展现状及趋势[J].气象水文海洋仪器,2014(2):118-121,125.

[17] 杜必强,范孝良,许少伦.PDGIS 中空间数据的检索[J].计算机应用研究,2004(3):109-111.

[18] 范智超.河北省海洋数据库的结构设计及数据标准的制定[D].石家庄:河北师范大学,2009.

[19] 方兆宝,林珲,吴立新,等.从水铊测深到海洋空间信息科学[J].中山大学学报(自然科学版),2003,42:176-179.

[20] 付东洋,潘德炉,丁又专,等.海洋遥感 L3A 数据的优化行程及其组合无损压缩算法研究[J].广东海洋大学学报,2012(3):70-75.

[21] 高亚辉,罗金飞,骆巧琦,等.数学形态学在海洋浮游植物显微图像处理中的应用[J].厦门大学学报(自然科学版),2008(47):242-244.

[22] 龚健雅.地理信息系统基础[M].北京:科学出版社,2001.

[23] 顾云娟,张东,陶旭,等.江苏海洋多源异构数据的整理与入库方法[J].海洋开发与管理,2012,29(11):51-55.

[24] 郭彤颖,吴成东,曲道奎.小波变换理论应用进展[J].信息与控制,2004,33(1):67-71.

[25] 郭越,宋维玲,董伟.构建海洋统计数据质量监控体系的思考[J].海洋开发与管理,2010(11):4-8.

[26] 郭志峰.基于高效空间存取机制的地理空间数据查询研究[D].北京:中国科学院研究生院(遥感应用研究所),2002.

[27] 国兴.基于分形理论的图像压缩方法研究[D].大连:大连理工大学,2013.

[28] 韩京宇,陈可佳.基于事实抽取的 Web 文档内容数据质量评估[J].计算机科学,2014(11):247-251,255.

[29] 韩孟啸.遥感数据质量评价方法[J].科协论坛(下半月),2010(3):86.

[30] 韩伟孝,杨俊钢,王际朝.基于浮标数据的卫星雷达高度计海浪波高数据评价与校正[J].海洋学报,2016(11):73-89.

[31] 韩勇.基于矢量量化的高光谱遥感图像压缩[D].重庆:重庆邮电大学,2014.

[32] 何广顺,李四海.构建"数字海洋"空间信息数据库[J].海洋信息,2004(1):1-4.

[33] 洪志全,叶琳,辛俊,等.GIS 空间数据索引技术研究与实现[J].物探化探计算技术,2005(1):62-66,98-99.

[34] 华一新,赵军喜,张毅.地理信息系统原理[M].北京:科学出版社,2012.

[35] 黄冬梅,孙乐,赵丹枫.基于 ADMD 融合策略的海洋大数据索引技术研究[J].中国科学技术大学学报,2015,45(10):813-821.

[36] 黄冬梅,赵丹枫,魏立斐,等.大数据背景下海洋数据管理的挑战与对策[J].计算机科学,2016,43(6):17-23.

[37] 黄谟涛,欧阳永忠,陆秀平,等.海洋测量平面控制基准及其转换[J].海洋测绘,2002,22(4):3-9.

[38] 黄青霞.不同融合方法及空间分辨率对遥感影像融合质量影响的研究[D].昆明:昆明理工大学,2013.

[39] 黄雪梅.基于人工神经网络的图像压缩方法研究[D].重庆:重庆大学,2005.

[40] 黄照强,冯学智.时空数据表达研究[J].计算机应用研究,2005(9):19-21,24.

[41] 巨正平,郭广礼,张书毕,等.最佳曲线拟合[J].江西科学,2009,27(1):25-27.

[42] 郎宇宁,蔺娟如.基于支持向量机的多分类方法研究[J].中国西部科技,2010(17):28-29.

[43] 李炳南.基于 GIS 的赤潮灾害应急决策支持系统研究与应用[D].上海:华东师范大学,2014.

[44] 李德仁.论地球空间信息的 3 维可视化:基于图形还是基于影像[J].测绘学报,2010,

39(2):111-114.

[45] 李改肖,刘雁春,孙新轩,等.海图设计中深度基准面的确定方法[C]//中国测绘学会海洋测绘专业委员会.第二十一届海洋测绘综合性学术研讨会论文集,2009.

[46] 李海涛.海洋环境信息集成方法研究与新一代 MAGIS 平台软件开发[D].青岛:中国海洋大学,2007.

[47] 李杰.海洋数据共享平台关键技术研究与开发[D].天津:天津大学,2008.

[48] 李峋,仵彦卿,范海梅.高维空间插值在海洋环境数据预处理中的应用[J].海洋环境科学,2009(6):729-733.

[49] 李杨,李天文,崔晨,等.多源空间数据集成技术综述与前景展望[J].测绘与空间地理信息,2009,32(1):102-106.

[50] 李昭.虚拟海洋环境时空数据建模与可视化服务研究[D].杭州:浙江大学,2010.

[51] 李振红.傅里叶变换域大尺度图像配准算法研究[D].南京:南京信息工程大学,2013.

[52] 廖邦固,韩雪培.GIS 中多源数据的空间坐标变换方法探讨[J].测绘与空间地理信息,2004,27(1):26-30,13.

[53] 廖紫君.海洋图像中特征提取方法的研究与应用[D].大连:大连理工大学,2009.

[54] 林春蔚,等.C 环境下地图图像矢量化及图形编辑技术与实例[M].北京:海洋出版社,1993.

[55] 刘广社.摄影测量[M].郑州:黄河水利出版社,2011.

[56] 刘国华,王颖.基于 XML 的 GIS 空间数据发布[J].燕山大学学报,2004(5):438-442.

[57] 刘鹏.海岸线影像特征提取方法与实证研究[D].福州:福建师范大学.

[58] 刘文岭,李伟,刘洋.空间插值法对渤海天津海域海水盐度分布的影响[J].盐业与化工,2009,39(2):43-46.

[59] 刘长东.海洋多源数据获取及基于多源数据的海域管理信息系统[D].青岛:中国海洋大学,2008.

[60] 刘长文,王峰.基于 Web 服务和 GML 的空间数据发布[J].测绘工程,2006(6):8-11.

[61] 柳林,李万武,唐新明,等.实景三维位置服务的理论和技术[M].北京:测绘出版社,2012.

[62] 罗坚,蒋国荣,蒋勇强,等.海洋格点数据的无损压缩新方法[J].海洋预报,2011,28(3):55-61.

[63] 马驰.地理信息系统原理与应用[M].武汉:武汉大学出版社,2012.

[64] 梅安新,彭望琭,秦其明,等.遥感导论[M].北京:高等教育出版社,2001.

[65] 梅士员,江南.GIS 数据共享技术[J].遥感信息,2002(4):46-49,64.

[66] 牛红光,杨波,陈长林,等.数字海图的成果质量评测系统研究[J].海洋测绘,2012(3):23-25.

[67] 宋欣茹.我国海洋地理信息系统发展研究[J].海洋信息化建设,2010(4):3-5.

[68] 宋转玲,刘海行,李新放,等.国内外海洋科学数据共享平台建设现状[J].科技资讯,2013(36):20-23.

[69] 苏奋振,周成虎,杨晓梅,等.海洋地理信息系统——原理、技术与应用[M].北京:海洋出版社,2005.

[70] 苏奋振,周成虎.过程地理信息系统框架基础与原型构建[J].地理研究,2006(3): 477-484.

[71] 苏纪兰.如何正确认识 Argo 计划[J].海洋技术,2001(3):1-2.

[72] 孙日明.几种图形图像压缩方法[D].大连:大连理工大学,2013.

[73] 孙廷垣,陈洲杰,夏枫峰.海域管理信息系统数据质量问题的初步研究[J].浙江海洋学院学报(自然科学版),2008,27(1):97-100.

[74] 孙忠华.时空过程数据引擎[D].武汉:武汉大学,2004.

[75] 汤国安.地理信息系统[M].2 版.北京:科学出版社,2010.

[76] 汤莉,何丽.基于 PAC-Bayes 理论的 Web 文档数据质量评估方法[J].计算机工程与科学,2017,(03):572-579.

[77] 陶长武,蔡自兴.现代图像压缩编码技术[J].信息技术,2007(12):53-56.

[78] 田娇娇,唐新明,杨平,等.动态数据库模型的研究与应用[J].测绘科学,2006(1): 123-124.

[79] 王宝祥.基于改进聚类的 Hilbert R 树空间索引算法研究[D].开封:河南大学,2011.

[80] 王成.高光谱图像压缩的方法研究[D].南京:南京理工大学,2014.

[81] 王芳,朱跃华.海洋地理信息系统研究进展[J].科技导报,2007(23):69-73.

[82] 王汉雨.浅谈南海海洋科学数据共享[C]//中国地球物理学会信息技术专业委员会.中国地球物理学会信息技术专业委员会"互联网＋地球物理"研究论坛论文摘要集,2016.

[83] 王红梅,朱振海.海洋地理信息系统国内外研究进展[J].遥感技术与应用,1999,14(3):49-55.

[84] 王兴涛,翟世奎.地理信息系统的发展及其在海洋领域中的应用[J].海洋地质与第四纪地质,2003,23(2):123-127.

[85] 王仔.声学多普勒流速剖面仪应用初探[J].吉林水利,2016(3):53-55.

[86] 文莉莉,黄晓军,李垚.基于 GIS 的海域海籍综合管理系统的设计与实现[J].信息与电脑(理论版),2016(11):96-99.

[87] 文亮.分数傅里叶变换及其应用[D].重庆:重庆大学,2008.

[88] 邬伦,刘瑜,张晶,等.地理信息系统——原理、方法和应用[M].北京:科学出版社,2001.

[89] 吴谨.图像编码与小波变换图像编码[J].武汉科技大学学报(自然科学版),2000(3): 289-292.

[90] 吴开兴,杨颖,张虎.基于聚类的字典压缩技术在 GIS 中的应用研究[J].微计算机信息,2006(13):279-281.

[91] 吴克勤.海洋地理信息系统[J].海洋信息技术,2000(3):1-2.

[92] 吴信才.地理信息系统原理与方法[M].北京:电子工业出版社,2002.

[93] 吴秀芹.地理信息系统原理与实践[M].北京:清华大学出版社,2011.

[94] 夏登文,石绥祥,于戈,等.海洋数据仓库及数据挖掘技术方法研究[J].海洋通报,2005(3):60-65.

[95] 夏登文.数字海洋基础数据及业务流程建模方法及相关技术研究[D].沈阳:东北大

学,2006.

[96] 夏宇,朱欣焰.高维空间数据索引技术研究[J].测绘科学,2009,34(1):60-62,68.

[97] 肖鸿开.遥感图像融合和矢量化算法研究[D].杭州:浙江大学,2006.

[98] 徐波,翁焕新,董成松.基于 GIS 的海洋环境信息数据库在海洋环境信息可视化分析中的应用[J].浙江大学学报(理学版),2004(4):471-475.

[99] 许自舟,宋德瑞,赵辉,等.海洋环境监测数据质量计算机控制方法研究[J].国家海洋环境监测中心,2009(3):320-323.

[100] 薛存金,苏奋振,周成虎.基于特征的海洋锋线过程时空数据模型分析与应用[J].地球信息科学,2007(5):50-56,128.

[101] 杨驰宇.环境监测数据的审核研究[J].吉林师范大学学报,2004(2):72-73.

[102] 杨德麟.数字地面模型[J].测绘通报,1998(3):37-38,44.

[103] 杨敏,汪云甲.基于二叉树的栅格数据快速编码及其实现[J].测绘工程,2001(4):16-19.

[104] 杨艳,陈璇,刘晓光.三种插值方法在中国海域海浪数据处理中的应用[J].气象水文海洋仪器,2016(4):46-49.

[105] 叶航军.面向大规模图像库的索引和检索机制研究[D].北京:清华大学,2003.

[106] 易善桢,李琦,承继成.空间信息的共享与互操作[J].测绘通报,2000(8):17-19.

[107] 于乾.青岛近海环境动力的集成分析与数据库建立[D].青岛:中国海洋大学,2014.

[108] 袁立成.基于 XML 的海洋环境信息数据格式转换[D].青岛:中国海洋大学,2009.

[109] 袁雪梅,蒋永国,郭忠文.海洋数据信息共享平台关键技术研究与实现[J].中国海洋大学学报(自然科学版),2010,40(12):147-153.

[110] 云娇娇.几种分形图像压缩方法研究[D].大连:大连理工大学,2011.

[111] 恽才兴.海洋地理信息系统(MGIS)研究进展[J].海洋地质动态,2002,18(1):23-26.

[112] 昝栋.海洋专题数据库信息发布相关技术的研究与实现[D].青岛:中国海洋大学,2008.

[113] 翟国君,黄谟涛,暴景阳.海洋测绘基准的需求及现状[J].海洋测绘,2003,23(4):54-58.

[114] 张峰.基于本体的海洋数据集成方法研究[D].青岛:中国海洋大学,2008.

[115] 张人禾,朱江,许建平,等.Argo 大洋观测资料的同化及其在短期气候预测和海洋分析中的应用[J].大气科学,2013(2):411-424.

[116] 张维明,汤大权,葛斌.信息系统工程[M].2 版.北京:电子工业出版社,2009.

[117] 张振锋,游广永,赵元杰.基于马尔科夫链模型的岱海地区气候变化周期研究[J].地理与地理信息科学,2010(3):82-86.

[118] 张忠杰.水上位置大数据索引方法的研究[D].大连:大连海事大学,2015.

[119] 仇天宇,周成虎,邵全琴.海洋 GIS 数据模型与结构[J].地球信息科学,2003,12(4):25-28.

[120] 赵洪臣,刘永学,周兴华,等.基于志愿观测船舶和浮标数据的 SST 日产品质量评价研究[J].海洋科学进展,2016(4):462-473.

[121] 赵锦.基于小波变换的 JPEG2000 图像压缩算法的研究[D].阜新:辽宁工程技术大

学,2005.

[122] 赵美珍.海洋环境数据存储技术的研究与实现[J].舰船电子工程,2012(9):104-107.

[123] 赵玉新,李刚.地理信息系统及海洋应用[M].北京:科学出版社,2012.

[124] 郑春燕,邱国锋,张正栋,等.地理信息系统原理、应用与工程[M].2版.武汉:武汉大学出版社,2011.

[125] 周成虎,苏奋振,等.海洋地理信息系统原理与实践[M].北京:科学出版社,2013.

[126] 周海燕,苏奋振,艾廷华,等.海洋地理信息系统研究进展[J].测绘信息与工程,2005,30(3):25-27.

[127] 周立.海洋测量学[M].北京:科学出版社,2013.

[128] 周顺平,魏丽萍,万波,等.多源异构空间数据集成的研究[J].测绘通报,2008(5):25-27,39.

[129] 周长宝,陈夏法.合成孔径雷达在海洋遥感中的应用[J].遥感技术与应用,1992(3):49-55.

[130] 朱光文.海洋监测技术的国内外现状及发展趋势[J].气象水文海洋仪器,1997(2):1-14.

[131] 朱求安,张万昌,余钧辉.基于GIS的空间插值方法研究[J].江西师范大学学报(自然科学版),2004(2):183-188.

[132] 朱珍.基于神经网络集成分类器预处理的支持向量机分类算法[J].科技通报,2013(4):26-27,30.

[133] 邹逸江.空间数据仓库研究综述[J].测绘学院学报,2002,19(4):287-289.

[134] GONZALO NAVARRO. Searching in metric spaces by spatial approximation[J]. TheVLDB Journal,2002(11):28-46.

[135] KANG-TSUNG CHANG. 地理信息系统导论[M].陈健飞,张筱林,译.5版.北京:科学出版社,2010.

[136] LANGRAN G. Time in Geographic Information Systems [M]. London: Taylor&Francis Ltd. ,1992.

[137] MARIBETH PRICE. ArcGIS地理信息系统教程[M].李玉龙,张怀东等,译.5版.北京:电子工业出版社,2013.

[138] TOPPINGGH. The role and application of quality assurance in marine environmental protection[J]. Marine pollution Bulletin, 1992,25(1-4):61-66.

[139] WRIGHT D J,GOODCHILD M F. Data from the deep:Implications for the GIS community. International Journal of Geographical Information Systems, 1997(11):523-528.